★ 案例名称　剪切突出商品重点　**20页**
★ 视频位置　多媒体教学视频\1.3.avi
★ 学习目标　学习图形的裁切方法

★ 案例名称　更改图像分辨率　**20页**
★ 视频位置　多媒体教学视频\1.4.avi
★ 学习目标　掌握图像分辨率的修改方法

★ 案例名称　校正倾斜图像　**21页**
★ 视频位置　多媒体教学视频\1.5.avi
★ 学习目标　学习倾斜图像的校正方法

★ 案例名称　为图像添加水印　**22页**
★ 视频位置　多媒体教学视频\1.6.avi
★ 学习目标　掌握水印的添加方法

★ 案例名称　为图片添加版权信息　**22页**
★ 视频位置　多媒体教学视频\1.7.avi
★ 学习目标　学习为图片添加版权信息的方法

★ 案例名称　修复污点图像　**23页**
★ 视频位置　多媒体教学视频\1.8.avi
★ 学习目标　掌握修复图像污点的方法

★ 案例名称　利用【仿制图章工具】去除照片水印　**24页**
★ 视频位置　多媒体教学视频\1.9.avi
★ 学习目标　学习【仿制图章工具】的使用

★ 案例名称　利用内容识别填充快速去除水印　**25页**
★ 视频位置　多媒体教学视频\1.10.avi
★ 学习目标　学习内容识别填充去除水印的方法

★ 案例名称　添加版权保护线　**25页**
★ 视频位置　多媒体教学视频\1.11.avi
★ 学习目标　掌握版权保护线的制作方法

★ 案例名称　为商品图像添加真实投影　27页
★ 视频位置　多媒体教学视频\1.12.avi
★ 学习目标　学习真实投影的添加

★ 案例名称　为商品图像添加倒影　28页
★ 视频位置　多媒体教学视频\1.13.avi
★ 学习目标　学习商品倒影的制作

★ 案例名称　为商品图像添加玻璃级倒影　29页
★ 视频位置　多媒体教学视频\1.14.avi
★ 学习目标　掌握玻璃级倒影的制作

★ 案例名称　添加随意绘制的商品投影　29页
★ 视频位置　多媒体教学视频\1.15.avi
★ 学习目标　学习随意绘制商品投影的方法

★ 案例名称　课后习题1——缩小照片尺寸　31页
★ 视频位置　多媒体教学视频\1.17.1 课后习题1.avi
★ 学习目标　学习照片尺寸的修改方法

★ 案例名称　课后习题2——轻松变换商品颜色
　　　　　　　　　　　　　　　　　　32页
★ 视频位置　多媒体教学视频\1.17.2 课后习题2.avi
★ 学习目标　掌握变换商品颜色的方法

★ 案例名称　课后习题3——为商品添加图文型
　　　　　　个性商标　32页
★ 视频位置　多媒体教学视频\1.17.3 课后习题3.avi
★ 学习目标　掌握为商品添加图文型商标的方法

★ 案例名称　使用【矩形选区工具】抠取壁挂
　　　　　　电视　34页
★ 视频位置　多媒体教学视频\2.1.avi
★ 学习目标　学习【矩形选框工具】的抠图应用

★ 案例名称　使用【椭圆选区工具】抠取圆形
　　　　　　挂钟　34页
★ 视频位置　多媒体教学视频\2.2.avi
★ 学习目标　学习【椭圆选区工具】的抠图应用

★ 案例名称　使用【套索工具】抠取相机 35页
★ 视频位置　多媒体教学视频\2.3.avi
★ 学习目标　掌握【套索工具】的使用方法

★ 案例名称　使用【多边形套索工具】抠取音箱 36页
★ 视频位置　多媒体教学视频\2.4.avi
★ 学习目标　学习【多边形套索工具】的抠图应用

★ 案例名称　使用【磁性套索工具】抠取抱枕 37页
★ 视频位置　多媒体教学视频\2.5.avi
★ 学习目标　学习【磁性套索工具】的抠图应用

★ 案例名称　使用【魔棒工具】抠取T恤 38页
★ 视频位置　多媒体教学视频\2.6.avi
★ 学习目标　掌握【魔棒工具】的抠图应用

★ 案例名称　使用【魔术橡皮擦工具】抠取高跟鞋 39页
★ 视频位置　多媒体教学视频\2.7.avi
★ 学习目标　学习【魔术橡皮擦工具】的抠图应用

★ 案例名称　利用【背景橡皮擦工具】抠取棒球帽 40页
★ 视频位置　多媒体教学视频\2.8.avi
★ 学习目标　学习【背景橡皮擦工具】的抠图应用

★ 案例名称　使用【钢笔工具】抠取手机壳 41页
★ 视频位置　多媒体教学视频\2.9.avi
★ 学习目标　掌握【钢笔工具】的使用

★ 案例名称　变换路径抠取马克杯 42页
★ 视频位置　多媒体教学视频\2.10.avi
★ 学习目标　学习变换路径的方法

★ 案例名称　将选区转换为路径抠取鞋子 43页
★ 视频位置　多媒体教学视频\2.11.avi
★ 学习目标　学习将选区转换为路径的方法

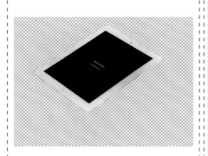

★ 案例名称　使用【圆角矩形工具】抠取平板
　　　　　　电脑　**44页**
★ 视频位置　多媒体教学视频\2.12.avi
★ 学习目标　掌握【圆角矩形工具】的使用

★ 案例名称　使用【自由钢笔工具】抠取编织鞋
　　　　　　45页
★ 视频位置　多媒体教学视频\2.13.avi
★ 学习目标　学习【自由钢笔工具】的使用

★ 案例名称　使用【钢笔工具】抠取茶杯　**46页**
★ 视频位置　多媒体教学视频\2.14.avi
★ 学习目标　学习【钢笔工具】的使用方法

★ 案例名称　课后习题1——使用【魔术橡皮擦
　　　　　　工具】快速抠取手表　**48页**
★ 视频位置　多媒体教学视频2.16.1课后习题1.avi
★ 学习目标　掌握【魔术橡皮擦工具】的抠图应用

★ 案例名称　课后习题2——使用【魔棒工具】
　　　　　　抠取女式包　**48页**
★ 视频位置　多媒体教学视频2.16.2课后习题2.avi
★ 学习目标　学习【魔棒工具】的抠图用法

★ 案例名称　课后习题3——使用【磁性套索工
　　　　　　具】抠取baby帽　**49页**
★ 视频位置　多媒体教学视频2.16.3课后习题3.avi
★ 学习目标　学习【磁性套索工具】的抠图应用

★ 案例名称　课后习题4——使用【磁性钢笔工
　　　　　　具】抠取毛绒公仔　**50页**
★ 视频位置　多媒体教学视频2.16.4课后习题4.avi
★ 学习目标　掌握【磁性钢笔工具】的使用

★ 案例名称　使用图层混合模式抠取戒指　**52页**
★ 视频位置　多媒体教学视频\3.1.avi
★ 学习目标　学习【正片叠底】图层混合模式的
　　　　　　应用

★ 案例名称　使用图层混合模式抠取烟花　**53页**
★ 视频位置　多媒体教学视频\3.2.avi
★ 学习目标　学习【滤色】图层混合模式的应用

★ 案例名称　使用【快速选择工具】抠取棒球帽
53页
★ 视频位置　多媒体教学视频\3.3.avi
★ 学习目标　掌握【快速选择工具】的抠图方法

★ 案例名称　使用通道抠取玻璃瓶　54页
★ 视频位置　多媒体教学视频\3.4.avi
★ 学习目标　学习通道的抠图应用

★ 案例名称　抠取眼镜并制作透明效果　57页
★ 视频位置　多媒体教学视频\3.5.avi
★ 学习目标　学习透明图像的抠图技巧

★ 案例名称　使用【色彩范围】命令抠取靠枕
58页
★ 视频位置　多媒体教学视频\3.6.avi
★ 学习目标　掌握【色彩范围】的抠图方法

★ 案例名称　使用【扩大选取】命令抠取包包
59页
★ 视频位置　多媒体教学视频\3.7.avi
★ 学习目标　学习【扩大选取】命令的使用

★ 案例名称　使用【调整边缘】命令抠取猫咪
60页
★ 视频位置　多媒体教学视频\3.8.avi
★ 学习目标　学习【调整边缘】命令的使用

★ 案例名称　使用【渐变映射】抠取长发　61页
★ 视频位置　多媒体教学视频\3.9.avi
★ 学习目标　掌握【渐变映射】的抠图应用

★ 案例名称　应用图像配合通道抠取卷发　63页
★ 视频位置　多媒体教学视频\3.10.avi
★ 学习目标　学习【应用图像】命令的使用

★ 案例名称　课后习题1——利用通道抠取抱枕
65页
★ 视频位置　多媒体教学视频\3.12.1课后习题1.avi
★ 学习目标　学习利用通道抠图的方法

★ 案例名称　课后习题2——利用通道抠取天鹅摆件 **65页**
★ 视频位置　多媒体教学视频\3.12.2课后习题2.avi
★ 学习目标　掌握通道的抠图应用

★ 案例名称　校正偏色抱枕 **67页**
★ 视频位置　多媒体教学视频\4.1.avi
★ 学习目标　学习【色彩平衡】命令的使用方法

★ 案例名称　校正偏色童鞋 **69页**
★ 视频位置　多媒体教学视频\4.2.avi
★ 学习目标　学习【色相/饱和度】命令的使用方法

★ 案例名称　修复颜色过曝的鞋子 **70页**
★ 视频位置　多媒体教学视频\4.3.avi
★ 学习目标　掌握颜色过曝图像的修复方法

★ 案例名称　为鞋子更换颜色 **71页**
★ 视频位置　多媒体教学视频\4.4.avi
★ 学习目标　学习为图像更换颜色的方法

★ 案例名称　调整暖色调的单鞋效果 **73页**
★ 视频位置　多媒体教学视频\4.5.avi
★ 学习目标　学习暖色调的调整方法

★ 案例名称　调出质感突出的精致英伦鞋 **74页**
★ 视频位置　多媒体教学视频\4.6.avi
★ 学习目标　掌握【减淡工具】的高光处理方法

★ 案例名称　调出釉色剔透的三彩陶瓷碗 **76页**
★ 视频位置　多媒体教学视频\4.7.avi
★ 学习目标　学习【曲线】命令的使用方法

★ 案例名称　调出唯美温馨家纺效果 **78页**
★ 视频位置　多媒体教学视频\4.8.avi
★ 学习目标　学习【自然饱和度】命令的使用方法

★ 案例名称　　调出温馨可爱的小熊娃娃效果
　　　　　　　　　　　　　　　　　　　80页
★ 视频位置　　多媒体教学视频\4.9.avi
★ 学习目标　　掌握图像高光选区的载入方法

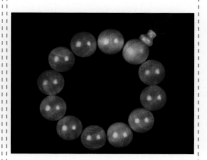

★ 案例名称　　调出晶莹典雅的宝石项链效果
　　　　　　　　　　　　　　　　　　　81页
★ 视频位置　　多媒体教学视频\4.10.avi
★ 学习目标　　学习【可选颜色】命令的使用方法

★ 案例名称　　调出纹理清晰的珍贵黄木念珠效果
　　　　　　　　　　　　　　　　　　　83页
★ 视频位置　　多媒体教学视频\4.11.avi
★ 学习目标　　学习图像饱和度的调整方法

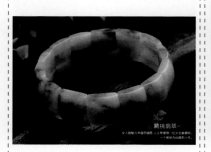

★ 案例名称　　调出自然剔透的翡翠手链效果
　　　　　　　　　　　　　　　　　　　85页
★ 视频位置　　多媒体教学视频\4.12.avi
★ 学习目标　　掌握【照片滤镜】命令的使用方法

★ 案例名称　　调出质感高贵的皮具手包效果
　　　　　　　　　　　　　　　　　　　87页
★ 视频位置　　多媒体教学视频\4.13.avi
★ 学习目标　　学习皮具质感的调整方法

★ 案例名称　　课后习题1——利用【可选颜色】
　　　　　　　　调整高贵宝石项链　　89页
★ 视频位置　　多媒体教学视频\4.15.1课后习题1.avi
★ 学习目标　　学习宝石项链的调整方法

★ 案例名称　　课后习题2——利用【色相/饱和
　　　　　　　　度】调整情侣羽绒服　90页
★ 视频位置　　多媒体教学视频\4.15.2课后习题2.avi
★ 学习目标　　掌握图像颜色的调整方法

★ 案例名称　　课后习题3——利用【可选颜色】
　　　　　　　　调整甜美碎花裙　　90页
★ 视频位置　　多媒体教学视频\4.15.3课后习题3.avi
★ 学习目标　　学习甜美碎花裙的调整方法

★ 案例名称　　课后习题4——利用【色相/饱和
　　　　　　　　度】调整青春时尚板鞋　91页
★ 视频位置　　多媒体教学视频\4.15.4课后习题4.avi
★ 学习目标　　学习青春时尚棉鞋的调色方法

★ 案例名称　利用【通道】调出双色polo衫效果 **93页**
★ 视频位置　多媒体教学视频\5.1.avi
★ 学习目标　学习【通道】命令的使用方法

★ 案例名称　利用【色彩平衡】调整高贵小公主摆件 **93页**
★ 视频位置　多媒体教学视频\5.2.avi
★ 学习目标　学习【色彩平衡】命令的使用方法

★ 案例名称　利用【可选颜色】为休闲T恤调色 **95页**
★ 视频位置　多媒体教学视频\5.3.avi
★ 学习目标　学习【可选颜色】命令的使用方法

★ 案例名称　利用【色相/饱和度】调整质感皮革耳机 **98页**
★ 视频位置　多媒体教学视频\5.4.avi
★ 学习目标　学习【色相/饱和度】命令的使用方法

★ 案例名称　利用【曲线】和【色阶】调整时尚蓝玉手镯 **100页**
★ 视频位置　多媒体教学视频\5.5.avi
★ 学习目标　学习【曲线】和【色阶】命令的使用方法

★ 案例名称　利用【可选颜色】调整商务休闲男表 **102页**
★ 视频位置　多媒体教学视频\5.6.avi
★ 学习目标　掌握【可选颜色】命令的使用方法

★ 案例名称　利用【【亮度/对比度】调整时尚手提包包 **104页**
★ 视频位置　多媒体教学视频\5.7.avi
★ 学习目标　学习【亮度/对比度】命令的使用方法

★ 案例名称　利用【曲线】和【可选颜色】调整时尚长裙 **106页**
★ 视频位置　多媒体教学视频\5.8.avi
★ 学习目标　学习【曲线】和【可选颜色】命令的使用方法

★ 案例名称　利用【色彩平衡】调整优雅高跟鞋 **108页**
★ 视频位置　多媒体教学视频\5.9.avi
★ 学习目标　掌握【色彩平衡】命令的使用方法

- ★ 案例名称　利用【阴影/高光】调整时尚运动鞋 **111页**
- ★ 视频位置　多媒体教学视频\5.10.avi
- ★ 学习目标　学习【阴影/高光】命令的使用方法

- ★ 案例名称　利用【曲线】和【自然饱和度】调整高档骨瓷茶具 **113页**
- ★ 视频位置　多媒体教学视频\5.11.avi
- ★ 学习目标　学习【曲线】和【自然饱和度】命令的使用方法

- ★ 案例名称　课后习题1——利用【可选颜色】调整复古情侣表 **116页**
- ★ 视频位置　多媒体教学视频\5.13.1课后习题1.avi
- ★ 学习目标　掌握【可选颜色】命令的使用方法

- ★ 案例名称　课后习题2——利用【可选颜色】调整可爱旅行包 **116页**
- ★ 视频位置　多媒体教学视频\5.13.2课后习题2.avi
- ★ 学习目标　学习【可选颜色】命令的使用方法

- ★ 案例名称　课后习题3——利用【曲线】调整品质珍珠耳坠 **117页**
- ★ 视频位置　多媒体教学视频\5.13.3课后习题3.avi
- ★ 学习目标　学习【曲线】命令的使用方法

- ★ 案例名称　课后习题4——利用【可选颜色】和【色阶】调整奢华裸钻项链 **118页**
- ★ 视频位置　多媒体教学视频\5.13.4课后习题4.avi
- ★ 学习目标　掌握【可选颜色】和【色阶】命令的使用方法

- ★ 案例名称　制作经典条纹背景 **120页**
- ★ 视频位置　多媒体教学视频\6.1.avi
- ★ 学习目标　学习经典条纹背景的制作方法

- ★ 案例名称　制作多边形拼接背景 **120页**
- ★ 视频位置　多媒体教学视频\6.2.avi
- ★ 学习目标　学习多边形拼接背景的制作方法

- ★ 案例名称　制作青春潮流背景 **121页**
- ★ 视频位置　多媒体教学视频\6.3.avi
- ★ 学习目标　掌握青春潮流背景的制作方法

本书实例展示

★ 案例名称　制作暖光背景　**123页**
★ 视频位置　多媒体教学视频\6.4.avi
★ 学习目标　学习暖光背景的制作方法

★ 案例名称　制作踏青背景　**125页**
★ 视频位置　多媒体教学视频\6.5.avi
★ 学习目标　学习踏青背景的制作方法

★ 案例名称　制作手绘城市背景　**128页**
★ 视频位置　多媒体教学视频\6.6.avi
★ 学习目标　掌握手绘城市背景的制作方法

★ 案例名称　制作时尚潮流背景　**129页**
★ 视频位置　多媒体教学视频\6.7.avi
★ 学习目标　学习时尚潮流背景的制作方法

★ 案例名称　制作彩虹格子背景　**130页**
★ 视频位置　多媒体教学视频\6.8.avi
★ 学习目标　学习彩虹格子背景的制作方法

★ 案例名称　制作多边形放射背景　**132页**
★ 视频位置　多媒体教学视频\6.9.avi
★ 学习目标　掌握多边形放射背景的制作方法

★ 案例名称　制作唯美柔质背景　**133页**
★ 视频位置　多媒体教学视频\6.10.avi
★ 学习目标　学习唯美柔质背景的制作方法

★ 案例名称　制作立体格子背景　**135页**
★ 视频位置　多媒体教学视频\6.11.avi
★ 学习目标　学习立体格子背景的制作方法

★ 案例名称　制作春天背景　**138页**
★ 视频位置　多媒体教学视频\6.12.avi
★ 学习目标　掌握春天背景的制作方法

★ 案例名称　制作展台背景　**142页**
★ 视频位置　多媒体教学视频\6.13.avi
★ 学习目标　学习展台背景的制作方法

★ 案例名称　制作民族风背景　**147页**
★ 视频位置　多媒体教学视频\6.14.avi
★ 学习目标　学习民族风背景的制作方法

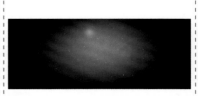

★ 案例名称　制作绚丽蓝背景　**149页**
★ 视频位置　多媒体教学视频\6.15.avi
★ 学习目标　掌握绚丽蓝背景的制作方法

- ★ 案例名称　制作动感舞台背景　**151页**
- ★ 视频位置　多媒体教学视频\6.16.avi
- ★ 学习目标　学习动感舞台背景的制作方法

- ★ 案例名称　课后习题1——制作蓝色系背景　**158页**
- ★ 视频位置　多媒体教学视频\6.18.1 课后习题1.avi
- ★ 学习目标　学习蓝色系背景的制作方法

- ★ 案例名称　课后习题2——制作板块背景　**158页**
- ★ 视频位置　多媒体教学视频\6.18.2 课后习题2.avi
- ★ 学习目标　掌握板块背景的制作方法

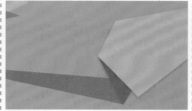

- ★ 案例名称　课后习题3——制作柠檬黄背景 **159页**
- ★ 视频位置　多媒体教学视频\6.18.3 课后习题3.avi
- ★ 学习目标　学习柠檬黄背景的制作方法

- ★ 案例名称　课后习题4——制作条纹律动背景 **159页**
- ★ 视频位置　多媒体教学视频\6.18.4 课后习题4.avi
- ★ 学习目标　学习条纹律动背景的制作方法

- ★ 案例名称　课后习题5——制作城市舞台背景 **160页**
- ★ 视频位置　多媒体教学视频\6.18.5 课后习题5.avi
- ★ 学习目标　掌握城市舞台背景的制作方法

- ★ 案例名称　制作变形旅游季文字效果　**162页**
- ★ 视频位置　多媒体教学视频\7.1.avi
- ★ 学习目标　学习变形旅游季文字的制作方法

- ★ 案例名称　制作时尚文字效果　**164页**
- ★ 视频位置　多媒体教学视频\7.2.avi
- ★ 学习目标　学习时尚文字的制作方法

- ★ 案例名称　制作舞台变形字　**166页**
- ★ 视频位置　多媒体教学视频\7.3.avi
- ★ 学习目标　掌握舞台变形字的制作方法

- ★ 案例名称　制作"牛仔"效果文字　**168页**
- ★ 视频位置　多媒体教学视频\7.4.avi
- ★ 学习目标　学习"牛仔"效果文字的制作方法

- ★ 案例名称　制作"科技风"文字效果　**169页**
- ★ 视频位置　多媒体教学视频\7.5.avi
- ★ 学习目标　学习"科技风"文字的制作方法

- ★ 案例名称　制作"针织"文字效果　**172页**
- ★ 视频位置　多媒体教学视频\7.6.avi
- ★ 学习目标　掌握"针织"文字的制作方法

★ 案例名称　制作春促主题文字效果 **175页**
★ 视频位置　多媒体教学视频\7.7.avi
★ 学习目标　学习春促主题文字的制作方法

★ 案例名称　制作动感投影字效果 **177页**
★ 视频位置　多媒体教学视频\7.8.avi
★ 学习目标　学习动感投影字的制作方法

★ 案例名称　制作主题特征文字效果 **179页**
★ 视频位置　多媒体教学视频\7.9.avi
★ 学习目标　掌握主题特征文字的制作方法

★ 案例名称　制作美食主题口味文字效果 **182页**
★ 视频位置　多媒体教学视频\7.10.avi
★ 学习目标　学习美食主题口味文字的制作方法

★ 案例名称　制作折扣优惠文字效果 **185页**
★ 视频位置　多媒体教学视频\7.11.avi
★ 学习目标　学习折扣优惠文字的制作方法

★ 案例名称　制作黄金质感文字效果 **187页**
★ 视频位置　多媒体教学视频\7.12.avi
★ 学习目标　掌握黄金质感文字的制作方法

★ 案例名称　制作炫目水晶文字效果 **193页**
★ 视频位置　多媒体教学视频\7.13.avi
★ 学习目标　学习炫目水晶文字的制作方法

★ 案例名称　制作激情视觉文字效果 **197页**
★ 视频位置　多媒体教学视频\7.14.avi
★ 学习目标　学习激情视觉文字的制作方法

★ 案例名称　制作变形促销文字效果 **199页**
★ 视频位置　多媒体教学视频\7.15.avi
★ 学习目标　掌握变形促销文字的制作方法

★ 案例名称　制作立体方块文字效果 **203页**
★ 视频位置　多媒体教学视频\7.16.avi
★ 学习目标　学习立体方块文字的制作方法

★ 案例名称　制作立体投影文字效果 **207页**
★ 视频位置　多媒体教学视频\7.17.avi
★ 学习目标　学习立体投影文字的制作方法

★ 案例名称　制作叠加投影文字效果 **212页**
★ 视频位置　多媒体教学视频\7.18.avi
★ 学习目标　掌握叠加投影文字的制作方法

★ 案例名称　课后习题1——制作时装文字效果　**214页**
★ 视频位置　多媒体教学视频\7.20.1 课后习题1.avi
★ 学习目标　学习时装文字的制作方法

★ 案例名称　课后习题2——制作自然亮光文字效果　**214页**
★ 视频位置　多媒体教学视频\7.20.2 课后习题2.avi
★ 学习目标　学习自然亮光文字的制作方法

★ 案例名称　课后习题3——制作温馨初恋文字效果　**215页**
★ 视频位置　多媒体教学视频\7.20.3 课后习题3.avi
★ 学习目标　掌握温馨初恋文字的制作方法

★ 案例名称　课后习题4——制作火焰组合文字效果　**216页**
★ 视频位置　多媒体教学视频\7.20.4 课后习题4.avi
★ 学习目标　学习火焰组合文字的制作方法

★ 案例名称　课后习题5——制作招牌文字效果　**216页**
★ 视频位置　多媒体教学视频\7.20.5 课后习题5.avi
★ 学习目标　学习招牌文字的制作方法

★ 案例名称　指向性标识　**218页**
★ 视频位置　多媒体教学视频\8.1.avi
★ 学习目标　学习指向性标识的制作方法

★ 案例名称　多边形标签　**218页**
★ 视频位置　多媒体教学视频\8.2.avi
★ 学习目标　学习多边形标签的制作方法

★ 案例名称　新款上市标签　**219页**
★ 视频位置　多媒体教学视频\8.3.avi
★ 学习目标　掌握新款上市标签的制作方法

★ 案例名称　包邮标识　**220页**
★ 视频位置　多媒体教学视频\8.4.avi
★ 学习目标　学习包邮标识的制作方法

★ 案例名称　投影标签　**222页**
★ 视频位置　多媒体教学视频\8.5.avi
★ 学习目标　学习投影标签的制作方法

★ 案例名称　可爱主题标签　**224页**
★ 视频位置　多媒体教学视频\8.6.avi
★ 学习目标　掌握可爱主题标签的制作方法

★ 案例名称　圣诞元素标签　**225页**
★ 视频位置　多媒体教学视频\8.7.avi
★ 学习目标　学习圣诞元素标签的制作方法

★ 案例名称　水滴标签　**227页**
★ 视频位置　多媒体教学视频\8.8.avi
★ 学习目标　学习水滴标签的制作方法

★ 案例名称　悬吊标签　**230页**
★ 视频位置　多媒体教学视频\8.9.avi
★ 学习目标　掌握悬吊标签的制作方法

★ 案例名称　提示标签　**231页**
★ 视频位置　多媒体教学视频\8.10.avi
★ 学习目标　学习提示标签的制作方法

★ 案例名称　虚线边框提示标签　**232页**
★ 视频位置　多媒体教学视频\8.11.avi
★ 学习目标　学习虚线边框提示标签的制作方法

★ 案例名称　盛典标签　**234页**
★ 视频位置　多媒体教学视频\8.12.avi
★ 学习目标　掌握盛典标签的制作方法

★ 案例名称　秒杀标识　**236页**
★ 视频位置　多媒体教学视频\8.13.avi
★ 学习目标　学习秒杀标识的制作方法

★ 案例名称　多边形组合标签　**238页**
★ 视频位置　多媒体教学视频\8.14.avi
★ 学习目标　学习多边形组合标签的制作方法

★ 案例名称　醒目特征标签　**240页**
★ 视频位置　多媒体教学视频\8.15.avi
★ 学习目标　掌握醒目特征标签的制作方法

★ 案例名称　冬日元素标签　**242页**
★ 视频位置　多媒体教学视频\8.16.avi
★ 学习目标　学习冬日元素标签的制作方法

★ 案例名称　镂空组合标签　**245页**
★ 视频位置　多媒体教学视频\8.17.avi
★ 学习目标　学习镂空组合标签的制作方法

★ 案例名称　日历标签　**246页**
★ 视频位置　多媒体教学视频\8.18.avi
★ 学习目标　掌握日历标签的制作方法

★ 案例名称　复合标签　**248页**
★ 视频位置　多媒体教学视频\8.19.avi
★ 学习目标　学习复合标签的制作方法

★ 案例名称　　弧形燕尾标签　　`249页`
★ 视频位置　　多媒体教学视频\8.20.avi
★ 学习目标　　学习弧形燕尾标签的制作方法

★ 案例名称　　立体指向标签　　`251页`
★ 视频位置　　多媒体教学视频\8.21.avi
★ 学习目标　　掌握立体指向标签的制作方法

★ 案例名称　　象形标签　　`253页`
★ 视频位置　　多媒体教学视频\8.22.avi
★ 学习目标　　学习象形标签的制作方法

★ 案例名称　　课后习题1——立体矩形标签　`255页`
★ 视频位置　　多媒体教学视频\8.24.1课后习题1.avi
★ 学习目标　　学习立体矩形标签的制作方法

★ 案例名称　　课后习题2——指向性标签　`256页`
★ 视频位置　　多媒体教学视频\8.24.2课后习题2.avi
★ 学习目标　　掌握指向性标签的制作方法

★ 案例名称　　课后习题3——投影标签　`256页`
★ 视频位置　　多媒体教学视频\8.24.3课后习题3.avi
★ 学习目标　　学习投影标签的制作方法

★ 案例名称　　课后习题4——花形标签　`257页`
★ 视频位置　　多媒体教学视频\8.24.4课后习题4.avi
★ 学习目标　　学习花形标签的制作方法

★ 案例名称　　精品护眼台灯硬广设计　`259页`
★ 视频位置　　多媒体教学视频\9.1.avi
★ 学习目标　　学习精品护眼台灯硬广的制作方法

★ 案例名称　　修身绒衣硬广设计　`261页`
★ 视频位置　　多媒体教学视频\9.2.avi
★ 学习目标　　学习修身绒衣硬广的制作方法

★ 案例名称　　精品电饭煲硬广设计　`263页`
★ 视频位置　　多媒体教学视频\9.3.avi
★ 学习目标　　掌握精品电饭煲硬广的制作方法

★ 案例名称　　美丽雪纺裙硬广设计　`265页`
★ 视频位置　　多媒体教学视频\9.4.avi
★ 学习目标　　学习美丽雪纺裙硬广的制作方法

★ 案例名称　　布艺沙滩鞋硬广设计　`268页`
★ 视频位置　　多媒体教学视频\9.5.avi
★ 学习目标　　学习布艺沙滩鞋硬广的制作方法

- ★ 案例名称　时尚英伦皮鞋硬广设计　**271页**
- ★ 视频位置　多媒体教学视频\9.6.avi
- ★ 学习目标　掌握时尚英伦皮鞋硬广的制作方法

- ★ 案例名称　精品剃须刀硬广设计　**274页**
- ★ 视频位置　多媒体教学视频\9.7.avi
- ★ 学习目标　学习精品剃须刀硬广的制作方法

- ★ 案例名称　精工豆浆机硬广设计　**277页**
- ★ 视频位置　多媒体教学视频\9.8.avi
- ★ 学习目标　学习精工豆浆机硬广的制作方法

- ★ 案例名称　课后习题1——吸尘器硬广设计　**280页**
- ★ 视频位置　多媒体教学视频\9.10.1课后习题1.avi
- ★ 学习目标　掌握吸尘器硬广的制作方法

- ★ 案例名称　课后习题2——电视换新硬广设计　**280页**
- ★ 视频位置　多媒体教学视频\9.10.2课后习题2.avi
- ★ 学习目标　学习电视换新硬广的制作方法

- ★ 案例名称　课后习题3——超轻运动鞋硬广设计　**281页**
- ★ 视频位置　多媒体教学视频\9.10.3课后习题3.avi
- ★ 学习目标　学习超轻运动鞋硬广的制作方法

- ★ 案例名称　课后习题4——秋冬新品男鞋硬广设计　**282页**
- ★ 视频位置　多媒体教学视频\9.10.4课后习题4.avi
- ★ 学习目标　掌握秋冬新品男鞋硬广的制作方法

- ★ 案例名称　优雅鞋子banner设计　**284页**
- ★ 视频位置　多媒体教学视频\10.1.avi
- ★ 学习目标　学习优雅鞋子banner设计的方法

- ★ 案例名称　润肤乳banner设计　**284页**
- ★ 视频位置　多媒体教学视频\10.2.avi
- ★ 学习目标　学习润肤乳banner设计的方法

- ★ 案例名称　美白护肤品banner设计　**286页**
- ★ 视频位置　多媒体教学视频\10.3.avi
- ★ 学习目标　掌握美白护肤品banner设计的方法

- ★ 案例名称　糖果彩裙banner设计　**290页**
- ★ 视频位置　多媒体教学视频\10.4.avi
- ★ 学习目标　学习糖果彩裙banner设计的方法

- ★ 案例名称　知性之美女装banner设计　**292页**
- ★ 视频位置　多媒体教学视频\10.5.avi
- ★ 学习目标　学习知性之美女装banner设计的方法

★ 案例名称　柔肤水banner设计 　295页
★ 视频位置　多媒体教学视频\10.6.avi
★ 学习目标　掌握柔肤水banner设计的方法

★ 案例名称　年终大促banner设计 　298页
★ 视频位置　多媒体教学视频\10.7.avi
★ 学习目标　学习年终大促banner设计的方法

★ 案例名称　服饰banner设计 　301页
★ 视频位置　多媒体教学视频\10.8.avi
★ 学习目标　学习服饰banner设计的方法

★ 案例名称　车险banner设计 　306页
★ 视频位置　多媒体教学视频\10.9.avi
★ 学习目标　掌握车险banner设计的方法

★ 案例名称　化妆品banner设计 　310页
★ 视频位置　多媒体教学视频\10.10.avi
★ 学习目标　学习化妆品banner设计的方法

★ 案例名称　家居促销banner设计 　317页
★ 视频位置　多媒体教学视频\10.11.avi
★ 学习目标　学习家居促销banner设计的方法

★ 案例名称　课后习题1——时装banner设计 　323页
★ 视频位置　多媒体教学视频\10.13.1 课后习题1.avi
★ 学习目标　掌握时装banner设计的方法

★ 案例名称　课后习题2——保暖衣banner设计 　324页
★ 视频位置　多媒体教学视频\10.13.2 课后习题2.avi
★ 学习目标　学习保暖衣banner设计的方法

★ 案例名称　课后习题3——文艺时装banner设计　325页
★ 视频位置　多媒体教学视频\10.13.3课后习题3.avi
★ 学习目标　学习文艺时装banner设计的方法

★ 案例名称　课后习题4——女人节疯狂购banner设计　325页
★ 视频位置　多媒体教学视频\10.13.4课后习题4.avi
★ 学习目标　掌握女人节疯狂购banner设计的方法

★ 案例名称　课后习题5——变形本banner设计　326页
★ 视频位置　多媒体教学视频\10.13.5课后习题5.avi
★ 学习目标　学习变形本banner设计的方法

★ 案例名称　儿童乐园店招　328页
★ 视频位置　多媒体教学视频\11.1.1.avi
★ 学习目标　学习儿童乐园店招设计的方法

★ 案例名称　智能生活馆店招　332页
★ 视频位置　多媒体教学视频\11.1.2.avi
★ 学习目标　学习智能生活馆店招设计的方法

★ 案例名称　5折包邮主图　336页
★ 视频位置　多媒体教学视频\11.2.1.avi
★ 学习目标　掌握5折包邮主图设计的方法

★ 案例名称　全民疯抢主图
★ 视频位置　多媒体教学视频\11.2.2.avi
★ 学习目标　学习全民疯抢主图设计的方法

★ 案例名称　美味坚果详情页　　347页
★ 视频位置　多媒体教学视频\11.3.2.avi
★ 学习目标　掌握美味坚果详情页设计的方法

★ 案例名称　盐水鸭详情说明　　343页
★ 视频位置　多媒体教学视频\11.3.1.avi
★ 学习目标　学习盐水鸭详情说明设计的方法

★ 案例名称　满减优惠券　　350页
★ 视频位置　多媒体教学视频\11.4.1.avi
★ 学习目标　学习满减优惠券设计的方法

★ 案例名称　母婴专场优惠券　　352页
★ 视频位置　多媒体教学视频\11.4.2.avi
★ 学习目标　学习母婴专场优惠券设计的方法

★ 案例名称　卡通店铺公告板　　354页
★ 视频位置　多媒体教学视频\11.5.1.avi
★ 学习目标　掌握卡通店铺公告板设计的方法

- ★ 案例名称　自然风格公告板　357页
- ★ 视频位置　多媒体教学视频\11.5.2.avi
- ★ 学习目标　学习自然风格公告板设计的方法

- ★ 案例名称　正品保障服务卡　360页
- ★ 视频位置　多媒体教学视频\11.6.1.avi
- ★ 学习目标　学习正品保障服务卡设计的方法

- ★ 案例名称　退换货服务卡　362页
- ★ 视频位置　多媒体教学视频\11.6.2.avi
- ★ 学习目标　掌握退换货服务卡设计的方法

- ★ 案例名称　金标5分好评卡　367页
- ★ 视频位置　多媒体教学视频\11.7.1.avi
- ★ 学习目标　学习金标5分好评卡设计的方法

- ★ 案例名称　正品保障5分好评卡　370页
- ★ 视频位置　多媒体教学视频\11.7.2.avi
- ★ 学习目标　学习正品保障5分好评卡设计的方法

- ★ 案例名称　课后习题1——制作抽奖详情页　376页
- ★ 视频位置　多媒体教学视频\11.9.1 课后习题1.avi
- ★ 学习目标　掌握抽奖详情页设计的方法

- ★ 案例名称　课后习题2——清新绿色横幅　376页
- ★ 视频位置　多媒体教学视频\11.9.2 课后习题2.avi
- ★ 学习目标　学习清新绿色横幅设计的方法

Photoshop CC
淘宝网店设计与装修
实用教程

华建业 李昔 编著

人民邮电出版社

北京

图书在版编目（ＣＩＰ）数据

Photoshop CC淘宝网店设计与装修实用教程 / 华建
业，李昔编著. -- 北京 ： 人民邮电出版社，2016.12（2022.7重印）
ISBN 978-7-115-43694-8

Ⅰ. ①P… Ⅱ. ①华… ②李… Ⅲ. ①图象处理软件－
教材 Ⅳ. ①TP391.413

中国版本图书馆CIP数据核字(2016)第268852号

内 容 提 要

　　这是一本全面介绍淘宝网店设计与装修的实用教程，是读者快速掌握淘宝网店装修技法的必备参考书，主要内容包括宝贝抠图、宝贝调色、制作各类主题背景、艺术字体制作和banner艺术制作等几大部分。全书以网店装修为线索，将主要内容分为几大核心区域，讲解了装修设计要点及不同类型店铺首页的装修设计等，本书在讲解过程中并没有运用过多的专业术语，而是采用通俗易懂的文字和清晰形象的图片，便于读者理解和阅读，从而帮助读者快速掌握网店的装修技巧。

　　随书光盘提供了书中所有实例的素材文件和效果源文件，以及本书所有实例及课后习题的高清有声教学视频，帮助读者提高学习效率。同时，为方便老师教学，本书还提供了PPT教学课件，以供参考。

　　本书适合正在经营网店和想通过网店的整体包装提升店铺档次、将生意做大做强的店主。同时也适合想在网上开店创业的初学者，包括在校大学生、兼职人员、自由职业者、小企业管理者及企业白领等想在网络中寻求商机的相关人员。

◆ 编　著　华建业　李　昔
　　责任编辑　张丹阳
　　责任印制　陈　犇

◆ 人民邮电出版社出版发行　　北京市丰台区成寿寺路 11 号
　　邮编　100164　电子邮件　315@ptpress.com.cn
　　网址　http://www.ptpress.com.cn
　　北京七彩京通数码快印有限公司印刷

◆ 开本：787×1092　1/16　　　　彩插：10
　　印张：23.5　　　　　　　　　2016 年 12 月第 1 版
　　字数：653 千字　　　　　　　2022 年 7 月北京第 8 次印刷

定价：49.80 元（附光盘）
读者服务热线：(010)81055410　印装质量热线：(010)81055316
反盗版热线：(010)81055315
广告经营许可证：京东市监广登字 20170147 号

前　言

随着时代的发展，电子商务走进人们的生活，它以方便、快捷、高效等优势为人们提供高品质生活，而淘宝网店正是在这种环境下应运而生的。淘宝开店十分简单，从注册账号到上架商品，几乎人人都可以操作，甚至有很多人把经营网店作为一种职业追求，越来越多的人在网上开店，也正是在这种情况下店铺数量越来越多，竞争日益激烈。虽然网上店铺很多，但是有相当一部分的销售量较低，除了优化推广的问题外，还有一个重要的原因就是店铺的装修设计不到位。

想要在竞争中占据优势，漂亮的店铺装修是必不可少的，这也是吸引顾客的第一道关，没有经过装修的店铺想要仅依靠物美价廉的商品吸引买家是比较困难的，一般来说，经过装修设计的网络店铺特别能吸引顾客的目光。装修店铺并不难，但是想要将店铺装修得十分漂亮并非易事。

本书立足于指引淘宝卖家如何根据所销售的商品来进行商品拍摄、页面设计与装修，其中还有大量的关于实用宝贝美化、创意设计、经典视觉效果等更加专业的知识。相信通过对本书的学习，一定能够以此为基础达到网店迅速吸引顾客眼球、提高销量及信誉的目的，将网店越做越大、越做越强。

为了达到使读者轻松自学并深入了解网店装修的目的，本书在版面结构设计上尽量做到清晰明了，如下图所示。

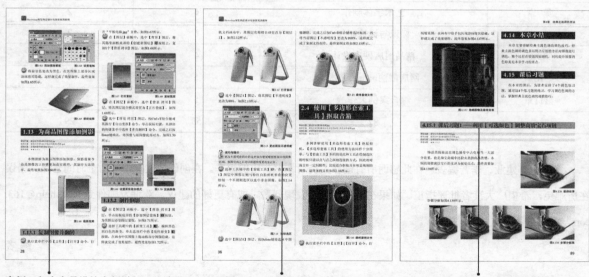

案例：包含大量设计案例详解，让读者深入掌握Photoshop网店装修的各种功能。　　**技巧与提示**：针对软件的使用技巧与设计制作过程中的难点进行重点提示。　　**课后习题**：安排了重要的设计习题，让读者在学完相应内容后继续强化所学技能。

本书的主要特色包括以下几点。

● 全面的基础知识：覆盖装修必备软件，全面讲解操作基础知识。

● 丰富实用的案例：从宝贝抠图、宝贝调色、艺术字制作、促销标签、精品网店广告、网店banner，到综合案例，囊括了所有和店铺装修有关的实例。

- 超值的资源赠送：所有案例素材+所有案例源文件+PPT教学课件。

- 高清有声教学视频：所有案例的高清语音教学视频，体会讲师面对面、手把手的教学。

本书附带一张教学光盘，内容包括"案例文件""素材文件""多媒体教学"和"PPT课件"4个文件夹。其中"案例文件"中包含本书所有案例的原始分层PSD格式文件；"素材文件"中包含本书所有案例用到的素材文件；"多媒体教学"中包含本书所有课堂案例和课后习题的高清多媒体有声教学视频；"PPT课件"中包含供老师教学使用的PPT课件。

本书的参考学时为87学时，其中讲授环节为58学时，实训环节为29学时，各章的参考学时参见下面的学时分配表。

章节	课程内容	学时分配	
		讲授学时	实训学时
第1章	装修必备之Photoshop基础	4	3
第2章	基础工具抠图入门	6	3
第3章	实用的专业抠图技法	5	2
第4章	经典主流调色技法	6	3
第5章	国际时尚调色技法	5	2
第6章	制作华丽背景	6	3
第7章	艺术字体制作	6	2
第8章	标识与标签制作	6	2
第9章	精品网店硬广设计	4	3
第10章	网店靓丽banner艺术	5	4
第11章	综合案例大作战	5	2
课时总计	87	58	29

本书由华建业、李昔编著，在此感谢所有创作人员对本书付出的艰辛。在创作的过程中，由于时间仓促，错误在所难免，希望广大读者批评指正。如果在学习过程中发现问题，或有更好的建议，欢迎发邮件到bookshelp@163.com与我们联系。

编 者

目 录 CONTENTS

目 录 CONTENTS

目 录 CONTENTS

目 录 CONTENTS

目 录 CONTENTS

目 录 CONTENTS

目 录 CONTENTS

目 录 CONTENTS

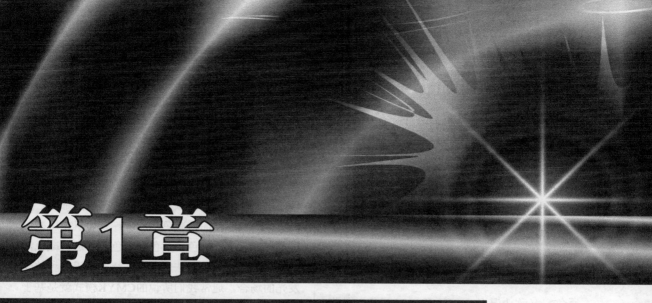

第1章

装修必备之Photoshop基础

本章主要讲解在网店装修中使用到的Photoshop的基础知识，首先讲解了色彩的使用，包括在淘宝网店装修中色彩的基础知识及本色搭配秘籍。所谓配色，简单来说就是将不同颜色摆在适当的位置，做一个最好的安排。本章从色彩的基础知识出发，详细讲解了色彩的相关元素及配色的原理；然后通过基础案例的讲解，帮助读者详细了解装修利器——Photoshop的使用技巧，了解网店商品的基本处理方法，为以后的学习打下基础。

学习目标

了解三原色

了解色彩的分类

掌握色彩三要素

掌握色彩的性格

掌握配色基础知识

掌握商品的基础修改技巧

1.1 色彩基础知识

在五彩缤纷的世界里，人们可以感受到流光溢彩、纷繁复杂的色彩，如天空、草原和花朵等都有它们各自的色彩。对于一个设计师来说，想要设计出好的作品，必须学会在作品中灵活、巧妙地运用色彩，需掌握色彩的基础知识，从而使作品达到艺术表现效果。下面来详细讲解关于色彩的知识。

1.1.1 三原色

原色，又称为基色，三原色（三基色）是指红（R）、绿（G）、蓝（B）这三种颜色，它们是调配其他色彩的基本色。原色的纯度最高、最纯净、最鲜艳，可以调配出绝大多数色彩，但其他颜色不能调配出三原色。

加色三原色基于加色法原理。人的眼睛是根据所看见的光的波长来识别颜色的。可见光谱中的大部分颜色可以由三种基本色光按不同的比例混合而成，这三种基本色光的颜色就是红（Red）、绿（Green）、蓝（Blue）。这三种光以相同的比例混合，达到一定的强度，就呈现为白色；若三种光的强度均为零，就是黑色，这就是加色法原理加色法原理被广泛应用于电视机、监视器等主动发光的产品中。RGB混合效果及样本如图1.1所示。

RGB混合效果

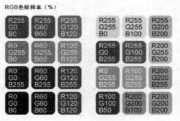

RGB色标样本（%）

图1.1 RGB混合效果及样本

减色三原色基于减色法原理，在减色法原理

中的三原色颜料分别是青色（Cyan）、品红色（Magenta）和黄色（Yellow）。减色原色是指一些颜料，当按照不同的组合将这些颜料添加在一起时，可以创建一个色谱。减色原色基于减色法原理。与显示器不同，在打印、印刷、油漆、绘画等这些靠介质表面的反射被动发光的场合，物体所呈现的颜色是光源中被颜料吸收后所剩余的部分，所以其成色的原理叫作减色法原理。打印机使用减色原色（青色、洋红色、黄色和黑色）并通过减色混合来生成颜色。减色法原理被广泛应用于各种被动发光的场合。通常我们所说的CMYK模式就是基于减色原理。CMYK混合效果及样本如图1.2所示。

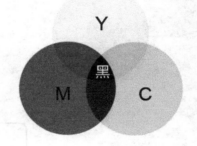

CMYK混合效果

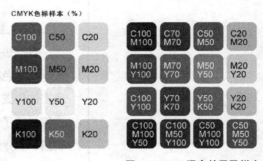

CMYK色标样本（%）

图1.2 CMYK混合效果及样本

1.1.2 色彩的分类

色彩从属性上分，一般可分为无彩色和有彩色两种。

1.无彩色

无彩色是指白色、黑色和由黑、白两色相互调和而形成的各种深浅不同的灰色系列，即反射白光的色彩。从物理学的角度看，它们不包括在可见光谱之中，故称之为无彩色。

　　无彩色按照一定的变化规律，可以排成一个系列。由白色渐变到浅灰、中灰到黑色，色度学上称此为黑白系列。黑白系列中由白到黑的变化，可以用一条水平轴表示，一端为白，一端为黑，中间有各种过渡的灰色。

　　无彩色系中的所有颜色只有一种基本性质，即明度。它们不具备色相和纯度的性质，也就是说它们的色相和纯度从理论上来说都等于零。明度的变化能使无彩色系呈现出梯度层次的中间过渡色，色彩的明度可用黑白度来表示，越接近白色，明度越高，越接近黑色，明度越低。无彩色图示效果如图1.3所示。

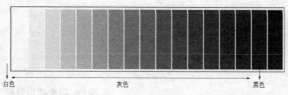

图1.3　无彩色图示效果

2.有彩色

　　有彩色是指包括在可见光谱中的全部色彩，有彩色的物理色彩有6种基本色：红色、橙色、黄色、绿色、蓝色、紫色。基本色之间不同比例的混合、基本色与无彩色之间不同比例的混合所产生的千千万万种色彩都属于有彩色系。有彩色是由光的波长和振幅决定的，波长决定色相，振幅决定色调。这6种基本色中，一般称红色、黄色、蓝色为三原色；橙色（红加黄）、绿色（黄加蓝）、紫色（蓝加红）为间色。从上述中可以发现，在这6种基本色的排列中两个原色之间总是间隔一个间色，所以，只需要记住基本色就可以区分原色和间色。

　　有彩色具有色相、明度和饱和度（也称彩度、纯度、艳度）的变化，色相、明度和饱和度是色彩最基本的三要素，在色彩学上也称为色彩的三属性。将有彩色系按顺序排成一个圆形，这便组成了色相环。色相环对于了解色彩之间的关系具有很大的帮助。有彩色图示效果如图1.4所示。

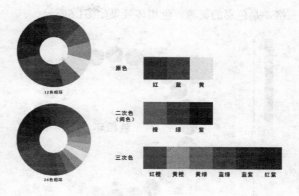

说明：
- 色相环是由原色、二次色（也叫间色）和三次色组合而成 。
- 色相环中的三原色（红、黄、蓝），在环中形成一个等边三角形。
- 二次色（橙、紫、绿）处在三原色之间，形成另一个等边三角形。
- 红橙、黄橙、黄绿、蓝绿、蓝紫、红紫这6种颜色为三次色，三次色是由原色和二次色混合而成。

图1.4　有彩色图示效果

1.1.3　色彩三要素

　　在平面设计中，经常接触到有关图像的色相（Hue）、明度（Brightness ）和饱和度（Saturation）的色彩概念，从HSB颜色模型中可以看出这些概念的基本情况，如图1.5所示。

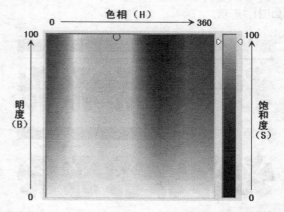

图1.5　HSB颜色模型图示

1.色相

　　色相，是指各类色彩的相貌称谓，是区别色彩种类的名称。如红色、黄色、绿色、蓝色和青色等都代表一种具体的色相。色相是一种颜色区别于其他颜色最显著的特性，在0到360°的标准色相环上，按位置度量色相。色相体现着色彩外向的性格，是色彩的灵魂。色相环效果如图1.6所示。

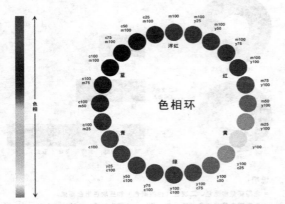

图1.6 色相环效果

因色相不同而形成的色彩对比叫色相对比。以色相环为依据，颜色在色相环上的距离远近决定色相的强弱对比，距离越近，色相对比越弱；距离越远，色相对比越强烈。

色相对比一般包括对比色对比、互补色对比、邻近色对比和同类色对比。这些对比中互补色对比是最强烈鲜明的，如黑白对比就是互补对比；而同类色对比是最弱的对比，同类色对比是同一色相里的不同明度和纯度的色彩对比，因为它是距离最小的色相，属于模糊难分的色相。色相对比效果如图1.7所示。

图1.7 色相对比效果

2.明度

明度指的是色彩的明暗程度。有时也可称为亮度或深浅度。在无彩色中，最高明度为白，最低明度为黑色。在有彩色中，任何一种色相中都有着一个明度特征。不同色相的明度也不同，黄色为明度最高的色，紫色为明度最低的色。任何一种色相

如加入白色，都会提高明度，白色成分越多，明度也就越高；任何一种色相如加入黑色，明度相对降低，黑色越多，明度越低。

明度是全部色彩都有的属性，明度关系可以说是搭配色彩的基础，在设计中，明度最适宜于表现物体的立体感与空间感。明度图示效果如图1.8所示。

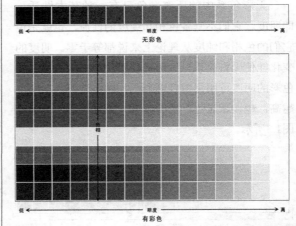

图1.8 明度图示效果

色相之间由于色彩明暗差别而产生的对比，称为明度对比，有时也叫黑白度对比。色彩对比的强弱决定于明度差别大小，明度差别越大，对比越强；明度差别越小，对比越弱。利用明度的对比可以很好地表现色彩的层次与空间关系。

明度对比越强的色彩最明快、清晰，最具有刺激性；明度对比处于中等的色彩刺激性相对小些，表现比较明快，所以通常用在室内装饰、服装设计和包装装潢上；而处于最低等的明度对比不具备刺激性，多使用在柔美、含蓄的设计中。明度对比效果如图1.9所示。

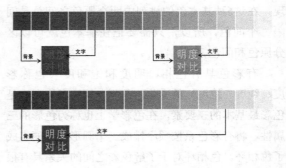

图1.9 明度对比效果

3.饱和度

饱和度是指色彩的强度或纯净程度，也称彩度、纯度、艳度或色度。对色彩的饱和度进行调整也就是调整图像的彩度。饱和度表示色相中灰色分量所占的比例，它使用从 0（灰色）至 100% 的百分比来度量，当饱和度降低为0时，则会变成一个灰色图像，增加饱和度会增加其彩度。在标准色轮上，饱和度从中心到边缘递增。饱和度受到屏幕亮度和对比度的双重影响，一般亮度好对比度高的屏幕可以得到很好的色饱和度。饱和度效果如图1.10所示。

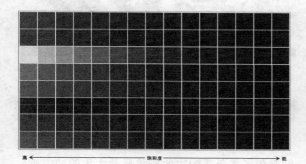

图1.10 饱和度效果

色相之间因饱和度的不同而形成的对比叫纯度对比。很难划分高、中、低纯度的统一标准。可以笼统地这样理解，将一种颜色（比如红色）与黑色相混成9个等纯度色标，1~3为低纯度色，4~6为中纯度色，7~9为高纯度色。

纯度相近的色彩对比，如3级以内的对比叫纯度弱对比，纯度弱对比的画面视觉效果比较弱，形象的清晰度较低，适合长时间及近距离观看；纯度相差4~6级的色彩对比叫纯度中对比，纯度中对比是最和谐的，画面效果含蓄丰富，主次分明；纯度相差7~9级的色彩对比叫纯度强对比，纯度强对比会出现鲜的更鲜、浊的更浊的现象，画面对比明朗、富有生气，色彩认知度也较高。纯度对比如图1.11所示。

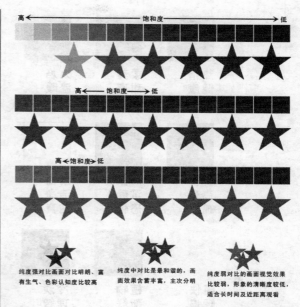

纯度强对比画面对比明朗、富有生气、色彩认知度比较高

纯度中对比是最和谐的，画面效果含蓄丰富，主次分明

纯度弱对比的画面视觉效果比较弱，形象的清晰度较低，适合长时间及近距离观看

图1.11 纯度对比效果

1.1.4 色彩的性格

当人们看到颜色时，会与自己印象中的感知产生共通性，比方说当人们看到红色、橙色或黄色会产生温暖感；当人们看到海水或月光时，会产生清爽的感觉，于是当人们看到青色、绿色，也相应会产生凉爽感。由此可见，色彩的温度感不过是人们的习惯反应，是人们长期经验积累的结果。

红色、橙色之类的颜色叫暖色；青、青绿之类的颜色叫冷色。红紫到黄绿属暖色，青绿到青属冷色，以青色为最冷，紫色是由属于暖色的红和属于冷色的青色组合成，所以紫和绿被称为温色，黑、白、灰、金、银等色称为中性色。

需要注意的是，色彩的冷暖是相对的，比如无彩色（如黑、白）与有彩色（黄、绿等），后者比前者暖；而如果由无彩色本身看，黑色比白色暖；从有彩色来看，同一色彩中含红、橙、黄成分偏多时偏暖，含青的成分偏多时偏冷；所以说，色彩的冷暖并不是绝对的。色彩性格如图1.12所示。

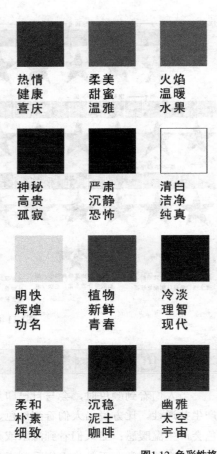

热情 健康 喜庆	柔美 甜蜜 温雅	火焰 温暖 水果
神秘 高贵 孤寂	严肃 沉静 恐怖	清白 洁净 纯真
明快 辉煌 功名	植物 新鲜 青春	冷淡 理智 现代
柔和 朴素 细致	沉稳 泥土 咖啡	幽雅 太空 宇宙

图1.12 色彩性格

1.2 配色基础知识

配色是淘宝店铺装修中不可或缺的一个环节，有着相当重要的一面，极具美感的配色可以让你的店铺给人极高的舒适度，让进来的买家无论下单与否都会浏览一番，可以说是赚足了人气。下面就为大家讲解以下五种常见的配色分类。

1.2.1 原色搭配

原色搭配也就是我们常见到的比如红、绿、黄之类的颜色，这种颜色通常比较醒目，在搭配上相对比较讲究，一般情况下大面积的纯色搭配是比较少见的，原因是原色的搭配冲突感太强，反差较大，不符合传统文化。但是在这里红色和黄色的搭配则是比较常见到的，首先依据中国的传统文化

红色和黄色的搭配极容易使人联想到节日的喜庆，此外大型的商业活动宣传单等也会采用这种色彩搭配。原色搭配效果如图1.13所示。

图1.13 原色搭配效果

1.2.2 单色搭配

单色搭配是一种最为"安全"的配色方法，它避免了多色搭配中的颜色反差太大的冲击感，在单色搭配中并没有形成颜色的层次，但是它具有其他配色方法并不太突出的明暗层次，一种色相由暗、中、明三种色调组合而成，这种颜色我们就称之为单色，这种颜色搭配的用法相对简单，并且出来的效果通常很好。单色搭配效果如图1.14所示。

图1.14 单色搭配效果

1.2.3 补色搭配

在色盘中相对的两种颜色即为补色，例如橙色和蓝色，这两种颜色的搭配形成一种强烈的对比效果，能传达出活力、兴奋等信息。想要补色搭配效果达到最佳，通常在大面积的颜色中使用小面积的补色。补色搭配效果如图1.15所示。

图1.16 类比色搭配效果（续）

1.2.5 分裂补色搭配

分裂补色是比较冷门的一种搭配方法，在这里我们将同时用补色及类比色的方法来确定的颜色关系称之为分裂补色，此种颜色的搭配既具有补色的力量感而又不失类比色中的低对比度的美感，所以它也就形成了一种既和谐又有重点的颜色关系。分裂补色搭配效果如图1.17所示。

图1.15 补色搭配效果

1.2.4 类比色搭配

通常在色盘中相邻的颜色我们称之为类比色，类比色最为显著的特点就是都拥有相似的共同点，比如相似对比度、相似的明度等。这类颜色搭配在一起能够产生一种令人赏心悦目的感觉。类比色的另一个特点是颜色相对比较丰富，应用这种搭配通常都能轻易产生美感。类比色搭配效果如图1.16所示。

图1.17 分裂补色搭配效果

1.2.6 二次色搭配

二次色之间都拥有一种共同的颜色，如两种共同拥有蓝色，两种共同拥有黄色，两种共同拥有红色，所以它们轻易能够形成协调的搭配；如果三种二次色同时使用，则具有丰富的色调显得很舒适、引人注目。二次色搭配效果如图1.18所示。

图1.16 类比色搭配效果

图1.18 二次色搭配效果

1.3 剪切突出商品重点

素材位置	素材文件\第1章\突出商品重点
案例位置	案例文件\第1章\突出商品重点.jpg
视频位置	多媒体教学\第1章\1.3.avi
难易指数	★☆☆☆☆

　　本例讲解突出商品重点，在某些商品广告中，假如图像中有很多元素，此时只想突出某一件商品的重点，执行以下操作便可轻松实现，最终效果如图1.19所示。

图1.19 最终效果

（01）执行菜单栏中的【文件】|【打开】命令，打开"鞋子.jpg"文件，如图1.20所示。

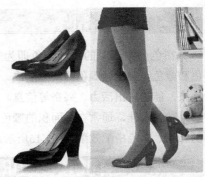

图1.20 打开素材

（02）选择工具箱中的【裁切工具】🔲，在图像中单击，拖动变形裁切框以选中左上角鞋子图像，完成之后按Enter键确认，这样就完成了效果制作，最终效果如图1.21所示。

图1.21 裁切图像及最终效果

1.4 更改图像分辨率

素材位置	素材文件\第1章\板鞋.jpg
案例位置	案例文件\第1章\更改图像分辨率.jpg
视频位置	多媒体教学\第1章\1.4.avi
难易指数	★☆☆☆☆

　　有时需要降低图像分辨率以方便将图像上传至店铺页面中，在本例中讲解了如何更改图像的分辨率，最终效果如图1.22所示。

图1.22 最终效果

01 执行菜单栏中的【文件】|【打开】命令，打开"背景.jpg"文件，如图1.23所示。

图1.23 打开素材

02 执行菜单栏中的【图像】|【图像大小】命令，在弹出的对话框中将【宽度】更改为500，此时【高度】值将自动降低，完成之后单击【确定】按钮，这样就完成了效果制作，最终效果如图1.24所示。

图1.24 降低分辨率及最终效果

1.5 校正倾斜图像

素材位置 素材文件\第1章\相框.jpg
案例位置 案例文件\第1章\校正倾斜图像.jpg
视频位置 多媒体教学\第1章\1.5.avi
难易指数 ★☆☆☆☆

本例讲解如何校正倾斜图像，在店铺装修中拍摄的商品图像通常是横平竖直，这也是符合最基本的视觉要求，但有时拍摄的照片不一定是绝对水

平的，这种问题用本例中所讲解的方法可以修复，最终效果如图1.25所示。

图1.25 最终效果

01 执行菜单栏中的【文件】|【打开】命令，打开"相框.jpg"文件，如图1.26所示。

图1.26 打开素材

02 选择工具箱中的【裁剪工具】🔲，此时图像边缘将出现一个裁剪框，如图1.27所示。

图1.27 选择裁剪工具

03 单击选项栏中的【拉直】🔲 图标，在画布中沿相框的底部拖动，完成之后按Enter键确认，这样就完成了效果制作，最终效果如图1.28所示。

图1.28 裁剪图像及最终效果

1.6 为图像添加水印

素材位置	素材文件\第1章\手表.jpg
案例位置	案例文件\第1章\添加水印.psd
视频位置	多媒体教学\第1章\1.6.avi
难易指数	★☆☆☆☆

　　本例讲解添加水印，为商品图像添加专属水印除了增加专业性及体现品质感之外还可以防止被他人盗用，一般的水印效果制作的颜色较浅不会影响到整个图像的品质感，最终效果如图1.29所示。

图1.29 最终效果

01 执行菜单栏中的【文件】|【打开】命令，打开"手表.jpg"文件，将打开的素材图像拖入画布中，选择工具箱中的【横排文字工具】 T ，在手表图像左下角位置添加文字，如图1.30所示。

图1.30 打开素材并添加文字

02 在【图层】面板中，选中【劳卡丹顿名表】图层，单击面板底部的【添加图层样式】 fx 按钮，在菜单中选择【外发光】命令，在弹出的对话框中将【颜色】更改为浅黄色（R：255，G：255，B：190），【大小】更改为5像素，完成之后单击【确定】按钮，如图1.31所示。

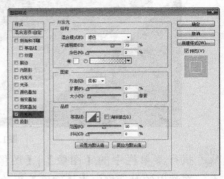

图1.31 设置外发光

03 在【图层】面板中，选中【劳卡丹顿名表】图层，将其图层【填充】更改为0%，这样就完成了效果制作，最终效果如图1.32所示。

图1.32 更改填充及最终效果

1.7 为图片添加版权信息

素材位置	素材文件\第1章\裙子.jpg
案例位置	无
视频位置	多媒体教学\第1章\1.7.avi
难易指数	★☆☆☆☆

　　为图片添加版权信息可以直接添加至图像文件本身，添加版权信息后的图像可以防止他人盗用，这也是直接有效的一种保护图像文件版权的方法，最终效果如图1.33所示。

图1.33　最终效果

01 执行菜单栏中的【文件】|【打开】命令，打开"裙子.jpg"文件，如图1.34所示。

图1.34　打开素材

02 执行菜单栏中的【文件】|【文件简介】命令，在弹出的对话框中输入相关信息，如图1.35所示。

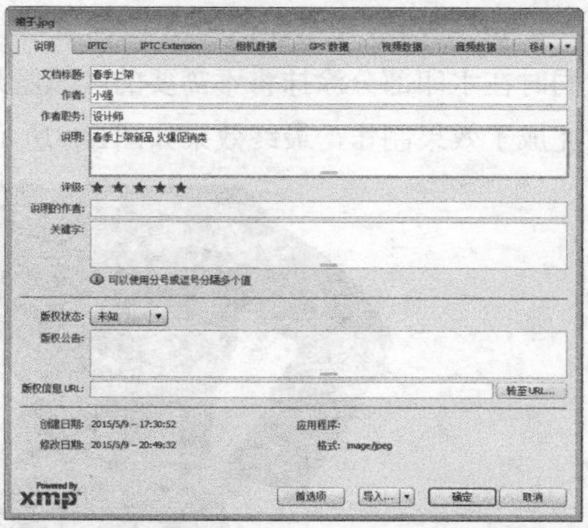

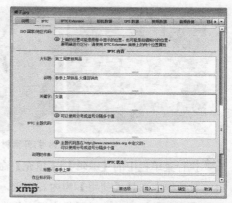

图1.36　添加信息及最终效果

1.8　修复污点图像

素材位置　素材文件\第1章\包包.jpg
案例位置　案例文件\第1章\修复污点图像.jpg
视频位置　多媒体教学第1章\1.8.avi
难易指数　★★☆☆☆

本例讲解修复污点图像，日常对于商品的保管及运输过程中可能会出现沾染污点等情况，此时就不能正常地上架商品，利用修复图像的功能可以让商品图像焕然一新，此命令十分简单且易用，最终效果如图1.37所示。

图1.37　最终效果

01 执行菜单栏中的【文件】|【打开】命令，打开"包包.jpg"文件，选择工具箱中的【矩形选框工具】，在图像中污点位置绘制一个矩形选区，如图1.38所示。

图1.35　输入信息

03 单击【IPTC】选项卡，在下方的文本框中输入相应文字信息，完成之后单击【确定】按钮，这样就完成了效果制作，最终效果如图1.36所示。

23

图1.38 打开素材并绘制选区

02 执行菜单栏中的【编辑】|【填充】命令，在弹出的对话框中选择【使用】为内容识别，完成之后单击【确定】按钮，此时图像中污点将自动消失，这样就完成效果制作，最终效果如图1.39所示。

图1.39 修复污点及最终效果

1.9 利用【仿制图章工具】去除照片水印

素材位置 素材文件\第1章\羽绒服.jpg
案例位置 案例文件\第1章\去除照片水印.jpg
视频位置 多媒体教学\第1章\1.9.avi
难易指数 ★★☆☆☆

【仿制图章工具】可以去除图像中不需要的水印部分，它的使用方法比较简单，还可以对复杂的图像进行修复，最终效果如图1.40所示。

图1.40 最终效果

01 执行菜单栏中的【文件】|【打开】命令，打开"羽绒服.jpg"文件，如图1.41所示。

图1.41 打开素材

02 选择工具箱中的【仿制图章工具】，在画布中单击鼠标右键，在弹出的面板中将【大小】更改为50像素，【硬度】更改为0%，如图1.42所示。

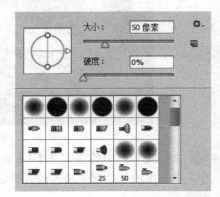

图1.42 设置笔触

03 按住Alt键在水印区域旁边位置单击以取样，同时在水印部分涂抹将不需要的区域隐藏，这样就完成了效果制作，最终效果如图1.43所示。

图1.43 去除水印及最终效果

1.10 利用内容识别填充 快速去除水印

素材位置 素材文件\第1章\快乐小新.jpg
案例位置 案例文件\第1章\利用内容识别填充快速去除水印.jpg
视频位置 多媒体教学\第1章\1.10.avi
难易指数 ★☆☆☆☆

内容识别不仅可以快速去除不需要的水印，还可以对图像中的斑点、污点及小范围破损的图像进行修复，它的使用方法十分简单，这也是一种去除水印快速有效的方法，最终效果如图1.44所示。

图1.44 最终效果

01 执行菜单栏中的【文件】|【打开】命令，打开"快乐小新.jpg"文件，如图1.45所示。

02 选择工具箱中的【矩形选框工具】 ⬚ ，在想要去除的水印区域绘制一个矩形选区，如图1.46所示。

图1.45 打开素材

图1.46 绘制选区

03 执行菜单栏中的【编辑】|【填充】命令，在弹出的对话框中直接单击【确定】按钮，此时选区中的水印图像将自动消失，按Ctrl+D组合键将选区

取消，这样就完成了效果制作，最终效果如图1.47所示。

图1.47 去除水印及最终效果

1.11 添加版权保护线

素材位置 素材文件\第1章\福娃.jpg
案例位置 案例文件\第1章\添加版权保护线.psd
视频位置 多媒体教学\第1章\1.11.avi
难易指数 ★★☆☆☆

本例讲解添加水印，为商品图像添加专属水印除了增加专业性及体现品质感之外还可以防止被他人盗用，一般的水印效果制作的颜色较浅不会影响到整个图像的品质感，最终效果如图1.48所示。

图1.48 最终效果

1.11.1 绘制直线

01 执行菜单栏中的【文件】|【打开】命令，打开"福娃.jpg"文件，将打开的素材图像拖入画布中，如图1.49所示。

图1.49 打开素材

02 选择工具箱中的【直线工具】 ✏️ ，在选项栏中将【填充】更改为黄色（R：242，G：163，B：25），【描边】为无，【粗细】更改为1像素，在画布左下角绘制一个倾斜的线段，此时将生成一个【形状1】图层，如图1.50所示。

图1.50 绘制图形

1.11.2 添加文字

01 以同样的方法在绘制的线段右侧位置再绘制一条相似线段，如图1.51所示。

02 选择工具箱中的【横排文字工具】 T ，在绘制的第1条线段位置添加文字，如图1.52所示。

图1.51 绘制线段　　　　图1.52 添加文字

03 在【图层】面板中，选中【形状1】图层，单

击面板底部的【添加图层蒙版】 ▣ 按钮，为其图层添加图层蒙版，如图1.53所示。

04 选择工具箱中的【多边形套索工具】 ✂️ ，在添加的文字位置绘制一个选区以选中文字下方的部分线段，如图1.54所示。

图1.53 添加图层蒙版　　　图1.54 绘制选区

05 将选区填充为黑色，将部分线段隐藏，如图1.55所示。

图1.55 隐藏线段

06 同时选中【形状1】及【形状2】图层，将其图层【不透明度】更改为60%，这样就完成了效果制作，最终效果如图1.56所示。

图1.56 最终效果

1.12　为商品图像添加真实投影

素材位置　素材文件\第1章\电脑.jpg
案例位置　案例文件\第1章\添加真实投影.psd
视频位置　多媒体教学\第1章\1.12.avi
难易指数　★★☆☆☆

本例讲解为商品图像添加投影，为商品图像添加投影效果以后更加具有立体感，最终效果如图1.57所示。

图1.57　最终效果

1.12.1　添加图层样式

01　执行菜单栏中的【文件】|【打开】命令，打开"背景.jpg"文件，如图1.58所示。

图1.58　打开素材

02　选择工具箱中的【钢笔工具】 ，沿电脑图像边缘位置绘制一个封闭路径，如图1.59所示。

03　按Ctrl+Enter组合键将路径转换为选区，执行菜单栏中的【图层】|【新建】|【通过剪切的图层】命令，此时将生成一个【图层1】图层，如图1.60所示。

图1.59　绘制路径

图1.60　通过剪切的图层

04　在【图层】面板中，选中【图层1】图层，单击面板底部的【添加图层样式】 fx 按钮，在菜单中选择【投影】命令，在弹出的对话框中将【不透明度】更改为50%，【角度】更改为75度，【距离】更改为4像素，【大小】更改为5像素，完成之后单击【确定】按钮，如图1.61所示。

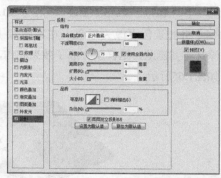

图1.61　设置投影

05　在【图层1】图层样式名称上单击鼠标右键，从弹出的快捷菜单中选择【创建图层】命令，此时将生成一个【"图层1"的投影】图层，如图1.62所示。

图1.62　创建图层

1.12.2　添加图层蒙版

01　在【图层】面板中，选中【"图层1"的投影】图层，单击面板底部的【添加图层蒙版】 按钮，为其图层添加图层蒙版，如图1.63所示。

02　选择工具箱中的【画笔工具】 ，在画布中单击鼠标右键，在弹出的面板中选择一种圆角笔触，将【大小】更改为180像素，【硬度】更改为0%，如图1.64所示。

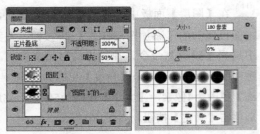

图1.63 添加图层蒙版　　　图1.64 设置笔触

03 将前景色更改为黑色，在其图像上部分区域涂抹将其隐藏，这样就完成了效果制作，最终效果如图1.65所示。

图1.65 最终效果

1.13　为商品图像添加倒影

素材位置	素材文件\第1章\平板电脑.jpg
案例位置	案例文件\第1章\为商品图像添加倒影.psd
视频位置	多媒体教学\第1章\1.13.avi
难易指数	★★☆☆☆

本例讲解为商品图像添加倒影，倒影效果令商品图像的立体感更加真实强烈，其制作方法简单，最终效果如图1.66所示。

图1.66 最终效果

1.13.1　复制图像并翻转

01 执行菜单栏中的【文件】|【打开】命令，打

开"平板电脑.jpg"文件，如图1.67所示。

02 在【图层】面板中，选中【背景】图层，将其拖至面板底部的【创建新图层】按钮上，复制1个【背景 拷贝】图层，如图1.68所示。

图1.67 打开素材　　　图1.68 复制图层

03 在【图层】面板中，选中【背景 拷贝】图层，将其图层混合模式设置为【正片叠底】，如图1.69所示。

04 选中【背景 拷贝】图层，按Ctrl+T组合键对其执行【自由变换】命令，单击鼠标右键，从弹出的快捷菜单中选择【垂直翻转】命令，完成之后按Enter键确认，将图像与原图像底部对齐，如图1.70所示。

图1.69 设置图层混合模式　　　图1.70 变换图像

1.13.2　制作倒影

01 在【图层】面板中，选中【背景 拷贝】图层，单击面板底部的【添加图层蒙版】按钮，为其图层添加图层蒙版，如图1.71所示。

02 选择工具箱中的【渐变工具】，编辑黑色到白色的渐变，单击选项栏中的【线性渐变】按钮，在画布中其图像上拖动将部分图像隐藏，这样就完成了效果制作，最终效果如图1.72所示。

图1.71 添加图层蒙版

图1.72 最终效果

1.14 为商品图像添加玻璃级倒影

素材位置　素材文件\第1章\iPad.jpg
案例位置　案例文件\第1章\添加玻璃级倒影.psd
视频位置　多媒体教学\第1章\1.14.avi
难易指数　★★☆☆☆

　　本例讲解为商品图像添加玻璃级倒影，玻璃级倒影效果给人一种极强的立体感，同时模拟出玻璃平面摆放的效果，最终效果如图1.73所示。

图1.73 最终效果

1.14.1 绘制封闭路径

01 执行菜单栏中的【文件】|【打开】命令，打开"平板电脑.jpg"文件，如图1.74所示。

图1.74 打开素材

02 选择工具箱中的【钢笔工具】，沿平板电脑图像边缘绘制一个封闭路径，如图1.75所示。

03 按Ctrl+Enter组合键将路径转换为选区，如图1.76所示。

图1.75 绘制路径　　　　　　图1.76 转换选区

1.14.2 抠取图像

01 执行菜单栏中的【图层】|【新建】|【通过剪切的图层】命令，此时将生成一个【图层1】图层，如图1.77所示。

02 在【图层】面板中，选中【图层1】图层，将其拖至面板底部的【创建新图层】按钮上，复制1个【图层1 拷贝】图层，如图1.78所示。

图1.77 通过剪切的图层　　　　图1.78 复制图层

03 选中【图层1】图层，将其图层【不透明度】更改为20%，在画布中将其向下稍微垂直移动，这样就完成了效果制作，最终效果如图1.79所示。

图1.79 最终效果

1.15 添加随意绘制的商品投影

素材位置　素材文件\第1章\戒指.jpg
案例位置　案例文件\第1章\添加随意绘制的商品投影.psd
视频位置　多媒体教学\第1章\1.15.avi
难易指数　★★★☆☆

　　本例讲解为戒指添加倒影，戒指图像的倒影

一般以不规则形式存在，在制作过程中需要注意图像的变形，最终效果如图1.80所示。

图1.80 最终效果

1.15.1 选择素材

01 执行菜单栏中的【文件】|【打开】命令，打开"戒指jpg"文件，如图1.81所示。

图1.81 打开素材

02 选择工具箱中的【魔棒工具】，在戒指图像外部位置单击将部分白色图像载入选区，如图1.82所示。

03 按住Shift键在戒指图像内部区域再次单击将其添加至选区，如图1.83所示。

图1.82 载入选区　　图1.83 添加至选区

04 按Ctrl+Shift+I组合键将选区反向，如图1.84所示。

05 执行菜单栏中的【图层】|【新建】|【通过剪切的图层】命令，此时将生成一个【图层1】图层，如图1.85所示。

图1.84 将选区反向　　图1.85 通过剪切的图层

1.15.2 绘制图形投影

01 选择工具箱中的【椭圆工具】，在选项栏中将【填充】更改为黑色，【描边】为无，在戒指图像底部位置绘制一个椭圆图形，此时将生成一个【椭圆1】图层，如图1.86所示。

图1.86 绘制图形

02 选中【椭圆1】图层，将其移至【图层1】图层下方，再按Ctrl+T组合键对其执行【自由变换】命令，单击鼠标右键，从弹出的快捷菜单中选择【变形】命令，拖动变形框控制点将图形变形，完成之后按Enter键确认，如图1.87所示。

图1.87 将图形变形

03 选中【椭圆1】图层，执行菜单栏中的【滤镜】|【模糊】|【高斯模糊】命令，在弹出的对话框中将【半径】更改为8像素，完成之后单击【确

定】按钮，如图1.88所示。

图1.88 设置高斯模糊

04 选中【椭圆1】图层，将其图层【不透明度】更改为30%，再适当缩小图像，这样就完成了效果制作，最终效果如图1.89所示。

图1.89 更改图层不透明度及最终效果

1.16 本章小结

本章主要讲解Photoshop的基础知识，首先讲解色彩的基础知识，然后通过实例详细介绍了网店装修中商品图片的处理技巧。

1.17 课后习题

本章有针对性地安排了3个不同的实例，分别为商品图片尺寸修改、商品图片调色及为商品图片添加个性商标，以巩固本章所学知识。

1.17.1 课后习题1——缩小照片尺寸

素材位置	素材文件\第1章\P9-2.jpg
案例位置	案例文件\第1章\缩小照片尺寸.jpg
视频位置	多媒体教学\第1章\1.17.1 课后习题1.avi
难易指数	★☆☆☆☆

要想上传商品照片，需要注意照片的尺寸大

小，使用数码相机拍摄商品照片时，照片的大小可以直接在数码相机上设置，不过数码相机拍摄出的最小照片也要几百万像素，这要是传到网上，不但需要大量的网络空间，而且图片的打开速度也会很慢，这样你的网店在客户浏览时会显示很慢，影响生意，所以在上传时还需要将照片缩小一些，本例就来讲解缩小照片的方法。最终案例文件如图1.90所示。

图1.90 最终案例文件

步骤分解如图1.91所示。

图1.91 步骤分解图

1.17.2 课后习题2——轻松变换商品颜色

素材位置　素材文件\第1章\ P9-3.jpg
案例位置　案例文件\第1章\轻松变换商品颜色.psd
视频位置　多媒体教学第1章\1.17.2 课后习题2.avi
难易指数　★★☆☆☆

利用Photoshop的调色功能，更换网拍商品的颜色，可以省去不少拍照的麻烦，不过需要注意，如果要在网上拍卖，要注意颜色的准确性，不然买家可能对你有不好的评价哦。最终案例文件如图1.92所示。

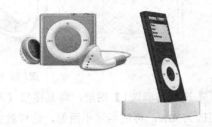

图1.92 最终案例文件

步骤分解如图1.93所示。

图1.93 步骤分解图

1.17.3 课后习题3——为商品添加图文型个性商标

素材位置　素材文件\第1章\P10-6.jpg
案例位置　案例文件\第1章\为商品添加图文型个性商标.psd
视频位置　多媒体教学第1章\1.17.3 课后习题3.avi
难易指数　★★☆☆☆

在制作商标时，如果只是单纯的文字稍显单调，那么就来制作一个自己喜欢的个性商标吧，本例利用Photoshop自带的自定形状创建一个个性商标，如果需要，也可以自己制作一个图像来作为个性商标。最终案例文件如图1.94所示。

图1.94 最终案例文件

步骤分解如图1.95所示。

图1.95 步骤分解图

第2章

基础工具抠图入门

本章讲解基础抠图入门技法，在淘宝店铺装修过程中永远离不开抠图技法，包括单独处理一件商品的图像，以及广告的制作，同时抠图也是淘宝店铺装修中最重要的组成部分，是不可或缺的，通过本章的实地操作与练习可以完全掌握基础抠图技法。

学习目标

掌握矩形选区工具的抠图方法
掌握椭圆选区工具的抠图方法
学习魔棒工具的抠图方法
了解魔术橡皮擦工具的抠图方法
学会使用套索工具抠取图像
学会使用【钢笔工具】的抠图方法
学习选区转换路径抠图技法

2.1 使用【矩形选区工具】抠取壁挂电视

素材位置　素材文件\第2章\壁挂电视.jpg
案例位置　案例文件\第2章\使用【矩形选区工具】抠取壁挂电视.psd
视频位置　多媒体教学\第2章\2.1.avi
难易指数　★☆☆☆☆

　　本例讲解使用矩形抠取壁挂电视，【矩形选框工具】抠图是日常抠图中常用的一种快速有效的抠图方法，它的使用十分简单，通常只需2步即可完成图像的抠取，最终案例文件如图2.1所示。

图2.1 **最终案例文件**

01 执行菜单栏中的【文件】|【打开】命令，打开"壁挂电视.jpg"文件，如图2.2所示。

图2.2 **打开素材**

02 选择工具箱中的【矩形选框工具】，在图像中沿电视图像边缘绘制一个与其大小相同的矩形选区，如图2.3所示。

03 执行菜单栏中的【图层】|【新建】|【通过拷贝的图层】命令，此时将生成一个【图层1】图层，如图2.4所示。

图2.3 绘制选区　　　　　　图2.4 复制图层

04 单击【背景】图层名称前方的【指示图层可见性】图标，将其隐藏，这样就完成了抠图操作，最终案例文件如图2.5所示。

图2.5 **最终案例文件**

? 技巧与提示

　　按Ctrl+J组合键可快速执行【通过拷贝的图层】命令，按Ctrl+Shift+J组合键可快速执行【通过剪切的图层】命令。

2.2 使用【椭圆选区工具】抠取圆形挂钟

素材位置　素材文件\第2章\圆形挂钟.jpg
案例位置　案例文件\第2章\使用【椭圆选区工具】抠取圆形挂钟.psd
视频位置　多媒体教学\第2章\2.2.avi
难易指数　★☆☆☆☆

　　本例讲解使用【椭圆选区工具】抠取壁挂圆形挂钟，【椭圆选区工具】抠图与【矩形选区工具】抠图方法十分相似，同样只需2步即可完成抠图操作，在绘制选区的时候应当注意选区与想要抠取的图像边缘吻合，最终案例文件如图2.6所示。

图2.6 最终案例文件

01 执行菜单栏中的【文件】|【打开】命令，打开"圆形挂钟.jpg"文件，如图2.7所示。

图2.7 打开素材

02 选择工具箱中的【椭圆选区】 ，在图像中沿钟表图像边缘绘制一个与其大小相同的椭圆选区，如图2.8所示。

03 执行菜单栏中的【图层】|【新建】|【通过拷贝的图层】命令，此时将生成一个【图层1】图层，如图2.9所示。

图2.8 绘制选区　　　图2.9 复制图层

04 单击【背景】图层名称前方的【指示图层可见性】 图标，将其隐藏，这样就完成了抠图操作，最终案例文件如图2.10所示。

图2.10 最终案例文件

技巧与提示
假如绘制的椭圆选区不能与想要抠取的图像完美贴合，可以利用【自由变换】命令将选区适当变换，比如增加宽度、高度、扭曲及透视等。

2.3 使用【套索工具】抠取相机

素材位置　素材文件\第2章\粉红自拍相机.jpg、浅绿自拍相机.jpg
案例位置　案例文件\第2章\使用【套索工具】抠取相机.psd
视频位置　多媒体教学\第2章\2.3.avi
难易指数　★★☆☆☆

　　本例讲解使用【套索工具】抠取相机，【套索工具】的使用方法十分简单，可以在画布中任意位置绘制任意形式的选区，对于本例中多出的部分图像使用此种方法抠图相当简单且有效，最终案例文件如图2.11所示。

图2.11 最终案例文件

01 执行菜单栏中的【文件】|【打开】命令，打开"粉红自拍相机.jpg""浅绿自拍相机.jpg"文件，将打开的浅绿自拍相机素材图像拖入粉红自拍

相机文档画布中,其图层名称将自动更改为【图层1】,如图2.12所示。

图2.12 打开素材

02 选中【图层1】图层,将其图层【不透明度】更改为80%,如图2.13所示。

图2.13 更改图层不透明度

技巧与提示
更改不透明度的目的是更加方便观察想要选区的图像区域,抠图完成之后可以将透明度更改至正常。

03 选择工具箱中的【套索工具】○,在【图层1】图层中图像左侧与粉红自拍相机重叠的位置绘制一个不规则选区以选中多余图像,如图2.14所示。

图2.14 绘制选区

04 选中【图层1】图层,按Delete键将选区中图

像删除,完成之后按Ctrl+D组合键将选区取消,再将当前图层【不透明度】更改为100%,这样就完成了案例文件制作,最终案例文件如图2.15所示。

图2.15 最终案例文件

2.4 使用【多边形套索工具】抠取音箱

素材位置　素材文件\第2章\音箱.jpg
案例位置　案例文件\第2章\使用【多边形套索工具】抠取音箱.psd
视频位置　多媒体教学\第2章\2.4.avi
难易指数　★☆☆☆☆

本例讲解使用【多边形套索工具】抠取相机,【多边形套索工具】的使用方法同样十分简单,与【套索工具】不同的是此种工具在绘制选区的时候只能以点与点之间相连接的方式,因此相对而言有一定局限性,比较适合抠取具有明显规则的图像,最终案例文件如图2.16所示。

图2.16 最终案例文件

01 执行菜单栏中的【文件】|【打开】命令,打

开"音箱.jpg"文件，如图2.17所示。

图2.17 打开素材

02 选择工具箱中的【多边形套索工具】 ，沿音箱图像边缘绘制选区以选中音箱图像，如图2.18所示。

03 执行菜单栏中的【图层】|【新建】|【通过拷贝的图层】命令，此时将生成一个【图层1】图层，如图2.19所示。

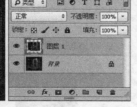

图2.18 绘制选区　　图2.19 复制图层

技巧与提示

在绘制最后一段选区的时候可以在闭合之前双击鼠标将其快速闭合。

04 单击【背景】图层名称前方的【指示图层可见性】 图标，将其隐藏，这样就完成了抠图操作，最终案例文件如图2.20所示。

图2.20 隐藏图层及最终案例文件

2.5 使用【磁性套索工具】抠取抱枕

素材位置　素材文件\第2章\抱枕.jpg
案例位置　案例文件\第2章\使用【磁性套索工具】抠取抱枕.psd
视频位置　多媒体教学\第2章\2.5.avi
难易指数　★★☆☆☆

本例讲解使用【磁性套索工具】抠取抱枕，【磁性套索工具】的使用方法具有一定的被动性，与其他2款套索工具最大的区别在于它可以沿具有明显色彩区分的边缘自动绘制选区，是一种比较智能化的套索工具，它比较适合抠取具有明显色彩区分的图像，最终案例文件如图2.21所示。

图2.21 最终案例文件

01 执行菜单栏中的【文件】|【打开】命令，打开"抱枕.jpg"文件，如图2.22所示。

图2.22 打开素材

02 选择工具箱中的【磁性套索工具】 ，在抱枕左上角位置单击以确定起点，沿边缘拖动鼠标此时选区将自动吸附抱枕边缘，绘制选区，如图2.23

所示。

03 执行菜单栏中的【图层】|【新建】|【通过拷贝的图层】命令，此时将生成一个【图层1】图层，如图2.24所示。

图2.23 绘制选区　　　图2.24 复制图层

技巧与提示

如果抠取的图像颜色与背景颜色比较接近可以在选项栏中适当增加【频率】数值。

04 单击【背景】图层名称前方的【指示图层可见性】图标，将其隐藏，这样就完成了抠图操作，最终案例文件如图2.25所示。

图2.25 隐藏图层及最终案例文件

2.6 使用【魔棒工具】抠取T恤

素材位置　素材文件\第2章\T恤.jpg
案例位置　案例文件\第2章\使用【魔棒工具】抠取T恤.psd
视频位置　多媒体教学\第2章\2.6.avi
难易指数　★☆☆☆☆

本例讲解使用【魔棒工具】抠取T恤，【魔棒工具】是抠图工具中比较简单的一款工具，且使用率极高，它最大的优点是快速有效，只需设置相应

的容差值后直接选取想要抠取的图像即可，需要注意的是在纯色背景下的抠图案例文件最好，最终案例文件如图2.26所示。

图2.26 最终案例文件

01 执行菜单栏中的【文件】|【打开】命令，打开"T恤.jpg"文件，如图2.27所示。

02 选择工具箱中的【魔棒工具】，在图像中白色区域单击以创建选区，如图2.28所示。

图2.27 打开素材　　　图2.28 创建选区

03 按Ctrl+Shift+I组合键将选区反向，如图2.29所示。

04 执行菜单栏中的【图层】|【新建】|【通过拷贝的图层】命令，此时将生成一个【图层1】图层，如图2.30所示。

图2.29 将选区反向　　　图2.30 复制图层

05 单击【背景】图层名称前方的【指示图层可

见性】 👁图标，将其隐藏，这样就完成了抠图操作，最终案例文件如图2.31所示。

开"高跟鞋.jpg"文件，如图2.33所示。

图2.31 隐藏图层及最终案例文件

2.7 使用【魔术橡皮擦工具】抠取高跟鞋

素材位置	素材文件\第2章\高跟鞋.jpg
案例位置	案例文件\第2章\使用【魔术橡皮擦工具】抠取高跟鞋.psd
视频位置	多媒体教学\第2章\2.7.avi
难易指数	★☆☆☆☆

本例讲解使用【魔术橡皮擦工具】抠取高跟鞋，此款工具的用法与【魔棒工具】相似，它可以直接擦除鼠标单击点容差范围内的图像，无论擦除的对象是普通图层还是背景图层，经过擦除后的区域均显示透明，最终案例文件如图2.32所示。

图2.32 最终案例文件

🔘 执行菜单栏中的【文件】|【打开】命令，打

图2.33 打开素材

🔘 选择工具箱中的【魔术橡皮擦工具】 🧽，在图像中白色区域单击将其擦除，此时【背景】图层将自动转换为普通图层，其图层将更改为【图层0】，这样就完成了案例文件制作，最终案例文件如图2.34所示。

图2.34 抠取图像及最终案例文件

技巧与提示
选项栏中的【连续】复选框，可以将图像中所有与单击点相似的图像擦除。

技巧与提示
如果擦除的区域颜色深浅过渡较大，可以在选项栏中适当增加【容差】值。

2.8 利用【背景橡皮擦工具】抠取棒球帽

素材位置 素材文件\第2章\棒球帽.jpg
案例位置 案例文件\第2章\利用【背景橡皮擦工具】抠取棒球帽.psd
视频位置 多媒体教学\第2章\2.8.avi
难易指数 ★★☆☆☆

本例讲解利用【背景橡皮擦工具】抠取棒球帽，此工具无论在背景图层还是普通图层上擦除图像，所擦除过的区域都会显示为透明，它适用于纯色区域图像的抠取，最终案例文件如图2.35所示。

图2.35 最终案例文件

01 执行菜单栏中的【文件】|【打开】命令，打开"棒球帽.jpg"文件，如图2.36所示。

图2.36 打开图像

02 选择工具箱中的【背景橡皮擦工具】，在画布中单击鼠标右键，在弹出的面板中将【大小】更改为100像素，【硬度】更改为100%，如图2.37所示。

03 在背景中沿帽子图像边缘涂抹将部分图像擦除，其图层名称将自动更改为【图层0】，如图2.38所示。

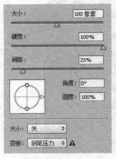 

图2.37 设置笔触　　　　图2.38 擦除图像

04 在画布中再次单击鼠标右键，在弹出的面板中将【大小】更改为60像素，以同样的方法在帽子边缘涂抹将多余图像擦除，如图2.39所示。

图2.39 设置笔触并擦除图像

05 选择工具箱中的【多边形套索工具】，在画布中透明区域绘制一个不规则选区以选中帽子图像，再按Ctrl+Shift+I组合键将选区反向，如图2.40所示。

图2.40 绘制选区并将其反向

06 选中【图层0】图层，按Delete键将选区中图像删除，完成之后按Ctrl+D组合键将选区取消，这样就完成了案例文件制作，最终案例文件如图2.41所示。

图2.41 删除图像及最终案例文件

2.9 使用【钢笔工具】抠取手机壳

素材位置 素材文件\第2章\手机壳.jpg
案例位置 案例文件\第2章\使用【钢笔工具】抠取手机壳.psd
视频位置 多媒体教学\第2章\2.9.avi
难易指数 ★★☆☆☆

本例讲解使用【钢笔工具】抠取西瓜手机壳。【钢笔工具】抠图可以用于任意一种复杂的图像抠图，它的灵活性很大，在本例中需要注意圆角位置的路径绘制，最终效果如图2.42所示。

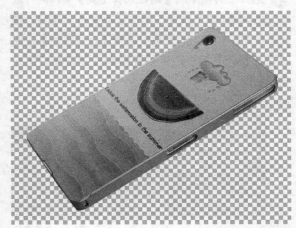

图2.42 最终效果

01 执行菜单栏中的【文件】|【打开】命令，打开"手机壳.jpg"文件，选择工具箱中的【钢笔工具】 ，沿手机壳边缘位置绘制一个封闭路径，如图2.43所示。

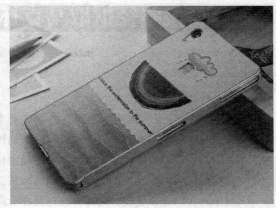

图2.43 打开素材并绘制路径

02 按Ctrl+Enter组合键将刚才所绘制的封闭路径转换成选区，如图2.44所示。

03 执行菜单栏中的【图层】|【新建】|【通过拷贝的图层】命令，此时将生成一个【图层1】图层，如图2.45所示。

图2.44 转换选区　　　　　　　图2.45 复制图层

04 单击【背景】图层名称前方的【指示图层可见性】 图标，将其隐藏，这样就完成了抠图操作，最终效果如图2.46所示。

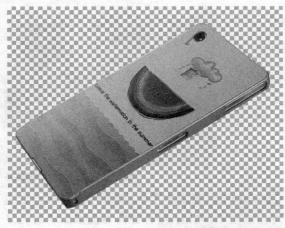

图2.46 隐藏图层及最终效果

2.10 变换路径抠取马克杯

素材位置　素材文件\第2章\马克杯.jpg
案例位置　案例文件\第2章\变换路径抠取马克杯.psd
视频位置　多媒体教学第2章\2.10.avi
难易指数　★★☆☆☆

本例讲解使用变换路径抠取马克杯，针对不同的图像，在路径抠图方面有着不同的用法，通过观察本例的原图可以看出需要抠取的是一对轮廓相同的杯子，此时可以先利用绘制路径抠图的方法选中一只杯子，再将路径复制，同时将路径合并后将杯子抠出，最终效果如图2.47所示。

图2.47 最终效果

01 执行菜单栏中的【文件】|【打开】命令，打开"马克杯.jpg"文件，选择工具箱中的【钢笔工具】，沿左侧杯子边缘位置绘制一个封闭路径，如图2.48所示。

图2.48 打开素材并绘制路径

02 选择工具箱中的【路径选择工具】，选中路径按住Alt+Shift组合键向右侧拖动将路径复制，再按Ctrl+T组合键对其执行【自由变换】命令，单击鼠标右键，从弹出的快捷菜单中选择

【水平翻转】命令，完成之后按Enter键确认，如图2.49所示。

图2.49 复制及变换路径

03 选择工具箱中的【直接选择工具】，拖动右侧杯子边缘的路径锚点稍微调整使其与杯子边缘贴合，如图2.50所示。

图2.50 调整路径

04 选择工具箱中的【路径选择工具】，同时选中左右两侧的2个路径，单击选项栏中的【路径操作】按钮，在弹出的选项中选择【合并路径】，此时在【路径】面板中可以观察到合并路径后的效果，如图2.51所示。

图2.51 合并路径

05 按Ctrl+Enter组合键将刚才所绘制的封闭路径转换成选区，如图2.52所示。

06 执行菜单栏中的【图层】|【新建】|【通过拷贝的图层】命令，此时将生成一个【图层1】图层，如图2.53所示。

图2.52 转换选区　　　　图2.53 复制图层

07 以同样的方法在杯把位置绘制路径并选中剩余的多余图像，将其删除，如图2.54所示。

图2.54 删除多余图像

08 单击【背景】图层名称前方的【指示图层可见性】◉图标，将其隐藏，这样就完成了抠图操作，最终效果如图2.55所示。

图2.55 隐藏图层

09 选中【图层1】图层，执行菜单栏中的【图层】|【修边】|【去边】命令，在弹出的对话框中将【宽度】更改为1像素，完成之后单击【确定】按钮，这样就完成了效果制作，最终效果如图2.56所示。

图2.56 去边及最终效果

2.11 将选区转换为路径抠取鞋子

素材位置　素材文件\第2章\板鞋.jpg
案例位置　案例文件\第2章\将选区转换为路径抠取鞋子.psd
视频位置　多媒体教学\第2章\2.11.avi
难易指数　★☆☆☆☆

本例讲解将选区转换为路径抠取鞋子，虽然使用路径抠图具有很大的灵活性，但是有时使用其他的方法比单一使用路径抠图更加方便，例如本例中就利用到组合方法进行抠图，最终效果如图2.57所示。

图2.57 最终效果

01 执行菜单栏中的【文件】|【打开】命令，打开"板鞋.jpg"文件，选择工具箱中的【魔棒工具】✦，在画布中白色区域单击创建选区，如图2.58所示。

图2.58 打开素材并载入选区

02 选择工具箱中的【套索工具】♢，在鞋子图像上部分位置按住Alt键在部分未添加至选区的白色图像位置绘制选区，将其添加至鞋子选区，如图2.59所示。

03 按Ctrl+Shift+I组合键将选区反向，如图2.60所示。

43

图2.59 添加至选区   图2.60 将选区反向

04 在【路径】面板中，单击面板底部的【从路径建立选区】 ◯ 按钮，如图2.61所示。

05 选择工具箱中的【删除锚点工具】 ✐ ，单击阴影部分的路径上锚点将其删除，如图2.62所示。

图2.61 建立选区   图2.62 删除锚点

06 选择工具箱中的【直接选择工具】 ▹ ，拖动锚点将其与鞋子边缘贴合，如图2.63所示。

图2.63 调整路径

07 按Ctrl+Enter组合键将刚才所绘制的封闭路径转换成选区，如图2.64所示。

08 执行菜单栏中的【图层】|【新建】|【通过拷贝的图层】命令，此时将生成一个【图层1】图层，如图2.65所示。

图2.64 转换选区   图2.65 复制图层

09 单击【背景】图层名称前方的【指示图层可见性】 ◉ 图标，将其隐藏，这样就完成了抠图操作，最终效果如图2.66所示。

图2.66 隐藏图层及最终效果

2.12 使用【圆角矩形工具】抠取平板电脑

素材位置　素材文件\第2章\平板电脑.jpg
案例位置　案例文件\第2章\使用【圆角矩形工具】抠取平板电脑.psd
视频位置　多媒体教学\第2章\2.12.avi
难易指数　★★☆☆☆

本例讲解使用【圆角矩形工具】抠取平板电脑，此工具无论在背景图层还是普通图层上擦除图像，所擦除过的区域都会显示为透明，它适用于纯色区域图像的抠取，最终效果如图2.67所示。

图2.67 最终效果

01 执行菜单栏中的【文件】|【打开】命令，打开"平板电脑.jpg"文件，选择工具箱中的【圆角矩形工具】 ⬤，在选项栏中单击【选择工具模式】按钮，在弹出的选项中选择【路径】，如图2.68所示。

图2.68 打开素材并绘制路径

02 按Ctrl+T组合键对其执行【自由变换】命令，单击鼠标右键，从弹出的快捷菜单中选择【扭曲】命令，拖动控制点将其变形以选中平板电脑，完成之后按Enter键确认，如图2.69所示。

图2.69 将路径变形

03 按Ctrl+Enter组合键将路径转换为选区，如图2.70所示。

04 执行菜单栏中的【图层】|【新建】|【通过拷贝的图层】命令，此时将生成一个【图层1】图层，如图2.71所示。

图2.70 绘制选区

图2.71 复制图层

技巧与提示

在绘制最后一段选区的时候可以在闭合之前双击鼠标将其快速闭合。

05 单击【背景】图层名称前方的【指示图层可见性】 👁 图标，将其隐藏，这样就完成了抠图操作，最终效果如图2.72所示。

图2.72 隐藏图层及最终效果

2.13 使用【自由钢笔工具】抠取编织鞋

素材位置 素材文件\第2章\编织鞋.jpg
案例位置 案例文件\第2章\使用【自由钢笔工具】抠取编织鞋.psd
视频位置 多媒体教学\第2章\2.13.avi
难易指数 ★★★☆☆

本例讲解使用【自由钢笔工具】抠取编织鞋，本例中的抠图方法比较简单，只需要掌握好路径与鞋子图像的贴合即可，最终效果如图2.73所示。

图2.73 最终效果

01 执行菜单栏中的【文件】|【打开】命令，打开"编织鞋.jpg"文件，如图2.74所示。

作，最终效果如图2.79所示。

图2.74 打开素材

02 选择工具箱中的【自由钢笔工具】，在选项栏中勾选【磁性的】复选框，沿着鞋子边缘绘制一个封闭路径，如图2.75所示。

03 选择工具箱中的【直接选择工具】，拖动路径锚点将其调整至与鞋子边缘尽量贴合，如图2.76所示。

图2.75 绘制路径　　　　**图2.76 调整锚点**

04 按Ctrl+Enter组合键将路径转换为选区，如图2.77所示。

05 执行菜单栏中的【图层】|【新建】|【通过拷贝的图层】命令，此时将生成一个【图层1】图层，如图2.78所示。

图2.77 转换选区　　　　**图2.78 复制图层**

06 单击【背景】图层名称前方的【指示图层可见性】图标，将其隐藏，这样就完成了抠图操

图2.79 隐藏图层及最终效果

2.14 使用【钢笔工具】抠取茶杯

素材位置	素材文件\第2章\茶杯.jpg
案例位置	案例文件\第2章\使用【钢笔工具】抠取茶杯.psd
视频位置	多媒体教学\第2章\2.14.avi
难易指数	★★☆☆☆

本例讲解使用【钢笔工具】抠取骨瓷茶杯，本例中的茶杯图像与下方的盘子难以区分，在颜色及亮度上十分相似，因此使用此工具进行抠图是最好的方法，最终效果如图2.80所示。

图2.80 最终效果

01 执行菜单栏中的【文件】|【打开】命令，打开"茶杯.jpg"文件，选择工具箱中的【钢笔工具】，沿茶杯边缘位置绘制一个封闭路径，如图2.81所示。

图2.81 打开素材并绘制路径

图2.85 删除图像

02 按Ctrl+Enter组合键将刚才所绘制的封闭路径转换成选区，如图2.82所示。

03 执行菜单栏中的【图层】|【新建】|【通过拷贝的图层】命令，此时将生成一个【图层1】图层，如图2.83所示。

06 选中【图层1】图层，执行菜单栏中的【图层】|【修边】|【去边】命令，这样就完成了效果制作，最终效果如图2.86所示。

图2.82 转换选区　　　　图2.83 复制图层

04 单击【背景】图层名称前方的【指示图层可见性】 图标，将其隐藏，这样就完成了抠图操作，最终效果如图2.84所示。

图2.84 隐藏图层及最终效果

05 以同样的方法在杯把位置再次绘制路径并转换选区后将图像删除，完成之后按Ctrl+D组合键将选区取消，如图2.85所示。

图2.86 去边及最终效果

2.15 本章小结

　　本章通过14个案例，讲解基础抠图入门，详细介绍了矩形、椭圆、套索、魔棒、橡皮擦和钢笔等的工具在抠图中的应用，通过对这些工具的了解，掌握基本工具抠图技巧。

2.16 课后习题

　　本章有针对性地安排了4个不同工具在抠图中的应用，让读者学习基础抠图的方法，了解抠图的重要性，为进一步提高抠图技巧打下基础。

2.16.1 课后习题1——使用【魔术橡皮擦工具】快速抠取手表

素材位置　素材文件\第2章\手表.jpg
案例位置　案例文件\第2章\使用【魔术橡皮擦工具】快速抠取手表.psd
视频位置　多媒体教学第2章\2.16.1 课后习题1.avi
难易指数　★☆☆☆☆

　　本例讲解快速抠取手表的方法，首先确定手表图像的源文件是纯色，这样可以仅利用高效的工具直接将背景擦除从而得到手表图像，最终案例文件如图2.87所示。

图2.87 最终案例文件

　　步骤分解如图2.88所示。

图2.88 步骤分解图

2.16.2 课后习题2——使用【魔棒工具】抠取女式包

素材位置　素材文件\第2章\包包.jpg
案例位置　案例文件\第2章\使用【魔棒工具】抠取女式包.psd
视频位置　多媒体教学第2章\2.16.2 课后习题2.avi
难易指数　★★☆☆☆

　　本例讲解使用【魔棒工具】抠取女式包，魔棒工具是一种十分常用的抠图工具，它操作十分简单，效率很高，最终效果如图2.89所示。

图2.89 最终效果

步骤分解如图2.90所示。

图2.90 步骤分解图

2.16.3 课后习题3——使用【磁性套索工具】抠取baby帽

素材位置	素材文件\第2章\baby帽.jpg
案例位置	案例文件\第2章\使用【磁性套索工具】抠取baby帽.psd
视频位置	多媒体教学\第2章\2.16.3 课后习题3.avi
难易指数	★☆☆☆☆

　　本例讲解抠取baby帽，本例中的帽子图像边缘与背景很好区别，所以可以使用一种较快捷的方法将帽子选中，从而抠取所需图像，最终案例文件如图2.91所示。

图2.91 最终案例文件

步骤分解如图2.92所示。

图2.92 步骤分解图

2.16.4 课后习题4——使用【磁性钢笔工具】抠取毛绒公仔

素材位置　素材文件\第2章\毛绒公仔.jpg
案例位置　案例文件\第2章\使用【磁性钢笔工具】抠取毛绒公仔.psd
视频位置　多媒体教学\第2章\2.16.4 课后习题4.avi
难易指数　★★☆☆☆

　　本例讲解抠取毛绒公仔，本例中的公仔图像的边缘色彩比较鲜艳，可以很好地快速抠图，最终效果如图2.93所示。

图2.93 最终效果

　　步骤分解如图2.94所示。

图2.94 步骤分解图

第3章

实用的专业抠图技法

本章主要讲解进阶抠图，在一些商品广告的制作中需要使用一些特殊的素材图像，比如玻璃制品、眼镜商品、人物模特等，在本章中精选了数个需要一定复杂步骤才可以抠取的图像，通过本章的学习可以完美地掌握一定的抠图技巧及组合命令的使用。

学习目标

学会使用通道抠取玻璃瓶
了解图层混合模式抠图的方法
学会使用通道抠图
认识扩大选取命令
掌握色彩范围命令的抠图方法

3.1 使用图层混合模式抠取戒指

素材位置　素材文件\第3章\玫瑰.jpg、戒指.jpg
案例位置　案例文件\第3章\使用图层混合模式抠取戒指.psd
视频位置　多媒体教学\第3章\3.1.avi
难易指数　★☆☆☆☆

本例讲解使用图层混合模式抠取戒指，此种抠图方法比较常见，它的操作十分简单，只是对图像本身有一定要求，因此在一些特定的抠图操作中十分常见，最终效果如图3.1所示。

图3.1 最终效果

01 执行菜单栏中的【文件】|【打开】命令，打开"玫瑰.jpg""戒指.jpg"文件，将打开的戒指图像拖入玫瑰图像左下角位置，其图层名称将更改为【图层1】，如图3.2所示。

图3.2 打开素材

02 在【图层】面板中，选中【图层1】图层，将其图层混合模式设置为【正片叠底】，如图3.3所示。

图3.3 设置图层混合模式

03 选择工具箱中的【减淡工具】🔍，在画布中单击鼠标右键，在弹出的面板中选择一种圆角笔触，将【大小】更改为80像素，【硬度】更改为0%，如图3.4所示。

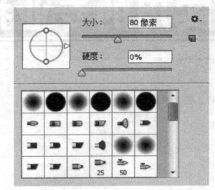

图3.4 设置笔触

04 选中【背景】图层，在戒指图像区域涂抹将其下方的图像颜色减淡，这样就完成了效果制作，最终效果如图3.5所示。

图3.5 减淡图像颜色及最终效果

技巧与提示
减淡戒指下方背景图像的目的是提亮当前图像区域使戒指质感更强。

3.2 使用图层混合模式抠取烟花

素材位置 素材文件\第3章\夜景.jpg、烟花.jpg
案例位置 案例文件\第3章\图层混合模式抠取烟花.psd
视频位置 多媒体教学\第3章\3.2.avi
难易指数 ★☆☆☆☆

　　本例讲解图层混合模式抠取烟花，图层混合模式的抠图经常用于纯色背景的抠图，一般为纯黑或者纯白背景，可利用相应图层混合模式快速完美地抠图，最终效果如图3.6所示。

图3.6 最终效果

① 执行菜单栏中的【文件】|【打开】命令，打开"夜景.jpg""烟花.jpg"文件，将打开的烟花图像拖入夜景图像靠上方位置，其图层名称将更改为【图层1】，如图3.7所示。

图3.7 打开素材

② 在【图层】面板中，选中【图层1】图层，将其图层混合模式设置为【滤色】，如图3.8所示。

图3.8 设置图层混合模式

③ 选中【图层1】图层，按住Alt键向左侧拖动将图像复制，将生成的图像等比缩小，这样就完成了效果制作，最终效果如图3.9所示。

图3.9 复制变换图像及最终效果

3.3 使用【快速选择工具】抠取棒球帽

素材位置 素材文件\第3章\棒球帽.jpg
案例位置 案例文件\第3章\使用【快速选择工具】抠取棒球帽.psd
视频位置 多媒体教学\第3章\3.3.avi
难易指数 ★★☆☆☆

　　本例讲解使用【快速选择工具】抠取棒球帽，此工具在抠图过程中可以在颜色相近的图像区域内创建选区，同时自动查找和跟随图像中定义的边缘，它还可以通过调整画笔的笔触、硬度和间距参数来快速创建选区，最终效果如图3.10所示。

图3.10 最终效果

01 执行菜单栏中的【文件】|【打开】命令，打开 "棒球帽.jpg" 文件，选择工具箱中的【快速选择工具】 ，在帽子上单击以创建选区，如图3.11所示。

02 执行菜单栏中的【图层】|【新建】|【通过拷贝的图层】命令，此时将生成一个【图层1】图层，如图3.12所示。

图3.11 打开素材并创建选区　　图3.12 复制图层

03 单击【背景】图层名称前方的【指示图层可见性】 图标，将其隐藏，如图3.13所示。

图3.13 隐藏图层

04 选中【图层1】图层，执行菜单栏中的【图层】|【修边】|【去边】命令，在弹出的对话框中将【宽度】更改为1像素，完成之后单击【确定】按钮，这样就完成了抠图操作，最终效果如图3.14所示。

图3.14 去边及最终效果

3.4 使用通道抠取玻璃瓶

素材位置　素材文件\第3章\玻璃瓶.jpg
案例位置　案例文件\第3章\使用通道抠取玻璃瓶.psd
视频位置　多媒体教学\第3章\3.4.avi
难易指数　★★★☆☆

　　本例讲解使用通道抠取玻璃瓶实例制作，整个实例的制作过程有些复杂，需要对每个步骤详细地解读，同时牵涉到2种组合抠图工具及命令的使用方法，所以要掌握抠图方法的多种变换形式，最终效果如图3.15所示。

图3.15 最终效果

01 执行菜单栏中的【文件】|【打开】命令，打开 "玻璃瓶.jpg" 文件，选择工具箱中的【钢笔工具】 ，沿玻璃瓶边缘位置绘制一个封闭路径，如图3.16所示。

图3.16 打开素材并绘制路径

02 按Ctrl+Enter组合键将刚才所绘制的封闭路径转换成选区，如图3.17所示。

03 执行菜单栏中的【图层】|【新建】|【通过拷

贝的图层】命令，此时将生成一个【图层1】图层，再将【背景】图层删除，如图3.18所示。

图3.17 转换选区　　图3.18 复制及删除图层

04 在【图层】面板中，选中【图层1】图层，将其拖至面板底部的【创建新图层】 按钮上，复制1个【图层1拷贝】图层，并分别将图层名称更改为【瓶子】、【高光】，如图3.19所示。

图3.19 复制图层并更改图层名称

05 单击面板底部的【创建新图层】 按钮，新建一个【图层1】图层，将【图层1】图层移至【瓶子】下方，再将其图层填充为黑色，如图3.20所示。

图3.20 新建图层填充颜色

06 在【通道】面板中，选中【蓝】通道，将其拖至面板底部的【创建新图层】 按钮上，复制1个【蓝 拷贝】通道，如图3.21所示。

图3.21 复制通道

07 选中【蓝 拷贝】通道，执行菜单栏中的【图像】|【调整】|【色阶】命令，在弹出的对话框中调整曲线增强通道对比度，完成之后单击【确定】按钮，如图3.22所示。

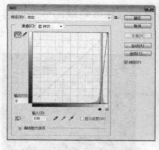 

图3.22 调整曲线

08 选中【蓝 拷贝】通道，执行菜单栏中的【图像】|【调整】|【色阶】命令，在弹出的对话框中将其数值更改为"20，1.33，195"，完成之后单击【确定】按钮，如图3.23所示。

图3.23 调整色阶

09 选中【蓝 拷贝】图层，执行菜单栏中的【滤镜】|【模糊】|【高斯模糊】命令，在弹出的对话框中将【半径】更改为1，完成之后单击【确定】按钮，如图3.24所示。

图3.24 设置高斯模糊

⑩ 选择工具箱中的【画笔工具】，在画布中单击鼠标右键，在弹出的面板中选择一种圆角笔触，将【大小】更改为115像素，【硬度】更改为0%，如图3.25所示。

⑪ 将前景色更改为黑色，选中【蓝 拷贝】图层，在画布中瓶身部分区域涂抹以隐藏部分通道信息，如图3.26所示。

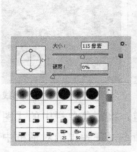

图3.25 设置画笔参数　　图3.26 隐藏通道信息

⑫ 按住Ctrl键单击【蓝 拷贝】通道名称，将其载入选区，如图3.27所示。

图3.27 载入选区

⑬ 在【图层】面板中，选中【高光】图层，单击面板底部的【添加图层蒙版】按钮，为其图层添加图层蒙版将瓶子的高光区域显示，如图3.28所示。

图3.28 添加图层蒙版

技巧与提示

想要显示瓶子高光，添加图层蒙版之后可以先将【瓶子】图层暂时隐藏。

⑭ 在【图层】面板中，选中【瓶子】图层，将其图层混合模式设置为【正片叠底】，【不透明度】更改为75%，并将【图层1】图层暂时隐藏，如图3.29所示。

图3.29 设置图层混合模式

⑮ 在【图层】面板中，单击面板底部的【创建新的填充或调整图层】按钮，在弹出的快捷菜单中选中【色阶】命令，在弹出的面板中将数值更改为200，1.00，244，这样就完成了效果制作，最终效果如图3.30所示。

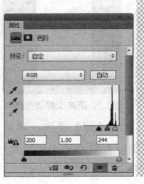

图3.30 调整色阶及最终效果

3.5 抠取眼镜并制作透明效果

素材位置 素材文件\第3章\眼镜.jpg
案例位置 案例文件\第3章\抠取眼镜并制作透明效果.psd
视频位置 多媒体教学\第3章\3.5.avi
难易指数 ★★☆☆☆

本例讲解抠取眼镜,眼镜的抠取稍微有些烦琐,它需要将镜片的不透明度表现出来,所以在抠图过程中可以单独对镜片进行处理以表现出镜片透明的效果,最终效果如图3.31所示。

图3.31 最终效果

01 执行菜单栏中的【文件】|【打开】命令,打开"眼镜.jpg"文件,如图3.32所示。

02 选择工具箱中的【魔棒工具】,在图像中白色区域单击以创建选区,如图3.33所示。

图3.32 打开素材 　　　　图3.33 创建选区

03 按Ctrl+Shift+I组合键将选区反向,如图3.34所示。

04 执行菜单栏中的【图层】|【新建】|【通过拷贝的图层】命令,此时将生成一个【图层1】图层,单击【背景】图层名称前方的【指示图层可见性】图标,将其隐藏,如图3.35所示。

图3.34 将选区反向 　　图3.35 复制图层

05 选择工具箱中的【魔棒工具】,在左侧眼镜片上单击将部分图像选中,如图3.36所示。

06 选中【图层1】图层,执行菜单栏中的【图层】|【新建】|【通过剪切的图层】命令,此时将生成一个【图层2】图层,如图3.37所示。

图3.36 创建选区 　　图3.37 通过剪切的图层

技巧与提示
按Ctrl+Shift+J组合键可快速执行【通过剪切的图层】命令。

07 在【图层】面板中,选中【图层2】图层,单击面板底部的【添加图层样式】按钮,在菜单中选择【描边】命令,在弹出的对话框中将【大小】更改为【2】像素,【颜色】更改为深蓝色(R:30,G:27,B:47),完成之后单击【确定】按钮,如图3.38所示。

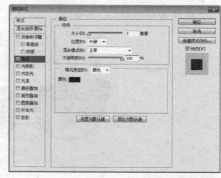

图3.38 设置描边

技巧与提示

执行【通过剪切的图层】命令之后，生成的新图层中图像边缘与原图像会产生一定的像素差，此时可以通过添加锚点的方式弥补。

08 在【图层】面板中，选中【图层2】图层，将其图层【填充】更改为80%，如图3.39所示。

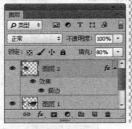

图3.39 更改填充

09 以刚才同样的方法在右侧镜片图像上创建选区，并执行菜单栏中的【图层】|【新建】|【通过剪切的图层】命令，此时将生成一个【图层3】图层，如图3.40所示。

图3.40 通过剪切的图层

10 在【图层2】图层上单击鼠标右键，从弹出的快捷菜单中选择【拷贝图层样式】命令，在【图层3】图层上单击鼠标右键，从弹出的快捷菜单中选择【粘贴图层样式】命令，这样就完成了效果制作，最终效果如图3.41所示。

图3.41 复制并粘贴图层样式及最终效果

3.6 使用【色彩范围】命令抠取靠枕

素材位置 素材文件\第3章\靠枕.jpg
案例位置 案例文件\第3章\【色彩范围】命令抠取靠枕.psd
视频位置 多媒体教学\第3章\3.6.avi
难易指数 ★★☆☆☆

本例讲解使用【色彩范围】命令抠取靠枕，按传统的抠图方式对本例中的红色靠枕抠图可能会因为边缘的不清晰而无法抠出平滑的图像，考虑到靠枕为纯色，利用功能强大的【色彩范围】命令即可完美抠图，最终效果如图3.42所示。

图3.42 最终效果

01 执行菜单栏中的【文件】|【打开】命令，打开"靠枕.jpg"文件，如图3.43所示。

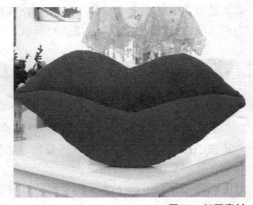

图3.43 打开素材

02 执行菜单栏中的【选择】|【色彩范围】命令，在弹出的对话框中单击【从取样中减去】图标，在预览区中靠枕以外的白色区域单击将部分取样减去，如图3.44所示。

图3.44 设置色彩范围

技巧与提示

可以单击【从取样中减去】🖊图标，在图像中单击想要减去的部分。

03 设置色彩范围完成之后单击【确定】按钮，创建选区，如图3.45所示。

04 选择工具箱中的【多边形套索工具】，在靠枕左上角多余的图像位置按住Alt键将其从选区中减去，如图3.46所示。

图3.45 创建选区　　图3.46 从选区中减去

05 执行菜单栏中的【图层】|【新建】|【通过拷贝的图层】命令，单击【背景】图层名称前方的【指示图层可见性】👁图标将其隐藏，这样就完成了抠图操作，最终效果如图3.47所示。

图3.47 隐藏图层及最终效果

3.7 使用【扩大选取】命令抠取包包

素材位置　素材文件\第3章\双色包包.jpg
案例位置　案例文件\第3章\【扩大选取】命令抠取包包.psd
视频位置　多媒体教学\第3章\3.7.avi
难易指数　★★☆☆☆

本例讲解使用【扩大选取】命令抠取包包，此命令一般与【魔棒工具】配合使用，它的主要功能是将未选中的图像区域加选至选区，最终效果如图3.48所示。

图3.48 最终效果

01 执行菜单栏中的【文件】|【打开】命令，打开"双色包包.jpg"文件，选择工具箱中的【魔棒工具】在画布中灰色区域单击将背景载入选区，如图3.49所示。

图3.49 打开素材并载入选区

02 执行菜单栏中的【选择】|【扩大选取】命令，此时选区自动将整个灰色背景选中，如图3.50所示。

图3.50 扩大选取

59

03 选择工具箱中的【魔棒工具】，在未选中的区域按住Shift键单击将部分图像加选至选区，如图3.51所示。

图3.51 加选图像

04 按Ctrl+Shift+I组合键执行菜单栏中【选择】|【反向】命令，将选区反向，如图3.52所示。

图3.52 将选区反向

05 执行菜单栏中的【图层】|【新建】|【通过拷贝的图层】命令，单击【背景】图层名称前方的【指示图层可见性】图标将其隐藏，这样就完成了抠图操作，最终效果如图3.53所示。

图3.53 隐藏图层及最终效果

3.8 使用【调整边缘】命令抠取猫咪

素材位置	素材文件\第3章\猫咪.jpg
案例位置	案例文件\第3章\【调整边缘】命令抠取猫咪.psd
视频位置	多媒体教学\第3章\3.8.avi
难易指数	★★★☆☆

本例讲解使用【调整边缘】命令抠取猫咪，

此命令的功能十分强大，它可以抠取边缘不规则的图像，比如毛绒、毛发类图像，最终效果如图3.54所示。

图3.54 最终效果

01 执行菜单栏中的【文件】|【打开】命令，打开"猫咪.jpg"文件，选择工具箱中的【魔棒工具】在画布中灰色区域单击将背景载入选区，如图3.55所示。

图3.55 打开素材

02 按住Shift键在未载入选区的部分继续单击将其添加至选区，如图3.56所示。

图3.56 添加选区

03 按Ctrl+Shift+I组合键将选区反向，如图3.57所示。

图3.57 将选区反向

04 执行菜单栏中的【选择】|【调整边缘】命令，在弹出的对话框中单击【视图】后方的按钮，在弹出的选项中选择【黑底】，将【半径】更改为10像素，在猫咪身子边缘处涂抹使之与背景分离，如图3.58所示。

图3.58 设置调整边缘

05 调整完成之后单击【确定】按钮，执行菜单栏中的【图层】|【新建】|【通过拷贝的图层】命令，此时将生成一个【图层1】图层，如图3.59所示。

图3.59 复制图层

06 单击【背景】图层名称前方的【指示图层可见性】👁图标将其隐藏，这样就完成了抠图操作，最终效果如图3.60所示。

图3.60 隐藏图层及最终效果

3.9 使用【渐变映射】抠取长发

素材位置　素材文件\第3章\美女.jpg
案例位置　案例文件\第3章\【渐变映射】抠取长发.psd
视频位置　多媒体教学\第3章\3.9.avi
难易指数　★★★☆☆

　　本例讲解使用【渐变映射】命令抠取长发，此命令的最大特点是以强烈的对比将想要抠取的图像与背景形成强烈反差以达到抠取长发效果，最终效果如图3.61所示。

图3.61 最终效果

01 执行菜单栏中的【文件】|【打开】命令，打

开 "美女.jpg" 文件，如图3.62所示。

图3.62 打开素材

02 单击【图层】面板底部的【创建新的填充或调整图层】按钮，在弹出的菜单中选择【渐变映射】命令，在弹出的面板中将【渐变】更改为红色（R：210，G：22，B：30）到黑色，如图3.63所示。

图3.63 设置渐变映射

03 在【通道】面板中选中【红】通道，将其拖动至面板下方的【创建新通道】按钮上，将其复制成为一个新的【红 拷贝】通道，如图3.64所示。

图3.64 复制通道

04 执行菜单栏中的【图像】|【调整】|【色阶】命令，在弹出的对话框中将其数值更改为61，1.90，127，如图3.65所示。

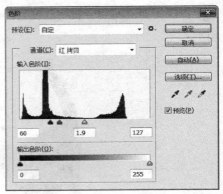

图3.65 设置色阶

05 选择工具箱中的【画笔工具】，在画布中单击鼠标右键，在弹出的面板中选择一种圆角笔触，将【大小】更改为150像素，【硬度】更改为100%，如图3.66所示。

06 将前景色更改为白色，在人物脸部涂抹，如图3.67所示。

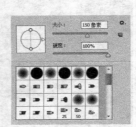

图3.66 设置笔触　　图3.67 涂抹图像

07 在【通道】面板中，按住Ctrl键单击【红 拷贝】通道，将其载入选区，如图3.68所示。

图3.68 载入选区

08 选中【RGB】通道及【背景】图层，执行菜单栏中的【图层】|【新建】|【通过拷贝的图层】命令，此时将产生一个【图层1】图层，将【渐变映射1】图层删除，如图3.69所示。

图3.69 复制图层并删除图层

09 选择工具箱中的【磁性套索工具】 ，沿人物身子边缘绘制选区，如图3.70所示。

10 选中【背景】图层，执行菜单栏中的【图层】|【新建】|【通过拷贝的图层】命令，此时将产生一个【图层2】图层，如图3.71所示。

图3.70 绘制选区　　　　图3.71 复制图层

11 单击【背景】图层名称前方的【指示图层可见性】 图标将其隐藏，同时选中【图层1】及【图层2】图层，按Ctrl+E组合键将其合并，这样就完成了抠图操作，最终效果如图3.72所示。

图3.72 合并图层及最终效果

3.10 应用图像配合通道抠取卷发

素材位置　素材文件\第3章\卷发姑娘.jpg
案例位置　案例文件\第3章\应用图像配合通道抠取卷发.psd
视频位置　多媒体教学\第3章\3.10.avi
难易指数　★★★☆☆

本例讲解应用图像命令配合通道抠取卷发图像，复杂的卷发发丝是本例中抠图最难的部分，同时也是重点之处，利用这两种命令组合的手法可以抠取完美的卷发图像，最终效果如图3.73所示。

图3.73 最终效果

01 执行菜单栏中的【文件】|【打开】命令，打开"卷发姑娘.jpg"文件，如图3.74所示。

02 在【通道】面板中，选中【红】通道，将其拖动至面板底部的【创建新通道】 按钮上，如图3.75所示。

图3.74 打开素材　　　　图3.75 复制通道

03 执行菜单栏中的【图像】|【应用图像】命令，在弹出的对话框中选择【混合】为【颜色加深】，完成之后单击【确定】按钮，如图3.76所示。

图3.76 设置应用图像

04 执行菜单栏中的【图像】|【调整】|【色阶】命令，在弹出的对话框中将其数值更改为101，0.74，193，完成之后单击【确定】按钮，如图3.77所示。

图3.77 设置色阶

05 在【通道】面板中按住Ctrl键单击【红 拷贝】图层，将其载入选区，如图3.78所示。

图3.78 载入选区

06 选择工具箱中的【多边形套索工具】，在人物脸部及身体位置按住Shift绘制选区将部分选区加选，按Ctrl+Shift+I组合键将选区反向，如图3.79所示。

07 选中【背景】图层执行菜单栏中的【图层】|【新建】|【通过拷贝的图层】命令，此时将生成一个【图层1】图层，如图3.80所示。

图3.79 绘制选区　　　　图3.80 复制图层

08 单击【背景】图层名称前方的【指示图层可见性】图标将其隐藏，如图3.81所示。

09 选中【图层1】图层，执行菜单栏中的【图层】|【修边】|【移去白色杂边】命令，这样就完成了抠图操作，最终效果如图3.82所示。

图3.81 隐藏图层　　　　图3.82 最终效果

3.11　本章小结

前面的章节中讲解了基础抠图工具及路径抠图工具的使用，为解决更为复杂的图像抠图，本章安排了比较常见的几种复杂抠图情况，并根据这些情况详细讲解了解决办法，通过本章学习，掌握常见复杂图像的抠图技巧。

3.12　课后习题

本章课后通过2个简单的实例，向读者展示了复杂图像的抠图技巧，读者要细心学习，掌握不同类型图像的抠图技巧。

3.12.1 课后习题1——利用通道抠取抱枕

素材位置 素材文件\第3章\抱枕.jpg
案例位置 案例文件\第3章\利用通道抠取抱枕.psd
视频位置 多媒体教学\3.12.1 课后习题1.avi
难易指数 ★★☆☆☆

本例讲解抠取抱枕，由于抱枕的颜色十分突出，所以可以利用强大的通道进行抠取，最终效果如图3.83所示。

图3.83 最终效果

步骤分解如图3.84所示。

图3.84 步骤分解图

3.12.2 课后习题2——利用通道抠取天鹅摆件

素材位置 素材文件\第3章\天鹅摆件.jpg
案例位置 案例文件\第3章\利用通道抠取天鹅摆件.psd
视频位置 多媒体教学\3.12.2 课后习题2.avi
难易指数 ★★☆☆☆

本例讲解抠取天鹅摆件，本例中的天鹅摆件抠取步骤相对烦琐，以颜色对比的方法利用通道进行图像的抠取，最终效果如图3.85所示。

图3.85 最终效果

步骤分解如图3.86所示。

图3.86 步骤分解图

第4章

经典主流调色技法

本章讲解经典主流色调的调整，调色同样作为网店装修必不可少的部分，它的操作相对简单，只需要认识到经典主流色调的深层定义即可，同时将此种想法付诸现实，本章中的例子大多比较简单，通过对本章的学习将对经典主流色调有一个全方位的认识。

学习目标

学习调整自然翡翠色

掌握唯美家纺色系的调整

了解校正颜色原理

学会调整陶瓷图像

4.1 校正偏色抱枕

素材位置 素材文件\第4章\偏色抱枕.jpg
案例位置 案例文件\第4章\校正偏色抱枕.psd
视频位置 多媒体教学\第4章\4.1.avi
难易指数 ★☆☆☆☆

本例讲解校正偏色抱枕，本例中的原图明显偏蓝，给人的视觉感受十分糟糕，通过提升图像亮度及调整色彩平衡达到完美的色彩效果，最终效果如图4.1所示。

图4.1 最终效果

4.1.1 打开抱枕素材

01 执行菜单栏中的【文件】|【打开】命令，打开"偏色抱枕.jpg"文件，如图4.2所示。

02 按Ctrl+Alt+2组合键将图像中高光区域载入选区，按Ctrl+Shift+I组合键将选区反向，如图4.3所示。

图4.2 打开素材　　图4.3 载入选区

03 在【图层】面板中，单击面板底部的【创建新的填充或调整图层】按钮，在弹出的快捷菜单中选中【曲线】命令，在弹出的面板中调整曲线增加图像亮度，如图4.4所示。

图4.4 调整曲线

04 在【图层】面板中，单击面板底部的【创建新的填充或调整图层】按钮，在弹出的快捷菜单中选中【色彩平衡】命令，在弹出的【属性】面板中选择色调为【阴影】，将其调整为偏红色5，偏黄色－13，如图4.5所示。

图4.5 调整阴影

05 选择【色调】为中间调，将其数值更改为偏黄色－15，如图4.6所示。

图4.6 调整中间调

06 选择【色调】为高光，将其数值更改为偏黄色－25，如图4.7所示。

图4.7 调整高光

67

07 在【图层】面板中，单击面板底部的【创建新的填充或调整图层】按钮，在弹出的快捷菜单中选中【亮度/对比度】命令，在弹出的面板中将【对比度】更改为30，如图4.8所示。

图4.8 调整亮度/对比度

08 在【图层】面板中，单击面板底部的【创建新的填充或调整图层】按钮，在弹出的快捷菜单中选中【色相/饱和度】命令，在弹出的面板中选择【蓝色】通道，将【饱和度】更改为－15，如图4.9所示。

图4.9 调整色相/饱和度

09 选择【洋红】通道，将【饱和度】更改为－35，如图4.10所示。

图4.10 调整洋红

10 单击面板底部的【创建新图层】按钮，新建一个【图层1】图层，如图4.11所示。

11 选中【图层1】图层，按Ctrl+Alt+Shift+E组合

键执行盖印可见图层命令，如图4.12所示。

图4.11 新建图层　　　图4.12 盖印可见图层

4.1.2 提高亮度

01 选中【图层1】图层按Ctrl+Alt+2组合键将图像中的高光载入选区，按Ctrl+Shift+I组合键将选区反向，按Ctrl+J组合键执行【通过拷贝的图层】命令，此时将生成一个【图层2】图层，如图4.13所示。

图4.13 载入选区并复制图层

02 在【图层】面板中，选中【图层2】图层，将其移至所有图层上方，再将其图层混合模式设置为【滤色】，【不透明度】更改为50%，如图4.14所示。

图4.14 设置图层混合模式及最终效果

4.2 校正偏色童鞋

素材位置 素材文件\第4章\偏色童鞋.jpg
案例位置 案例文件\第4章\校正偏色童鞋.psd
视频位置 多媒体教学\第4章\4.2.avi
难易指数 ★★☆☆☆

本例讲解校正偏色童鞋调色，儿童类商品的色彩通常比较鲜艳、漂亮、活泼，但色彩不会过重，整体的色调以舒适为主，本例中的原图色彩明显偏蓝，通过校正颜色并适当降低部分颜色的饱和度达到完美的色彩效果，最终效果如图4.15所示。

图4.15 最终效果

4.2.1 打开童鞋素材

01 执行菜单栏中的【文件】|【打开】命令，打开"偏色童鞋.jpg"文件，如图4.16所示。

图4.16 打开素材

02 在【图层】面板中，单击面板底部的【创建新的填充或调整图层】按钮，在弹出的快捷菜单中选中【曲线】命令，在弹出的面板中调整曲线增加图像亮度，如图4.17所示。

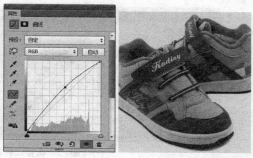

图4.17 调整曲线

4.2.2 校正色彩

01 在【图层】面板中，单击面板底部的【创建新的填充或调整图层】按钮，在弹出的快捷菜单中选中【色彩平衡】命令，在弹出的面板中选择【色调】为阴影，将其数值更改为偏黄色－30，如图4.18所示。

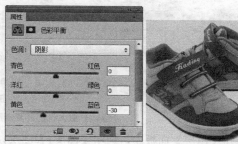

图4.18 调整色彩平衡

02 选择【色调】为中间调，将其数值更改为偏红色18，偏黄色－18，如图4.19所示。

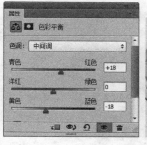

图4.19 调整中间调

03 在【图层】面板中，单击面板底部的【创建新的填充或调整图层】按钮，在弹出的快捷菜单中选中【色相/饱和度】命令，在弹出的面板中选择【红色】通道，将【饱和度】更改为－16，如图4.20所示。

图4.20 调整红色饱和度

4.2.3 提升亮度

01 在图像中按Ctrl+Alt+2组合键将图像中的高光载入选区，按Ctrl+Shift+I组合键将选区反选，按Ctrl+J组合键执行【通过拷贝的图层】命令，此时将生成新的【图层1】图层，如图4.21所示。

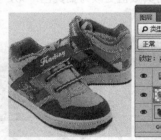

图4.21 载入选区并复制图层

02 在【图层】面板中，选中【图层1】图层，将其移至所有图层上方，再将其图层混合模式设置为【滤色】，这样就完成了最终效果制作，最终效果如图4.22所示。

图4.22 设置图层混合模式及最终效果

4.3 修复颜色过曝的鞋子

素材位置　素材文件\第4章\格子女鞋.jpg
案例位置　案例文件\第4章\修复过曝鞋子.psd
视频位置　多媒体教学\第4章\4.3.avi
难易指数　★★☆☆☆

本例讲解修复过曝鞋子实例操作，在众多商品的实物拍摄过程中由于器材、光线等原因拍出的图像有时可能会出现过曝的情况，此时可以后期修复，在本例中以简单常用的命令修复鞋子过曝问题，同时也增强了格子女鞋图像的细节，最终效果如图4.23所示。

图4.23 最终效果

4.3.1 打开鞋子素材

01 执行菜单栏中的【文件】|【打开】命令，打开"格子女鞋.jpg"文件，如图4.24所示。

图4.24 打开素材

02 在【图层】面板中，选中【背景】图层，将其拖至面板底部的【创建新图层】按钮上，复制1个【背景 拷贝】图层，将【背景 拷贝】图层混合模式更改为正片叠底，如图4.25所示。

图4.25 复制图层设置图层混合模式

⑬ 在【图层】面板中，选中【背景 拷贝】图层，单击面板底部的【添加图层蒙版】■按钮，为其图层添加图层蒙版，如图4.26所示。

⑭ 选择工具箱中的【画笔工具】，在画布中单击鼠标右键，在弹出的面板中选择一种圆角笔触，将【大小】更改为200像素，【硬度】更改为0%，如图4.27所示。

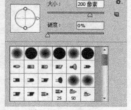

图4.26 添加图层蒙版　　图4.27 设置笔触

⑮ 将前景色更改为黑色，单击【背景 拷贝】图层蒙版缩览图，在鞋子曝光过度以外的区域涂抹将多余的图像隐藏，如图4.28所示。

图4.28 隐藏图像

4.3.2 增强细节

① 按Ctrl+Alt+2组合键将图像中高光载入选区，如图4.29所示。

② 选中【背景】图层，按Ctrl+J组合键执行【通过拷贝的图层】命令，此时将生成一个新的图层，即【图层1】图层，如图4.30所示。

图4.29 载入选区　　　　图4.30 复制图层

⑬ 在【图层】面板中，选中【图层1】图层，将其移至所有图层上方，再将其图层混合模式设置为【柔光】，这样就完成了最终效果制作，最终效果如图4.31所示。

图4.31 设置图层混合模式及最终效果

4.4 为鞋子更换颜色

素材位置　素材文件\第4章\渐变色鞋子.jpg
案例位置　案例文件\第4章\为鞋子更换颜色.psd
视频位置　多媒体教学\第4章\4.4.avi
难易指数　★☆☆☆☆

本例讲解为鞋子更换颜色实例操作，为商品更换颜色的方法有多种，根据不同的颜色及图像内容选择一种最具针对性的方法，在本例中以常用的

【色相/饱和度】命令为主,大胆地将鞋子图像进行颠覆性的颜色更换,给人一种焕然一新的感受,最终效果如图4.32所示。

图4.32 最终效果

4.4.1 打开鞋子素材

01 执行菜单栏中的【文件】|【打开】命令,打开"渐变色鞋子.jpg"文件,如图4.33所示。

图4.33 打开素材

02 在【图层】面板中,单击面板底部的【创建新的填充或调整图层】 按钮,在弹出的快捷菜单中选中【色相/饱和度】命令,在弹出的面板中将【色相】更改为−110,【饱和度】更改为−50,如图4.34所示。

图4.34 调整色相及饱和度

03 选择工具箱中的【画笔工具】 ,在画布中单击鼠标右键,在弹出的面板中选择一种圆角笔触,将【大小】更改为100像素,【硬度】更改为0%,如图4.35所示。

04 将前景色更改为黑色,在鞋身白色区域涂抹将部分调整效果隐藏,如图4.36所示。

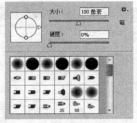 

图4.35 设置笔触 　　　　图4.36 隐藏调整效果

4.4.2 校正色调

01 在【图层】面板中,单击面板底部的【创建新的填充或调整图层】 按钮,在弹出的快捷菜单中选中【可选颜色】命令,在弹出的面板中选择【颜色】为白色,将其数值更改为【青色】−16%,【洋红】−12%,【黑色】−30%,如图4.37所示。

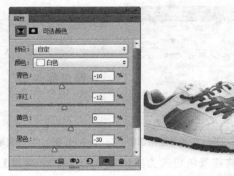

图4.37 设置可选颜色

02 选择工具箱中的【画笔工具】 ,单击【色相/饱和度1】图层蒙版缩览图,在鞋身白色区域涂抹将部分调整效果隐藏,这样就完成了效果制作,最终效果如图4.38所示。

图4.38 隐藏调整效果及最终效果

4.5 调整暖色调的单鞋效果

素材位置　素材文件\第4章\单鞋.jpg
案例位置　案例文件\第4章\暖色单鞋.psd
视频位置　多媒体教学\第4章\4.5.avi
难易指数　★★☆☆☆

本例讲解暖色单鞋调色操作，本例中原鞋子图像偏灰，且存在曝光不足现象，通过提高饱和度并调整亮度完成最终的调色操作，最终效果如图4.39所示。

图4.39 最终效果

4.5.1 打开单鞋素材

01 执行菜单栏中的【文件】|【打开】命令，打开"单鞋.jpg"文件，如图4.40所示。

图4.40 打开素材

02 在【图层】面板中，单击面板底部的【创建新的填充或调整图层】◑按钮，在弹出的快捷菜单中选中【曲线】命令，在弹出的面板中调整曲线，如图4.41所示。

图4.41 调整曲线

4.5.2 校正颜色

01 在【图层】面板中，单击面板底部的【创建新的填充或调整图层】◑按钮，在弹出的快捷菜单中选中【可选颜色】命令，在弹出的面板中选择【颜色】为【黄色】，将其数值更改为【黄色】−45%，【黑色】−15%，如图4.42所示。

图4.42 调整黄色

02 选择工具箱中的【画笔工具】✔，将前景色更改为黑色，在画布中单击鼠标右键，在弹出的面板中选择一种圆角笔触，将【大小】更改为150像素，【硬度】更改为0%，如图4.43所示。

03 将前景色更改为黑色，单击【可选颜色 1】图层蒙版缩览图，在画布中鞋子以外区域涂抹将部分调整效果隐藏，如图4.44所示。

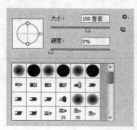

图4.43 设置笔触　　　图4.44 隐藏调整效果

73

4.5.3 调整饱和度

01 在【图层】面板中，单击面板底部的【创建新的填充或调整图层】 ⊘ 按钮，在弹出的快捷菜单中选中【色相/饱和度】命令，在弹出的面板中选择【黄色】通道，将【饱和度】更改为30，如图4.45所示。

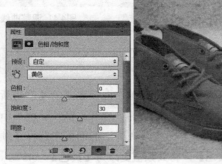

图4.45 调整饱和度

02 选择工具箱中的【画笔工具】 ✔ ，将前景色更改为黑色，单击【色相/饱和度 1】图层蒙版缩览图，在鞋子以外的区域涂抹，将部分调整效果隐藏，如图4.46所示。

图4.46 隐藏调整效果

03 在【图层】面板中，单击面板底部的【创建新的填充或调整图层】 ⊘ 按钮，在弹出的快捷菜单中选择【色阶】命令，在弹出的面板中将其数值更改为18，1.15，228，这样就完成了效果制作，最终效果如图4.47所示。

图4.47 调整色阶及最终效果

4.6 调出质感突出的精致英伦鞋

素材位置　素材文件\第4章\英伦鞋.jpg
案例位置　案例文件\第4章\精致英伦鞋.psd
视频位置　多媒体教学\第4章\4.6.avi
难易指数　★★☆☆☆

　　本例讲解精致英伦鞋调色，本例的调色比较简单，通过前期的观察可以发现画布整体比较干净，同时构图也比较完美，只是整体色调偏暗，通过提升图像亮度及加深鞋子颜色及质感完成本例的制作，最终效果如图4.48所示。

图4.48 最终效果

4.6.1 打开英伦鞋素材

01 执行菜单栏中的【文件】|【打开】命令，打开"英伦鞋.jpg"文件，如图4.49所示。

图4.49　打开素材

02 在【图层】面板中，单击面板底部的【创建新的填充或调整图层】按钮，在弹出的快捷菜单中选中【曲线】命令，在弹出的面板中调整曲线增加图像亮度，如图4.50所示。

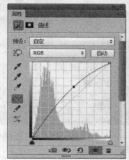

图4.50　调整曲线

03 在【图层】面板中，单击面板底部的【创建新的填充或调整图层】按钮，在弹出的快捷菜单中选中【色相/饱和度】命令，在弹出的面板中选择【黄色】通道，将【饱和度】更改为55，如图4.51所示。

图4.51　调整黄色饱和度

04 选择工具箱中的【画笔工具】，在画布中单击鼠标右键，在弹出的面板中选择一种圆角笔触，将【大小】更改为150像素，【硬度】更改为

0%，如图4.52所示。

05 单击【色相/饱和度 1】图层蒙版缩览图，将前景色更改为黑色，在画布中除鞋子之外的区域涂抹将多余的调整效果隐藏，如图4.53所示。

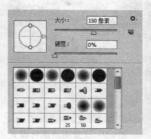

图4.52　设置笔触　　　　图4.53　隐藏调整效果

06 在【图层】面板中，单击面板底部的【创建新的填充或调整图层】按钮，在弹出的快捷菜单中选中【自然饱和度】命令，在弹出的面板中将【自然饱和度】更改为＋50，如图4.54所示。

图4.54　调整自然饱和度

4.6.2　增强色彩

01 在【图层】面板中，单击面板底部的【创建新的填充或调整图层】按钮，在弹出的快捷菜单中选中【照片滤镜】命令，在弹出的面板中选择【滤镜】为加温滤镜（85），【浓度】更改为30%，如图4.55所示。

图4.55　调整照片滤镜

02 在【图层】面板中，选中【照片滤镜1】将其图层混合模式设置为【滤色】，【不透明度】更改为80%，如图4.56所示。

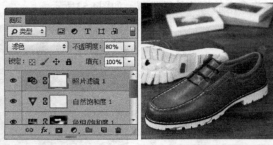

图4.56 设置图层混合模式

03 选择工具箱中的【减淡工具】，在画布中单击鼠标右键，在弹出的面板中选择一种圆角笔触，将【大小】更改为200像素，【硬度】更改为0%，如图4.57所示。

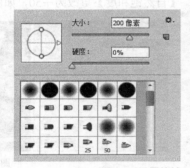

图4.57 设置笔触

04 将前景色更改为黑色，在选项栏中将【不透明度】更改为30%，单击【照片滤镜1】图层蒙版缩览图，在画布中上半部分区域及上方鞋底区域涂抹将多余的调整效果隐藏，这样就完成了效果制作，最终效果如图4.58所示。

图4.58 隐藏调整效果及最终效果

4.7 调出釉色剔透的三彩陶瓷碗

素材位置　素材文件\第4章\陶瓷碗.jpg
案例位置　案例文件\第4章\三彩陶瓷碗.psd
视频位置　多媒体教学\第4章\4.7.avi
难易指数　★★☆☆☆

　　本例讲解三彩陶瓷碗调色，整个调色操作十分注重碗的质感及色彩的表现，在调色过程中应当多加留意背景色彩对碗本身图像的影响，最终效果如图4.59所示。

图4.59 最终效果

4.7.1 打开陶瓷碗素材

01 执行菜单栏中的【文件】|【打开】命令，打开"陶瓷碗.jpg"文件，如图4.60所示。

图4.60 打开素材

02 在【图层】面板中，单击面板底部的【创建新的填充或调整图层】按钮，在弹出的快捷菜单中选中【曲线】命令，在弹出的面板中调整曲线增强图像亮度，如图4.61所示。

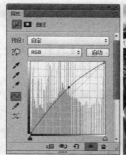

图4.61 调整曲线

03 在【图层】面板中，单击面板底部的【创建新的填充或调整图层】◎按钮，在弹出的快捷菜单中选中【自然饱和度】命令，在弹出的面板中将【自然饱和度】更改为50，【饱和度】更改为10，如图4.62所示。

图4.62 调整自然饱和度

04 在【图层】面板中，单击面板底部的【创建新的填充或调整图层】◎按钮，在弹出的快捷菜单中选中【照片滤镜】命令，在弹出的面板中保持数值默认，如图4.63所示。

图4.63 设置照片滤镜

05 选择工具箱中的【画笔工具】✐，在画布中单击鼠标右键，在弹出的面板中选择一种圆角笔触，将【大小】更改为200像素，【硬度】更改为0%，如图4.64所示。

06 单击【照片滤镜1】图层蒙版缩览图，将前景色更改为黑色，在画布中碗图像区域涂抹将部分调

整效果隐藏，如图4.65所示。

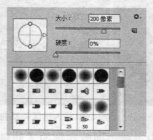

图4.64 设置笔触　　图4.65 隐藏调整效果

4.7.2 增强饱和度

01 在【图层】面板中，单击面板底部的【创建新的填充或调整图层】◎按钮，在弹出的快捷菜单中选中【色相/饱和度】命令，在弹出的面板中选择【绿色】通道，将【饱和度】更改为30，如图4.66所示。

图4.66 调整绿色

02 选择【蓝色】通道，将【饱和度】更改为30，如图4.67所示。

图4.67 调整蓝色

03 按Ctrl+Alt+2组合键将图像中高光区域载入选区，按Ctrl+Shift+I组合键将选区反向，如图4.68所示。

77

图4.68 载入选区并反向

4.8.1 打开家纺素材

01 执行菜单栏中的【文件】|【打开】命令，打开"家纺.jpg"文件，如图4.71所示。

图4.71 打开素材

04 在【图层】面板中，单击面板底部的【创建新的填充或调整图层】◐按钮，在弹出的快捷菜单中选中【亮度/对比度】命令，在弹出的面板中将【亮度】更改为25，【对比度】更改为12，这样就完成了效果制作，最终效果如图4.69所示。

02 在【图层】面板中，单击面板底部的【创建新的填充或调整图层】◐按钮，在弹出的快捷菜单中选中【曲线】命令，在弹出的面板中调整曲线，如图4.72所示。

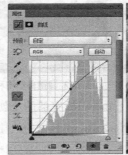

图4.72 调整曲线

图4.69 最终效果

03 选择工具箱中的【画笔工具】✎，在画布中单击鼠标右键，在弹出的面板中选择一种圆角笔触，将【大小】更改为250像素，【硬度】更改为0%，如图4.73所示。

4.8 调出唯美温馨家纺效果

素材位置	素材文件\第4章\家纺.jpg
案例位置	案例文件\第4章\唯美温馨家纺.psd
视频位置	多媒体教学\第4章\4.8.avi
难易指数	★★☆☆☆

本例讲解唯美温馨家纺调色操作，本例的调色思路以体现家纺的唯美温馨特点为目的，最后在调整的过程中图像出现明显杂点时可以将其修复使整个画布更加干净，最终效果如图4.70所示。

04 将前景色更改为黑色，单击【曲线1】图层蒙版缩览图，在画布中过亮区域涂抹将部分过曝区域调整效果隐藏，如图4.74所示。

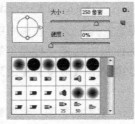

图4.70 最终效果

图4.73 设置笔触   图4.74 隐藏调整

05 在【图层】面板中，单击面板底部的【创建新的填充或调整图层】 按钮，在弹出的快捷菜单中选中【自然饱和度】命令，在弹出的面板中将其数值更改为【自然饱和度】50，【饱和度】更改为13，如图4.75所示。

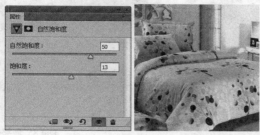

图4.75 调整自然饱和度

06 在【图层】面板中，单击面板底部的【创建新的填充或调整图层】 按钮，在弹出的快捷菜单中选中【通道混合器】命令，在弹出的面板中选择【输出通道】为红，将其数值更改为【红色】120%，【绿色】−12%，如图4.76所示。

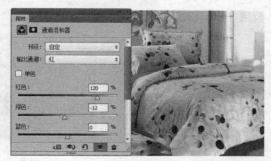

图4.76 设置通道混合器

07 在【图层】面板中，单击面板底部的【创建新的填充或调整图层】 按钮，在弹出的快捷菜单中选中【可选颜色】命令，在弹出的面板中选择【颜色】为【白色】，将【洋红】更改为−25%，如图4.77所示。

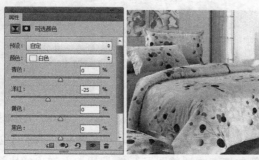

图4.77 调整白色

4.8.2 增强对比度

01 在【图层】面板中，单击面板底部的【创建新的填充或调整图层】 按钮，在弹出的快捷菜单中选中【色阶】命令，在弹出的面板中将数值更改为14，1.33，240，如图4.78所示。

图4.78 调整色阶

02 单击面板底部的【创建新图层】 按钮，新建一个【图层1】图层，如图4.79所示。

03 选中【图层1】图层，按Ctrl+Alt+Shift+E组合键执行盖印可见图层命令，如图4.80所示。

图4.79 新建图层　　　　图4.80 盖印可见图层

04 选中【图层1】图层，执行菜单栏中的【滤镜】|【杂色】|【去斑】命令，如图4.81所示。

图4.81 去斑

05 在【图层】面板中，选中【图层 1】图层，单击面板底部的【添加图层蒙版】 按钮，为其图层添加图层蒙版，如图4.82所示。

⑥ 选择工具箱中的【画笔工具】 ✐，在画布中单击鼠标右键，在弹出的面板中选择一种圆角笔触，将【大小】更改为150像素，【硬度】更改为0%，如图4.83所示。

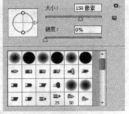

图4.82 添加图层蒙版　　　　　图4.83 设置笔触

⑦ 将前景色更改为黑色，单击【图层1】图层蒙版缩览图，在画布中床图像区域涂抹将多余的调整效果隐藏，这样就完成了效果制作，最终效果如图4.84所示。

图4.84 隐藏图像及最终效果

4.9 调出温馨可爱的小熊娃娃效果

素材位置	素材文件\第4章\小熊娃娃.jpg
案例位置	案例文件\第4章\可爱小熊娃娃.psd
视频位置	多媒体教学\第4章\4.9.avi
难易指数	★☆☆☆☆

本例讲解可爱小熊娃娃调色操作，布绒娃娃的调色最重要的地方在于将整体温暖的色调体现出来，以布质材料为基础，通过色调命令的校正调出出色的效果，最终效果如图4.85所示。

图4.85 最终效果

4.9.1 打开小熊娃娃素材

① 执行菜单栏中的【文件】|【打开】命令，打开"小熊娃娃.jpg"文件，按Ctrl+Alt+2组合键将图像中的高光载入选区，按Ctrl+Shift+I组合键将选区反向，如图4.86所示。

图4.86 打开素材并载入选区

② 在【图层】面板中，单击面板底部的【创建新的填充或调整图层】 ● 按钮，在弹出的快捷菜单中选中【曝光度】命令，在弹出的面板中将【曝光度】更改为0.9，如图4.87所示。

图4.87 调整曝光度

③ 在【图层】面板中，单击面板底部的【创建新的填充或调整图层】 ● 按钮，在弹出的快捷菜

单中选中【色相/饱和度】命令，在弹出的面板中将【饱和度】更改为+13，如图4.88所示。

图4.88 调整色相/饱和度

4.9.2 增加暖色

01 在【图层】面板中，单击面板底部的【创建新的填充或调整图层】 按钮，在弹出的快捷菜单中选中【照片滤镜】命令，在弹出的面板中选择【滤镜】为加温滤镜（85），如图4.89所示。

图4.89 调整照片滤镜

02 选中【背景】图层按Ctrl+Alt+2组合键将图像中的高光载入选区，按Ctrl+Shift+I组合键将选区反向，按Ctrl+J组合键执行【通过拷贝的图层】命令，此时将生成一个【图层1】图层，如图4.90所示。

图4.90 载入选区并复制图层

03 在【图层】面板中，选中【图层1】图层，将其移至所有图层上方，再将其图层混合模式设置为

【滤色】，【不透明度】更改为50%，这样就完成了最终效果制作，最终效果如图4.91所示。

图4.91 设置图层混合模式及最终效果

4.10 调出晶莹典雅的宝石项链效果

素材位置　素材文件\第4章\项链.jpg
案例位置　案例文件\第4章\典雅宝石项链.psd
视频位置　多媒体教学\第4章\4.10.avi
难易指数　★★☆☆☆

本例讲解典雅宝石项链调色，整个操作过程围绕图像中的宝石图像区域进行，所有的调色命令需要体现出宝石的通透、质感，在调色过程中应当重点注意图像中的紫色区域图像的色彩表现，最终效果如图4.92所示。

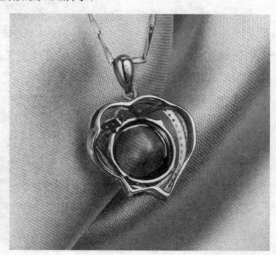

图4.92 最终效果

4.10.1 调整可选颜色

01 执行菜单栏中的【文件】|【打开】命令，打开"项链.jpg"文件，如图4.93所示。

图4.93 打开素材

02 在【图层】面板中，单击面板底部的【创建新的填充或调整图层】按钮，在弹出的快捷菜单中选中【可选颜色】命令，在弹出的面板中选择【颜色】为【蓝色】，将【洋红】更改为70%，如图4.94所示。

图4.94 调整蓝色

03 选择【颜色】为洋红，将其数值更改为【洋红】70%，如图4.95所示。

图4.95 调整洋红

04 选择【颜色】为白色，将其数值更改为【黑色】-20%，如图4.96所示。

图4.96 调整黑色

05 在【图层】面板中，单击面板底部的【创建新的填充或调整图层】按钮，在弹出的快捷菜单中选中【自然饱和度】命令，在弹出的面板中将【自然饱和度】更改为50，【饱和度】更改为10，如图4.97所示。

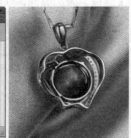

图4.97 调整自然饱和度

4.10.2 加强色调

01 在【图层】面板中，单击面板底部的【创建新的填充或调整图层】按钮，在弹出的快捷菜单中选中【照片滤镜】命令，在弹出的面板中选择【滤镜】为紫，【浓度】更改为30%，如图4.98所示。

图4.98 调整照片滤镜

02 在【图层】面板中，选中【照片滤镜 1】图层，将其移至所有图层上方，再将其图层混合模式设置为【柔光】，【不透明度】更改为50%，如图4.99所示。

图4.99 设置图层混合模式

03 选择工具箱中的【减淡工具】，在画布中单击鼠标右键，在弹出的面板中选择一种圆角笔触，将【大小】更改为200像素，【硬度】更改为0%，如图4.100所示。

04 单击【照片滤镜1】图层蒙版缩览图，将前景色更改为黑色，在画布中除宝石之外的区域涂抹将部分调整效果隐藏，如图4.101所示。

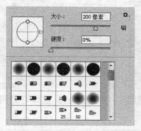

图4.100 设置笔触　　图4.101 隐藏调整效果

4.10.3 调整对比度

01 选中【背景】图层按Ctrl+Alt+2组合键将图像中的高光载入选区，按Ctrl+Shift+I组合键将选区反向，如图4.102所示。

图4.102 载入选区并将其反向

02 在【图层】面板中，单击面板底部的【创建新的填充或调整图层】按钮，在弹出的快捷菜单中选中【色阶】命令，在弹出的面板中将数值更改为"18，1.30，220"，这样就完成了效果制作，最终效果如图4.103所示。

图4.103 调整色阶及最终效果

4.11 调出纹理清晰的珍贵黄木念珠效果

素材位置　素材文件\第4章\念珠.jpg
案例位置　案例文件\第4章\珍贵黄木念珠.psd
视频位置　多媒体教学\第4章\4.11.avi
难易指数　★★☆☆☆

本例讲解黄木念珠调色，整个调色操作十分注重念珠的质感及色彩的表现，在调色过程中应当多加留意背景色彩对图像本身的影响，最终效果如图4.104所示。

图4.104 最终效果

83

4.11.1 调整曲线

01 执行菜单栏中的【文件】|【打开】命令，打开"念珠.jpg"文件，如图4.105所示。

图4.105 打开素材

02 在【图层】面板中，单击面板底部的【创建新的填充或调整图层】 按钮，在弹出的快捷菜单中选中【曲线】命令，在弹出的面板中调整曲线增加图像亮度，如图4.106所示。

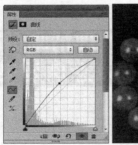

图4.106 调整曲线

4.11.2 调整饱和度

01 在【图层】面板中，单击面板底部的【创建新的填充或调整图层】 按钮，在弹出的快捷菜单中选中【色相/饱和度】命令，在弹出的面板中选择【红色】通道，将【饱和度】更改为25，如图4.107所示。

图4.107 调整红色饱和度

02 在【图层】面板中，单击面板底部的【创建新的填充或调整图层】 按钮，在弹出的快捷菜单中选中【自然饱和度】命令，在弹出的面板中将【自然饱和度】更改为80，如图4.108所示。

图4.108 调整自然饱和度

03 单击面板底部的【创建新图层】 按钮，新建一个【图层1】图层，如图4.109所示。

04 选中【图层1】图层，按Ctrl+Alt+Shift+E组合键执行盖印可见图层命令，如图4.110所示。

图4.109 新建图层

图4.110 盖印可见图层

4.11.3 提高亮度

01 选择工具箱中的【画笔工具】 ，在画布中单击鼠标右键，在弹出的面板中选择一种圆角笔触，将【大小】更改为100像素，【硬度】更改为0%，如图4.111所示。

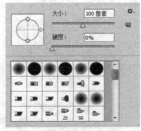

图4.111 设置笔触

02 选中【图层1】图层，在画布中珠子图像区域涂抹将其颜色减淡提高亮度，这样就完成了效果制作，如图4.112所示。

图4.112　减淡图像及最终效果

4.12　调出自然剔透的翡翠手链效果

素材位置	素材文件\第4章\翡翠手链.jpg
案例位置	案例文件\第4章\自然翡翠手链.psd
视频位置	多媒体教学\第4章\4.12.avi
难易指数	★★☆☆☆

本例讲解自然翡翠手链调色，本例的调色操作比较简单，以表现真实通透的手链效果为目的，围绕品质与原生质感背景相结合的思路进行调色操作，最终效果如图4.113所示。

图4.113　最终效果

4.12.1　调整色彩平衡

01　执行菜单栏中的【文件】|【打开】命令，打开"翡翠手链.jpg"文件，如图4.114所示。

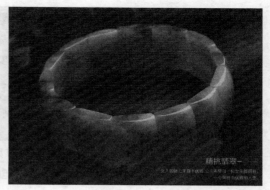

图4.114　打开素材

02　在【图层】面板中，单击面板底部的【创建新的填充或调整图层】按钮，在弹出的快捷菜单中选中【色彩平衡】命令，在弹出的【属性】面板中选择色调为【阴影】，将其调整为偏绿色－10，如图4.115所示。

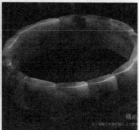

图4.115　调整阴影

03　选择【色调】为高光，将其数值更改为偏绿色10，如图4.116所示。

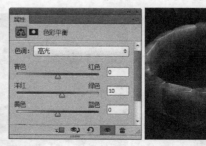

图4.116　调整高光

4.12.2　提高亮度

01　在图像中按Ctrl+Alt+2组合键将图像中的高光载入选区，按Ctrl+Shift+I组合键将选区反向，如图4.117所示。

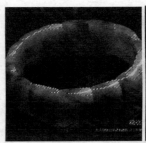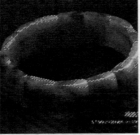

图4.117 载入选区并将其反向

02 在【图层】面板中，单击面板底部的【创建新的填充或调整图层】 按钮，在弹出的快捷菜单中选中【曲线】命令，在弹出的面板中将曲线向上拉，调整图像整体亮度，如图4.118所示。

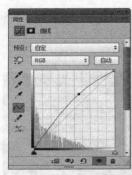

图4.118 调整曲线

03 在【图层】面板中，单击面板底部的【创建新的填充或调整图层】 按钮，在弹出的快捷菜单中选中【自然饱和度】命令，在弹出的面板中将【自然饱和度】更改为60，如图4.119所示。

图4.119 调整自然饱和度

04 在【图层】面板中，单击面板底部的【创建新的填充或调整图层】 按钮，在弹出的快捷菜单中选中【照片滤镜】命令，在弹出的面板中将【浓度】更改为30%，如图4.120所示。

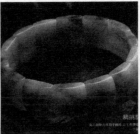

图4.120 设置照片滤镜

4.12.3 增强质感

01 在【图层】面板中，选中【照片滤镜1】图层，将其图层混合模式设置为【滤色】，【不透明度】更改为50%，如图4.121所示。

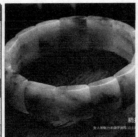

图4.121 设置图层混合模式

02 选择工具箱中的【画笔工具】 ，在画布中单击鼠标右键，在弹出的面板中选择一种圆角笔触，将【大小】更改为150像素，【硬度】更改为0%，如图4.122所示。

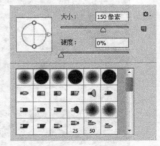

图4.122 设置画笔参数

03 单击【照片滤镜1】图层蒙版缩览图，将前景色更改为黑色，在画布中手链高光区域涂抹，这样就完成了效果制作，最终效果如图4.123所示。

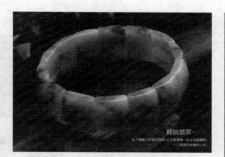

图4.123 隐藏调整结果及最终效果

4.13 调出质感高贵的皮具手包效果

素材位置 素材文件\第4章\皮具手包.jpg
案例位置 案例文件\第4章\经典皮具手包.psd
视频位置 多媒体教学\第4章\4.13.avi
难易指数 ★★★☆☆

本例讲解经典皮具手包的调色，皮具类商品在淘宝店铺中十分常见，皮具的调色十分重要，它直接决定了顾客对产品的第一印象，通常以质感为代表，在本例中校正图像颜色的同时增加整体的质感使最终效果相当出色，最终效果如图4.124所示。

图4.124 最终效果

4.13.1 调整色彩

01 执行菜单栏中的【文件】|【打开】命令，打

开"手包.jpg"文件，如图4.125所示。

图4.125 打开素材

02 在【图层】面板中，单击面板底部的【创建新的填充或调整图层】按钮，在弹出的快捷菜单中选中【色彩平衡】命令，在弹出的面板中将其数值更改为偏红色10，如图4.126所示。

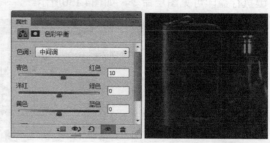

图4.126 调整色彩平衡

03 在【图层】面板中，单击面板底部的【创建新的填充或调整图层】按钮，在弹出的快捷菜单中选中【曲线】命令，在弹出的面板中调整曲线增加图像亮度，如图4.127所示。

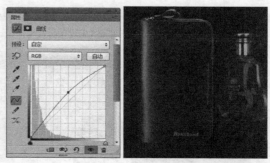

图4.127 调整曲线

4.13.2 调整饱和度

01 在【图层】面板中，单击面板底部的【创建

新的填充或调整图层】 按钮，在弹出的快捷菜单中选中【自然饱和度】命令，在弹出的面板中将其数值更改为【自然饱和度】45，【饱和度】更改为10，如图4.128所示。

图4.128 调整自然饱和度

02 单击面板底部的【创建新图层】 按钮，新建一个【图层1】图层，如图4.129所示。

03 选中【图层1】图层，按Ctrl+Alt+Shift+E组合键执行盖印可见图层命令，如图4.130所示。

图4.129 新建图层　　图4.130 盖印可见图层

04 在图像中按Ctrl+Alt+2组合键将图像中的高光载入选区，按Ctrl+Shift+I组合键将选区反选，如图4.131所示。

05 选中【图层1】图层，执行菜单栏中的【图层】|【新建】|【通过拷贝的图层】命令，此时将生成一个【图层2】图层，如图4.132所示。

图4.131 载入选区　　图4.132 复制图层

06 选择【图层2】图层将其移至所有图层上方，再将其图层混合模式设置为【滤色】，如图4.133

所示。

图4.133 设置图层混合模式

4.13.3 调整细节

01 以与刚才同样的方法新建一个【图层3】图层，并盖印可见图层，选中【图层3】图层，执行菜单栏中的【滤镜】|【杂色】|【去斑】命令，如图4.134所示。

图4.134 盖印可见图层并去斑

02 在【图层】面板中，选中【图层3】图层，单击面板底部的【添加图层蒙版】 按钮，为其图层添加图层蒙版，如图4.135所示。

03 选择工具箱中的【画笔工具】 ，在画布中单击鼠标右键，在弹出的面板中选择一种圆角笔触，将【大小】更改为150像素，【硬度】更改为0%，如图4.136所示。

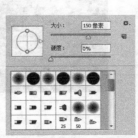

图4.135 添加图层蒙版　　图4.136 设置笔触

04 将前景色更改为黑色，单击【图层3】图层蒙版缩览图，在画布中除手包区域涂抹将其隐藏，这样就完成了效果制作，最终效果如图4.137所示。

图4.137　隐藏图像及最终效果

4.14　本章小结

本章主要讲解经典主流色调的调色技巧，经典主流色调多以简捷有效的方法对图像进行调色，整个过程有较强的原则性，同时提升图像的色彩美是本章学习的重点。

4.15　课后习题

在本章的课后，为读者安排了4个调色练习题，通过这4个练习题的练习，学习色调调色的方法，掌握经典主流色调的调整技巧。

4.15.1　课后习题1——利用【可选颜色】调整高贵宝石项链

素材位置	素材文件\第4章\宝石项链.jpg
案例位置	案例文件\第4章\高贵宝石项链.psd
视频位置	多媒体教学\4.15.1　课后习题1.avi
难易指数	★★☆☆☆

饰品类的商品在调色操作中占有相当一大部分比重，也是淘宝商城中比较火热的商品类型，本例的调整就以宝石的光泽为视觉亮点，最终效果如图4.138所示。

图4.138　最终效果

步骤分解如图4.139所示。

图4.139　步骤分解图

4.15.2 课后习题2——利用【色相/饱和度】调整情侣羽绒服

素材位置　素材文件\第4章\羽绒服.jpg
案例位置　案例文件\第4章\情侣羽绒服.psd
视频位置　多媒体教学\4.15.2 课后习题2.avi
难易指数　★☆☆☆☆

　　情侣羽绒服的调色主要是将色调区分开，在本例中以青春激情的双色做对比很好地体现出了情侣羽绒服的颜色特点，最终效果如图4.140所示。

图4.140 最终效果

　　步骤分解如图4.141所示。

图4.141 步骤分解图

4.15.3 课后习题3——利用【可选颜色】调整甜美碎花裙

素材位置　素材文件\第4章\碎花裙.jpg
案例位置　案例文件\第4章\甜美碎花裙.psd
视频位置　多媒体教学\4.15.3 课后习题3.avi
难易指数　★★☆☆☆

　　本例讲解的是甜美碎花裙的调色制作，整体的色调偏暖，同时柔和的色调使裙子色彩十分出色，最终效果如图4.142所示。

图4.142 最终效果

步骤分解如图4.143所示。

图4.143 步骤分解图

4.15.4 课后习题4——利用【色相/饱和度】调整青春时尚板鞋

素材位置 素材文件\第4章\板鞋.jpg
案例位置 案例文件\第4章\青春时尚板鞋.psd
视频位置 多媒体教学\4.15.4 课后习题4.avi
难易指数 ★☆☆☆☆

青春板鞋的最大特征是设计青春化，色调很
正，在对其调色操作时应先确定其基本色调，同
时需要注意饱和度的增减，最终效果如图4.144
所示。

图4.144 最终效果

步骤分解如图4.145所示。

图4.145 步骤分解图

第5章

国际时尚调色技法

本章讲解国际时尚色调，在所有的商品调色中，时尚色调占有相当大的比重，它们以体现当下最流行的时尚元素为主，通过变化的色彩与质感可以很好地体现出商品本身的特性。通过对本章中案例的实际操作达到对国际时尚色调有一个全面的认识。

学习目标

学会调出休闲色调

了解质感色调的调整方法

掌握轻松时尚色的调整

学习优雅色调的调整

5.1 利用【通道】调出双色polo衫效果

素材位置　素材文件\第5章\polo衫.jpg
案例位置　案例文件\第5章\双色polo衫.psd
视频位置　多媒体教学\第5章\5.1.avi
难易指数　★☆☆☆☆

本例讲解双色polo衫，本例的调整色操作比较简单，重点在于对通道的认知，以强烈的对比色展示双色衣服效果，最终效果如图5.1所示。

图5.1 最终效果

01 执行菜单栏中的【文件】|【打开】命令，打开"polo衫.jpg"文件，如图5.2所示。

02 在【图层】面板中，将【背景】层复制一份，如图5.3所示。

图5.2 打开素材　　　图5.3 复制图层

03 在【蓝】通道中，按住Ctrl键单击【蓝】通道将其载入选区，按Ctrl+C组合键复制通道，如图5.4所示。

图5.4 载入选区并复制通道

04 单击【绿】通道，按Ctrl+V组合键将其粘贴，如图5.5所示。

图5.5 粘贴通道

05 选中【RGB】通道，将其显示，再选中【背景 拷贝】图层，在画布中按住Shift键将图像向右侧平移，这样就完成了效果制作，最终效果如图5.6所示。

图5.6 显示及移动图像

5.2 利用【色彩平衡】调整高贵小公主摆件

素材位置　素材文件\第5章\小公主摆件.jpg
案例位置　案例文件\第5章\高贵小公主摆件.psd
视频位置　多媒体教学\第5章\5.2.avi
难易指数　★★☆☆☆

图5.7 最终效果

本例讲解高贵小公主摆件调色，大多数摆件类商品的整体画布比较丰富，对商品调色的同时应当注意背景对其产生的影响。在本例的调色过程中以美丽的背景作衬托，同时将摆件区域的图像提亮使整个画布十分统一，最终效果如图5.7所示。

5.2.1 打开素材并调整

01 执行菜单栏中的【文件】|【打开】命令，打开"小公主摆件.jpg"文件，如图5.8所示。

图5.8 打开素材

02 在【图层】面板中，单击面板底部的【创建新的填充或调整图层】按钮，在弹出的快捷菜单中选中【色彩平衡】命令，在弹出的面板中选择【色调】为阴影，将其数值更改为偏红色10，如图5.9所示。

图5.9 调整阴影

03 选择【色调】为高光，将其数值更改为偏青色-5，偏蓝色15，如图5.10所示。

图5.10 调整高光

04 在【图层】面板中，单击面板底部的【创建新的填充或调整图层】按钮，在弹出的快捷菜单中选中【曲线】命令，在弹出的面板中调整曲线，如图5.11所示。

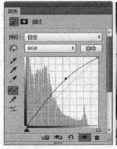

图5.11 调整曲线

05 在【图层】面板中，单击面板底部的【创建新的填充或调整图层】按钮，在弹出的快捷菜单中选中【自然饱和度】命令，在弹出的面板中将其数值更改为【自然饱和度】45，【饱和度】更改为10，如图5.12所示。

图5.12 调整自然饱和度

5.2.2 调整对比度

01 在【图层】面板中，单击面板底部的【创建新的填充或调整图层】按钮，在弹出的快捷菜单中选中【亮度/对比度】命令，在弹出的面板中将【对比度】更改为30，如图5.13所示。

图5.13 调整对比度

⓬ 在图像中按Ctrl+Alt+2组合键将图像中的高光载入选区，按Ctrl+Shift+I组合键将选区反向，如图5.14所示。

⓭ 选中【背景】图层，执行菜单栏中的【图层】|【新建】|【通过拷贝的图层】命令，此时将生成一个【图层1】图层，如图5.15所示。

图5.14 载入选区　　　　图5.15 复制图层

⓮ 选择【图层1】图层将其移至所有图层上方，再将其图层混合模式设置为【滤色】，【不透明度】更改为80%，如图5.16所示。

图5.16 设置图层混合模式

⓯ 在【图层】面板中，选中【图层1】图层，单击面板底部的【添加图层蒙版】按钮，为其图层添加图层蒙版，如图5.17所示。

⓰ 选择工具箱中的【画笔工具】，在画布中单击鼠标右键，在弹出的面板中选择一种圆角笔触，将【大小】更改为150像素，【硬度】更改为0%，如图5.18所示。

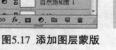 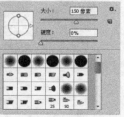

图5.17 添加图层蒙版　　　图5.18 设置笔触

⓱ 将前景色更改为黑色，单击【图层1】图层

蒙版缩览图，在画布中除摆件区域涂抹将部分图像隐藏，这样就完成了效果制作，最终效果如图5.19所示。

图5.19 隐藏图像及最终效果

5.3　利用【可选颜色】为休闲T恤调色

素材位置　素材文件\第5章\T恤.jpg
案例位置　案例文件\第5章\休闲T恤.psd
视频位置　多媒体教学\第5章\5.3.avi
难易指数　★☆☆☆☆

本例讲解休闲T恤的调色操作，本例中的原图色彩十分平淡，并且亮度偏低，整个调色过程以突出人物图像的色彩及对比度为主，整个调整过程细节处比较多，需要多加留意，最终效果如图5.20所示。

图5.20 最终效果

5.3.1 调整色彩平衡

01 执行菜单栏中的【文件】|【打开】命令，打开"T恤.jpg"文件，如图5.21所示。

图5.21 打开素材

02 在【图层】面板中，单击面板底部的【创建新的填充或调整图层】 按钮，在弹出的快捷菜单中选中【色彩平衡】命令，在弹出的面板中选择【色调】为阴影，将其数值更改为偏青色－5，偏洋红－15，如图5.22所示。

图5.22 调整阴影

03 选择工具箱中的【画笔工具】 ，在画布中单击鼠标右键，在弹出的面板中选择一种圆角笔触，将【大小】更改为100像素，【硬度】更改为0%，如图5.23所示。

04 将前景色更改为黑色，单击【色彩平衡1】图层蒙版缩览图，在画布中的裤子区域涂抹，将部分调整效果隐藏，如图5.24所示。

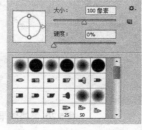

图5.23 设置笔触

图5.24 隐藏调整效果

05 按Ctrl+Alt+2组合键将图像中高光区域载入选区，按Ctrl+Shift+I组合键将选区反向，如图5.25所示。

图5.25 载入选区并将其反向

5.3.2 调整亮度

01 在【图层】面板中，单击面板底部的【创建新的填充或调整图层】 按钮，在弹出的快捷菜单中选中【曲线】命令，在弹出的面板中调整曲线增加图像亮度，如图5.26所示。

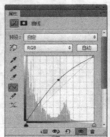

图5.26 调整曲线

02 在【图层】面板中，单击面板底部的【创建新的填充或调整图层】 按钮，在弹出快捷菜单中选中【可选颜色】命令，在弹出的面板中将其数值更改为【洋红】－100%，【黑色】－100%，如图5.27所示。

图5.27 调整黄色

03　选择【颜色】为白色，将其数值更改为偏青色25%，偏黑色－40%，如图5.28所示。

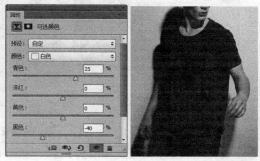

图5.28　调整白色

04　在【图层】面板中，单击面板底部的【创建新的填充或调整图层】 按钮，在弹出的快捷菜单中选中【自然饱和度】命令，在弹出的面板中将其数值更改为【自然饱和度】60，【饱和度】更改为－18，如图5.29所示。

图5.29　调整自然饱和度

05　单击面板底部的【创建新图层】 按钮，新建一个【图层1】图层，如图5.30所示。

06　选中【图层1】图层，按Ctrl+Alt+Shift+E组合键执行盖印可见图层命令，如图5.31所示。

图5.30　新建图层　　　　图5.31　盖印可见图层

07　在图像中按Ctrl+Alt+2组合键将图像中的高光载入选区，按Ctrl+Shift+I组合键将选区反向，如图5.32所示。

08　选中【背景】图层，执行菜单栏中的【图层】|【新建】|【通过拷贝的图层】命令，此时将生成一个【图层2】图层，如图5.33所示。

图5.32　载入选区　　　　图5.33　复制图层

09　选择【图层2】图层将其移至所有图层上方，将其图层混合模式设置为【滤色】，再单击面板底部的【添加图层蒙版】 按钮，为其图层添加图层蒙版，如图5.34所示。

10　选择工具箱中的【画笔工具】 ，在画布中单击鼠标右键，在弹出的面板中选择一种圆角笔触，将【大小】更改为100像素，【硬度】更改为0%，在选项栏中将【不透明度】更改为50%，如图5.35所示。

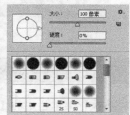

图5.34　设置图层混合模式　　　图5.35　画笔设置

11　将前景色更改为黑色，单击【图层2】图层蒙版缩览图，在画布中T恤图像区域涂抹将其隐藏，这样就完成了效果制作，最终效果如图5.36所示。

图5.36　隐藏图像及最终效果

5.4 利用【色相/饱和度】调整质感皮革耳机

素材位置　素材文件\第5章\耳机.jpg
案例位置　案例文件\第5章\质感皮革耳机.psd
视频位置　多媒体教学\第5章\5.4.avi
难易指数　★★☆☆☆

　　质感图像的调色操作以体现商品本身的质感为重点，同时完美的色调与质感效果相辅相成，在本例中以最大程度表现耳机的质感及色彩为制作重点，最终效果如图5.37所示。

图5.37 最终效果

5.4.1 打开素材并调整曲线

⓵ 执行菜单栏中的【文件】|【打开】命令，打开"耳机.jpg"文件，如图5.38所示。

图5.38 打开素材

⓶ 在【图层】面板中，单击面板底部的【创建新的填充或调整图层】 ◑ 按钮，在弹出的快捷菜单中选中【曲线】命令，在弹出的面板中调整曲线增加图像亮度，如图5.39所示。

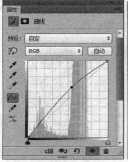

图5.39 调整曲线

⓷ 选择工具箱中的【画笔工具】 ✎ ，在画布中单击鼠标右键，在弹出的面板中选择一个圆角笔触，将【大小】更改为200像素，将【硬度】更改为0%，如图5.40所示。

⓸ 将前景色更改为黑色，单击【曲线1】图层蒙版缩览图，在画布中除耳机之外的区域涂抹，将部分调整效果隐藏，如图5.41所示。

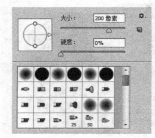

图5.40 设置笔触　　　　　图5.41 隐藏效果

5.4.2 调整饱和度

⓵ 在【图层】面板中，单击面板底部的【创建新的填充或调整图层】 ◑ 按钮，在弹出的快捷菜单中选中【色相/饱和度】命令，在弹出的【属性】面板中选择【红色】通道，将其【饱和度】更改为30，如图5.42所示。

图5.42 调整红色

02 选择【黄色】，将【饱和度】更改为30，如图5.43所示。

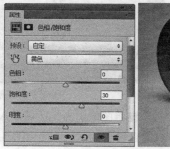

图5.43 调整黄色

03 在【图层】面板中，单击面板底部的【创建新的填充或调整图层】按钮，在弹出的快捷菜单中选中【照片滤镜】命令，在弹出的面板中保持默认数值，如图5.44所示。

图5.44 添加照片滤镜

04 选择工具箱中的【减淡工具】，在画布中单击鼠标右键，在弹出的面板中选择一种圆角笔触，将【大小】更改为150像素，【硬度】更改为0%，如图5.45所示。

05 将前景色更改为黑色，单击【曲线 1】图层蒙版缩览图，在画布中除耳机之外的区域涂抹，将部分调整效果隐藏，如图5.46所示。

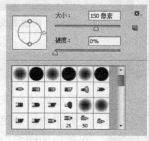

图5.45 设置笔触　　　　图5.46 隐藏效果

5.4.3 增强质感

01 在【图层】面板中，选中【照片滤镜 1】图层，将其图层混合模式设置为【柔光】，【不透明度】更改为50%，如图5.47所示。

图5.47 设置图层混合模式

02 单击面板底部的【创建新图层】按钮，新建一个【图层1】图层，如图5.48所示。

03 选中【图层1】图层，按Ctrl+Alt+Shift+E组合键执行盖印可见图层命令，如图5.49所示。

图5.48 新建图层　　　　图5.49 盖印可见图层

04 选择工具箱中的【减淡工具】，在画布中单击鼠标右键，在弹出的面板中选择一种圆角笔触，将【大小】更改为180像素，【硬度】更改为0%，如图5.50所示。

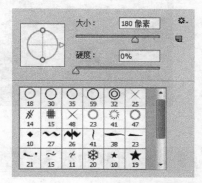

图5.50 设置笔触

05 选中【图层1】图层，在画布中耳机图像位置涂抹减淡图像，这样就完成了效果制作，最终效果如图5.51所示。

图5.51 减淡图像及最终效果

5.5 利用【曲线】和【色阶】调整时尚蓝玉手镯

素材位置	素材文件\第5章\蓝玉手镯.jpg
案例位置	案例文件\第5章\时尚蓝玉手镯.psd
视频位置	多媒体教学\第5章\5.5.avi
难易指数	★★☆☆☆

本例讲解时尚蓝玉手镯，本例中的图像色彩组成比较简单，主要分3部分，从绿色背景到人物皮肤仅作为衬托，手镯的质感及色彩表现是整个图像最重要的部分，最终效果如图5.52所示。

图5.52 最终效果

5.5.1 调整曲线

01 执行菜单栏中的【文件】|【打开】命令，打开"蓝玉手镯.jpg"文件，如图5.53所示。

图5.53 打开素材

02 按Ctrl+Alt+2组合键将图像中高光区域载入选区，按Ctrl+Shift+I组合键将选区反向，如图5.54所示。

图5.54 载入选区并反向

03 在【图层】面板中，单击面板底部的【创建新的填充或调整图层】按钮，在弹出的快捷菜单中选中【曲线】命令，在弹出的面板中调整曲线增加图像亮度，如图5.55所示。

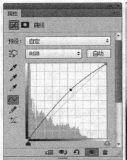

图5.55 调整曲线

5.5.2 增加饱和度

01 在【图层】面板中，单击面板底部的【创建新的填充或调整图层】按钮，在弹出的快捷菜单中选中【色相/饱和度】命令，在弹出的面板中选择【绿色】通道，将【饱和度】更改为20，如图5.56所示。

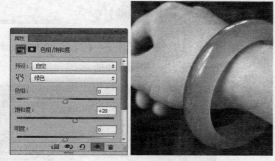

图5.56 调整绿色饱和度

02 选择【青色】通道，将【饱和度】更改为40，如图5.57所示。

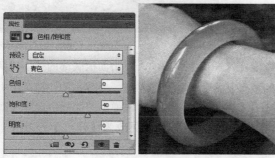

图5.57 调整青色饱和度

03 在【图层】面板中，单击面板底部的【创建新的填充或调整图层】◉按钮，在弹出的快捷菜单中选中【自然饱和度】命令，在弹出的面板中将其数值更改为【自然饱和度】50，如图5.58所示。

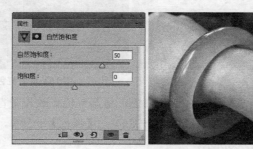

图5.58 调整自然饱和度

04 在图像中按Ctrl+Alt+2组合键将图像中的高光载入选区，按Ctrl+Shift+I组合键将选区反向，如图5.59所示。

05 选中【背景】图层，执行菜单栏中的【图层】|【新建】|【通过拷贝的图层】命令，此时将生成一个【图层1】图层，如图5.60所示。

图5.59 载入选区　　　　图5.60 复制图层

06 选择【图层1】图层将其移至所有图层上方，再将其图层混合模式设置为【滤色】，【不透明度】更改为60%，如图5.61所示。

图5.61 设置图层混合模式

5.5.3 调整色阶

01 在【图层】面板中，单击面板底部的【创建新的填充或调整图层】◉按钮，在弹出的快捷菜单中选中【色阶】命令，在弹出的面板中将数值更改为22，0.9，237，如图5.62所示。

图5.62 调整色阶

02 选择工具箱中的【画笔工具】✎，在画布中单击鼠标右键，在弹出的面板中选择一种圆角笔触，将【大小】更改为150像素，【硬度】更改为0%，如图5.63所示。

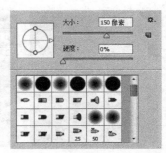

图5.63 设置笔触

03 单击【色阶 1】图层蒙版缩览图，将前景色更改为黑色，在画布中除手镯之外的区域涂抹将多余的调整效果隐藏，如图5.64所示。

图5.64 隐藏调整结果及最终效果

5.6 利用【可选颜色】调整商务休闲男表

素材位置 素材文件\第5章\名表.jpg
案例位置 案例文件\第5章\商务休闲男表.psd
视频位置 多媒体教学\第5章\5.6.avi
难易指数 ★★☆☆☆

　　配饰类商品图像的调色都有一个共同的原则，整个画面以体现商品本身的色彩与质感为主，在本例中将手表图像很好地表现出来，在视觉上相当耀眼，最终效果比较出色，最终效果如图5.65所示。

图5.65 最终效果

5.6.1 调整可选颜色

01 执行菜单栏中的【文件】|【打开】命令，打开"名表.jpg"文件，如图5.66所示。

图5.66 打开素材

02 在【图层】面板中，单击面板底部的【创建新的填充或调整图层】 按钮，在弹出的快捷菜单中选中【可选颜色】命令，在弹出的面板中选择【颜色】为红色，将其数值更改为【洋红】－20%，如图5.67所示。

图5.67 调整红色

03 选择【颜色】为白色，将其数值更改为【青色】－25%，【洋红】－25%，【黑色】－50%，如图5.68所示。

图5.68 调整白色

04 在【图层】面板中，单击面板底部的【创建新的填充或调整图层】按钮，在弹出的快捷菜单中选中【色相/饱和度】命令，在弹出的面板中将【饱和度】更改为25，如图5.69所示。

图5.69 调整饱和度

5.6.2 提高亮度

01 选择工具箱中的【画笔工具】，在画布中单击鼠标右键，在弹出的面板中选择一种圆角笔触，将【大小】更改为150像素，【硬度】更改为0%，如图5.70所示。

02 单击【色相/饱和度 1】图层蒙版缩览图，将前景色更改为黑色，在人物皮肤区域涂抹将部分调整效果隐藏，如图5.71所示。

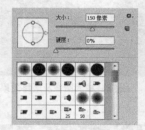

图5.70 设置笔触　　图5.71 隐藏调整效果

03 在【图层】面板中，单击面板底部的【创建新的填充或调整图层】按钮，在弹出的快捷菜单中选中【曲线】命令，在弹出的面板中调整曲线增加图像亮度，如图5.72所示。

图5.72 调整曲线

04 按Ctrl+Alt+2组合键将图像中高光区域载入选区，按Ctrl+Shift+I组合键将选区反向，如图5.73所示。

图5.73 载入选区并将选区反向

05 在【图层】面板中，单击面板底部的【创建新的填充或调整图层】按钮，在弹出的快捷菜单中选中【曲线】命令，在弹出的面板中调整曲线增加图像亮度，如图5.74所示。

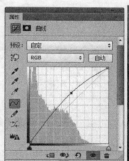

图5.74 调整曲线

06 单击面板底部的【创建新图层】按钮，新建一个【图层1】图层，如图5.75所示。

07 选中【图层1】图层，按Ctrl+Alt+Shift+E组合键执行盖印可见图层命令，如图5.76所示。

图5.75 新建图层　　图5.76 盖印可见图层

08 选中【图层1】图层，执行菜单栏中的【滤镜】|【杂色】|【去斑】命令，如图5.77所示。

图5.77 去斑

⑨ 在【图层】面板中，选中【图层1】图层，单击面板底部的【添加图层蒙版】 ▣ 按钮，为其图层添加图层蒙版，如图5.78所示。

⑩ 选择工具箱中的【画笔工具】 ✎ ，在画布中单击鼠标右键，在弹出的面板中选择一种圆角笔触，将【大小】更改为150像素，【硬度】更改为0%，如图5.79所示。

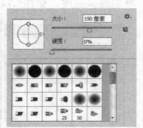

图5.78 添加图层蒙版　　　　图5.79 设置笔触

5.6.3 锐化图像

① 将前景色更改为黑色，单击【图层1】图层蒙版缩览图，在表盘以外区域涂抹将其隐藏，如图5.80所示。

② 选择工具箱中的【锐化工具】 △ ，在画布中单击鼠标右键，在弹出的面板中选择一种圆角笔触，将【大小】更改为150像素，【硬度】更改为0%，如图5.81所示。

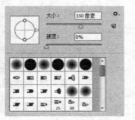

图5.80 隐藏调整效果　　　　图5.81 设置笔触

③ 选中【图层1】图层，在表盘区域涂抹将其锐化，如图5.82所示。

④ 选择工具箱中的【减淡工具】 ✎ ，在画布中单击鼠标右键，在弹出的面板中选择一种圆角笔触，将【大小】更改为200像素，【硬度】更改为0%，如图5.83所示。

图5.82 锐化图像　　　　图5.83 设置笔触

⑤ 选中【图层1】图层，在手表图像区域涂抹将颜色减淡，这样就完成了效果制作，最终效果如图5.84所示。

图5.84 减淡图像及最终效果

5.7 利用【亮度/对比度】调整时尚手提包包

素材位置　素材文件\第5章\手提包包.jpg
案例位置　案例文件\第5章\时尚手提包包.psd
视频位置　多媒体教学\第5章\5.7.avi
难易指数　★★☆☆☆

本例讲解时尚手提包的调色，包包调色在淘宝店铺中十分常见，拍摄后的商品图像往往不尽如人意，需要对其进行后期调整，在本例中以强调包包的色彩及质感为主，经过调整后的包包图像色彩鲜艳且质感出色，最终效果如图5.85所示。

图5.85 最终效果

5.7.1 调整曲线

01 执行菜单栏中的【文件】|【打开】命令，打开"手提包包.jpg"文件，如图5.86所示。

图5.86 打开素材

02 在【图层】面板中，单击面板底部的【创建新的填充或调整图层】按钮，在弹出的快捷菜单中选中【曲线】命令，在弹出的面板中调整曲线增加图像亮度，如图5.87所示。

图5.87 调整曲线

03 在【图层】面板中，单击面板底部的【创建新的填充或调整图层】按钮，在弹出的快捷菜单中选中【自然饱和度】命令，在弹出的面板中将

其数值更改为【自然饱和度】60，【饱和度】更改为30，如图5.88所示。

图5.88 设置自然饱和度

04 在【图层】面板中，单击面板底部的【创建新的填充或调整图层】按钮，在弹出的快捷菜单中选中【亮度/对比度】命令，在弹出的面板中将【对比度】更改为30，如图5.89所示。

图5.89 调整对比度

5.7.2 锐化图像

01 单击面板底部的【创建新图层】按钮，新建一个【图层1】图层，如图5.90所示。

02 选中【图层1】图层，按Ctrl+Alt+Shift+E组合键执行盖印可见图层命令，在【图层1】图层名称上右击鼠标，从弹出的快捷菜单中选择【转换为智能对象】命令，如图5.91所示。

图5.90 新建图层　　图5.91 转换为智能对象

03 选中【图层1】图层，执行菜单栏中的【滤

105

镜】|【杂色】|【减少杂色】命令，在弹出的对话框中将【强度】更改为9，【保留细节】更改为80%，【减少杂色】更改为60%，【锐化细节】更改为25%，完成之后单击【确定】按钮，如图5.92所示。

图5.92 设置减少杂色

5.7.3 减淡图像

01 以同样的方法再次新建一个【图层2】图层，并盖印可见图层，如图5.93所示。

02 选择工具箱中的【减淡工具】，在画布中单击鼠标右键，在弹出的面板中选择一种圆角笔触，将【大小】更改为250像素，【硬度】更改为0%，如图5.94所示。

图5.93 盖印可见图层　　图5.94 设置笔触

03 选中【图层2】图层，在画布中包包图像涂抹减淡图像，这样就完成了效果制作，最终效果如图5.95所示。

图5.95 减淡图像及最终效果

5.8 利用【曲线】和【可选颜色】调整时尚长裙

素材位置　素材文件\第5章\长裙.jpg
案例位置　案例文件\第5章\时尚长裙.psd
视频位置　多媒体教学\第5章\5.8.avi
难易指数　★★☆☆☆

本例讲解时尚长裙调色，本例中的调色步骤较少，整体的调色以体现裙子的大牌特征为重点，由于色调比较单一，所以主要以提高图像亮度及提高饱和度为主，最终效果如图5.96所示。

图5.96 最终效果

5.8.1 调整曲线及可选颜色

01 执行菜单栏中的【文件】|【打开】命令，打开"长裙.jpg"文件，如图5.97所示。

02 按Ctrl+Shift+2组合键将图像中高光区域载入

选区，再按Ctrl+Shift+I组合键将选区反向，如图5.98所示。

图5.97 打开素材　　　图5.98 载入选区

03 在【图层】面板中，单击面板底部的【创建新的填充或调整图层】按钮，在弹出的快捷菜单中选中【曲线】命令，在弹出的面板中调整曲线增加图像亮度，如图5.99所示。

图5.99 调整曲线

04 在【图层】面板中，单击面板底部的【创建新的填充或调整图层】按钮，在弹出的快捷菜单中选中【可选颜色】命令，在弹出的面板中选择【颜色】为绿色，将其数值更改为青色100%，【黑色】35%，如图5.100所示。

图5.100 调整绿色

05 选择【颜色】为洋红，将其数值更改为【洋红】－100%，【黑色】100%，如图5.101所示。

图5.101 调整洋红

06 选择【颜色】为白色，将其数值更改为【黑色】－25%，如图5.102所示。

图5.102 调整白色

5.8.2 调整饱和度

01 在【图层】面板中，单击面板底部的【创建新的填充或调整图层】按钮，在弹出的快捷菜单中选中【色相/饱和度】命令，在弹出的面板中选择【红色】通道，将【饱和度】更改为10，如图5.103所示。

图5.103 调整红色饱和度

02 选择【绿色】通道，将【饱和度】更改为

25%，如图5.104所示。

图5.104 调整绿色饱和度

5.8.3 提高亮度

01 单击面板底部的【创建新图层】 🗔 按钮，新建一个【图层1】图层，如图5.105所示。

02 选中【图层1】图层，按Ctrl+Alt+Shift+E组合键执行盖印可见图层命令，如图5.106所示。

图5.105 新建图层

图5.106 盖印可见图层

03 在图像中按Ctrl+Alt+2组合键将图像中的高光载入选区，按Ctrl+Shift+I组合键将选区反向，如图5.107所示。

04 选中【图层1】图层，执行菜单栏中的【图层】|【新建】|【通过拷贝的图层】命令，此时将生成一个【图层2】图层，如图5.108所示。

图5.107 载入选区

图5.108 复制图层

05 选择【图层1】图层将其移至所有图层上方，再将其图层混合模式设置为【滤色】，这样就完成

了效果制作，最终效果如图5.109所示。

图5.109 设置图层混合模式及最终效果

5.9 利用【色彩平衡】调整优雅高跟鞋

素材位置　素材文件\第5章\高跟鞋.jpg
案例位置　案例文件\第5章\优雅高跟鞋.psd
视频位置　多媒体教学\第5章\5.9.avi
难易指数　★☆☆☆☆

本例讲解优雅高跟鞋调色，女性类用品在淘宝店铺中十分常见，而服饰类商品更是占有很大比重，商品图像的优劣直接影响到顾客的购买意向，所以在本例的调色中以强调高跟鞋的优雅特点为主，同时对背景及装饰图像进行辅助调色使整个图像的视觉效果相当完美，最终效果如图5.110所示。

图5.110 最终效果

5.9.1 调整色彩平衡

01 执行菜单栏中的【文件】|【打开】命令，打开"高跟鞋.jpg"文件，如图5.111所示。

图5.111 打开素材

02 在【图层】面板中，单击面板底部的【创建新的填充或调整图层】 按钮，在弹出的快捷菜单中选中【色彩平衡】命令，在弹出的面板中选择【色调】为阴影，将其数值更改为偏红色10，【偏蓝色】10，如图5.112所示。

图5.112 调整阴影

03 选择【色调】为中间调，将其数值更改为偏青色−10，如图5.113所示。

图5.113 调整中间调

04 在【图层】面板中，单击面板底部的【创建新的填充或调整图层】 按钮，在弹出的快捷菜单中选中【可选颜色】命令，在弹出的面板中选择【颜色】为红色，将其数值更改为【洋红】20%，如图5.114所示。

图5.114 调整红色

05 选择【色调】为黄色，将其数值更改为偏黄色−30%，偏黑色−20%，如图5.115所示。

图5.115 调整黄色

06 选择工具箱中的【画笔工具】 ，在画布中单击鼠标右键，在弹出的面板中选择一个圆角笔触，将【大小】更改为150像素，将【硬度】更改为0%，如图5.116所示。

07 将前景色更改为黑色，在图像中绿色区域涂抹，将部分调整效果隐藏，如图5.117所示。

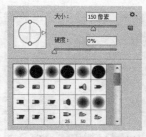

图5.116 设置笔触　　　　**图5.117 隐藏效果**

08 在【图层】面板中，单击面板底部的【创建新的填充或调整图层】 按钮，在弹出的快捷菜单中选中【色相/饱和度】命令，在弹出的【属性】面板中将【色相】更改为10，【饱和度】更改为22，如图5.118所示。

图5.118 调整色相/饱和度

⑨ 选择工具箱中的【画笔工具】，在画布中单击鼠标右键，在弹出的面板中选择一个圆角笔触，将【大小】更改为150像素，将【硬度】更改为0%，如图5.119所示。

⑩ 将前景色更改为黑色，在图像中除绿色以外的区域涂抹，将部分调整效果隐藏，如图5.120所示。

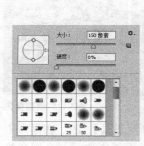

图5.119 设置笔触　　　图5.120 隐藏调整效果

⑪ 在【图层】面板中，单击面板底部的【创建新的填充或调整图层】按钮，在弹出的快捷菜单中选中【自然饱和度】命令，在弹出的面板中将其数值更改为【自然饱和度】50，如图5.121所示。

图5.121 调整自然饱和度

5.9.2 增强质感

① 单击面板底部的【创建新图层】按钮，新建一个【图层1】图层，如图5.122所示。

② 选中【图层1】图层，按Ctrl+Alt+Shift+E组合键执行盖印可见图层命令，如图5.123所示。

图5.122 新建图层　　　图5.123 盖印可见图层

③ 在图像中按Ctrl+Alt+2组合键将图像中的高光载入选区，按Ctrl+Shift+I组合键将选区反向，如图5.124所示。

④ 选中【图层1】图层，执行菜单栏中的【图层】|【新建】|【通过拷贝的图层】命令，此时将生成一个【图层2】图层，如图5.125所示。

图5.124 载入选区　　　图5.125 复制图层

⑤ 选择【图层2】图层将其移至所有图层上方，再将其图层混合模式设置为【滤色】，【不透明度】更改为80%，这样就完成了效果制作，最终效果如图5.126所示。

图5.126 设置图层混合模式及最终效果

5.10 利用【阴影/高光】调整时尚运动鞋

素材位置 素材文件\第5章\运动鞋.jpg
案例位置 案例文件\第5章\时尚运动鞋.psd
视频位置 多媒体教学\第5章\5.10.avi
难易指数 ★★☆☆☆

　　本例讲解时尚运动鞋调色，本例中图像简洁，整体的构图十分舒适，以一种自然原生的棉背景作为衬托，但由于拍摄的原因使鞋子的色彩不是很艳丽，通过提升图像亮度及饱和度使整个画布的最终效果十分出色，最终效果如图5.127所示。

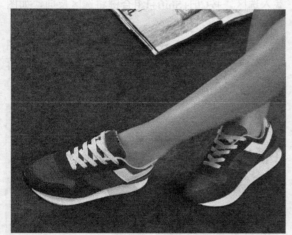

图5.127 最终效果

5.10.1 打开素材

01 执行菜单栏中的【文件】|【打开】命令，打开"运动鞋.jpg"文件，如图5.128所示。

02 在【背景】图层名称上单击鼠标右键，从弹出的快捷菜单中选择【转换为智能对象】命令，如图5.129所示。

图5.128 打开素材

图5.129 转换为智能对象

03 执行菜单栏中的【图像】|【调整】|【阴影/高光】命令，在弹出的对话框中保持数值默认，完成之后单击【确定】按钮，如图5.130所示。

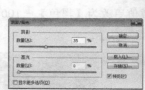

图5.130 设置阴影/高光

5.10.2 增加饱和度

01 在【图层】面板中，单击面板底部的【创建新的填充或调整图层】按钮，在弹出的快捷菜单中选中【自然饱和度】命令，在弹出的面板中将其数值更改为【自然饱和度】50，【饱和度】更改为10，如图5.131所示。

图5.131 设置自然饱和度

02 选择工具箱中的【画笔工具】，在画布中单击鼠标右键，在弹出的面板中选择一个圆角笔触，将【大小】更改为100像素，将【硬度】更改为0%，如图5.132所示。

03 将前景色更改为黑色，在腿部图像涂抹，将部分调整效果隐藏，如图5.133所示。

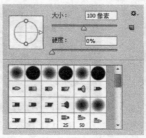

图5.132 设置笔触　　　　图5.133 隐藏效果

5.10.3 校正色调

01 在【图层】面板中，单击面板底部的【创建新的填充或调整图层】 按钮，在弹出的快捷菜单中选中【可选颜色】命令，在弹出的面板中选择【颜色】为黄色，将其数值更改为【黑色】－100%，如图5.134所示。

图5.134 调整黄色

02 将【颜色】更改为白色，将其数值更改为【黑色】－100%，如图5.135所示。

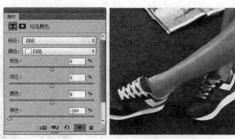

图5.135 调整白色

03 选择工具箱中的【画笔工具】 ，在画布中单击鼠标右键，在弹出的面板中选择一个圆角笔触，将【大小】更改为60像素，将【硬度】更改为0%，如图5.136所示。

04 将前景色更改为黑色，在鞋子黄色区域图像涂抹，将部分调整效果隐藏，如图5.137所示。

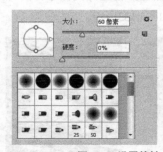

图5.136 设置笔触

图5.137 隐藏效果

05 单击面板底部的【创建新图层】 按钮，新

建一个【图层1】图层，如图5.138所示。

06 选中【图层1】图层，按Ctrl+Alt+Shift+E组合键执行盖印可见图层命令，如图5.139所示。

图5.138 新建图层　　　　**图5.139 盖印可见图层**

07 在图像中按Ctrl+Alt+2组合键将图像中的高光载入选区，按Ctrl+Shift+I组合键将选区反向，如图5.140所示。

08 选中【图层1】图层，执行菜单栏中的【图层】|【新建】|【通过拷贝的图层】命令，此时将生成一个【图层2】图层，如图5.141所示。

图5.140 载入选区　　　　**图5.141 复制图层**

09 选择【图层2】图层将其移至所有图层上方，再将其图层混合模式设置为【滤色】，如图5.142所示。

图5.142 设置图层混合模式

10 在【图层】面板中，选中【图层2】图层，单击面板底部的【添加图层蒙版】 按钮，为其图层添加图层蒙版，如图5.143所示。

11 选择工具箱中的【画笔工具】 ，在画布中单击鼠标右键，在弹出的面板中选择一种圆角笔触，将【大小】更改为150像素，【硬度】更改为0%，在选项栏中将【不透明度】更改为30%，如图5.144所示。

 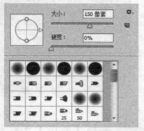

图5.143 添加图层蒙版　　图5.144 设置笔触

⑫ 将前景色更改为黑色，在地板图像上涂抹将其颜色减淡，这样就完成了效果制作，最终效果如图5.145所示。

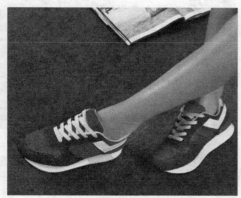

图5.145 隐藏调整效果及最终效果

5.11 利用【曲线】和【自然饱和度】调整高档骨瓷茶具

素材位置　　素材文件\第5章\茶具.jpg
案例位置　　案例文件\第5章\高档骨瓷茶具.psd
视频位置　　多媒体教学\第5章\5.11.avi
难易指数　　★★☆☆☆

本例讲解高档骨瓷茶具调色，本例的调色操作需要注意的细节处较多，首先以提升整体亮度为基础，依次增强图像中不同颜色区域的饱和度使整个茶具的色彩更加鲜艳，同时要留意部分图像的偏色情况，最终效果如图5.146所示。

图5.146 最终效果

5.11.1 打开素材并调整曲线

① 执行菜单栏中的【文件】|【打开】命令，打开"茶具.jpg"文件，如图5.147所示。

图5.147 打开素材

② 在【图层】面板中，单击面板底部的【创建新的填充或调整图层】 ◐ 按钮，在弹出的快捷菜单中选中【曲线】命令，在弹出的面板中调整曲线增加图像亮度，如图5.148所示。

图5.148 调整曲线

③ 选择工具箱中的【画笔工具】 ✒ ，在画布中单击鼠标右键，在弹出的面板中选择一种圆角笔触，将【大小】更改为200像素，【硬度】更改为0%，如图5.149所示。

113

04 将前景色更改为黑色，在画布中过曝区域涂抹将其隐藏，如图5.150所示。

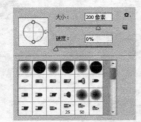 

图5.149 设置笔触　　图5.150 隐藏调整效果

5.11.2 增加饱和度

01 在【图层】面板中，单击面板底部的【创建新的填充或调整图层】 按钮，在弹出的快捷菜单中选中【自然饱和度】命令，在弹出的面板中将其数值更改为【自然饱和度】50，【饱和度】更改为10，如图5.151所示。

图5.151 调整自然饱和度

02 在【图层】面板中，单击面板底部的【创建新的填充或调整图层】 按钮，在弹出的快捷菜单中选中【可选颜色】命令，在弹出的面板中选择【颜色】为【黄色】，将其数值更改为【黄色】－40%，【黑色】－30%，如图5.152所示。

图5.152 调整黄色

03 选择【颜色】为青色，将其数值更改为【青色】100%，【黑色】50%，如图5.153所示。

图5.153 调整青色

04 选择【颜色】为洋红，将其数值更改为【洋红】100%，如图5.154所示。

图5.154 调整洋红

05 选择【颜色】为白色，将其数值更改为【黄色】－20%，如图5.155所示。

图5.155 调整白色

06 在【图层】面板中，单击面板底部的【创建新的填充或调整图层】 按钮，在弹出的快捷菜单中选中【色相/饱和度】命令，在弹出的面板中将【饱和度】更改为30，如图5.156所示。

图5.156 调整色相/饱和度

5.11.3 调整色彩平衡

01 在【图层】面板中，单击面板底部的【创建新的填充或调整图层】按钮，在弹出的快捷菜单中选中【色彩平衡】命令，在弹出的面板中将其数值更改为偏洋红-20，如图5.157所示。

图5.157 调整中间调

02 选择工具箱中的【画笔工具】，在画布中单击鼠标右键，在弹出的面板中选择一种圆角笔触，将【大小】更改为150像素，【硬度】更改为0%，如图5.158所示。

03 将前景色更改为黑色，在画布中除浅红色之外的区域涂抹将部分调整效果隐藏，如图5.159所示。

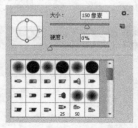

图5.158 设置笔触　　图5.159 隐藏调整效果

04 单击面板底部的【创建新图层】按钮，新建一个【图层1】图层，如图5.160所示。

05 选中【图层1】图层，按Ctrl+Alt+Shift+E组合键执行盖印可见图层命令，如图5.161所示。

图5.160 新建图层　　　图5.161 盖印可见图层

5.11.4 提高亮度

01 在图像中按Ctrl+Alt+2组合键将图像中的高光载入选区，按Ctrl+Shift+I组合键将选区反向，如图5.162所示。

02 选中【图层1】图层，执行菜单栏中的【图层】|【新建】|【通过拷贝的图层】命令，此时将生成一个【图层2】图层，如图5.163所示。

图5.162 载入选区　　　图5.163 复制图层

03 选择【图层2】图层将其移至所有图层上方，再将其图层混合模式设置为【柔光】，【不透明度】更改为50%，这样就完成了效果制作，最终效果如图5.164所示。

图5.164 设置图层混合模式及最终效果

5.12 本章小结

本章主要讲解国际时尚色调的调整方法，国际时尚色调的调整思路是将图像转换为更精彩的视觉效果，以图像中商品本身色调为原则，围绕图像在可扩展色调的范围内进行调整，它重点突出了图像的唯美感、潮流感，同时整个调整对色彩有一个基本的认可，通过本章的学习可以达到对潮流色彩

美的一种自己的概念。

5.13 课后习题

本章的课后安排了4个练习题，通过这4个练习题，了解国际时尚色调的定义，学习潮流色调的调整方法。

5.13.1 课后习题1——利用【可选颜色】调整复古情侣表

素材位置	素材文件\第5章\情侣表.jpg
案例位置	案例文件\第5章\复古情侣表.psd
视频位置	多媒体教学\5.13.1 课后习题1.avi
难易指数	★★☆☆☆

复古风的色调以偏素色为主，在对情侣表进行调色的时候首先校正整体色调，同时注意整个色彩的空间感，最终效果如图5.165所示。

图5.165 最终效果

步骤分解如图5.166所示。

图5.166 步骤分解图

5.13.2 课后习题2——利用【可选颜色】调整可爱旅行包

素材位置	素材文件\第5章\旅行包.jpg
案例位置	案例文件\第5章\可爱旅行包.psd
视频位置	多媒体教学\5.13.2 课后习题2.avi
难易指数	★☆☆☆☆

包包的图案很萌，很可爱，在色彩的调整过程中以舒适的色调为主，最终效果如图5.167所示。

图5.167 最终效果

步骤分解如图5.168所示。

图5.168 步骤分解图

5.13.3 课后习题3——利用【曲线】调整品质珍珠耳坠

素材位置 素材文件\第5章\耳坠.jpg
案例位置 案例文件\第5章\品质珍珠耳坠.psd
视频位置 多媒体教学\5.13.3 课后习题3.avi
难易指数 ★★☆☆☆

本例中的耳坠原图像偏灰暗，经过调整之后品质改善显著，很好地体现出了珍珠的特点，最终效果如图5.169所示。

图5.169 最终效果

步骤分解如图5.170所示。

图5.170 步骤分解图

117

5.13.4 课后习题4——利用【可选颜色】和【色阶】调整奢华裸钻 项链

素材位置　素材文件\第5章\裸钻项链.jpg
案例位置　案例文件\第5章\奢华裸钻项链.psd
视频位置　多媒体教学\5.13.4 课后习题4.avi
难易指数　★★★☆☆

　　本例讲解奢华裸钻项链的调色，本例的调色
方向性十分明确，重点需要突出宝石的奢华特征，
同时调整时需要注意明暗及商品质感的对比，最终
效果如图5.171所示。

图5.171 最终效果

　　步骤分解如图5.172所示。

图5.172 步骤分解图

第6章

制作华丽背景

本章讲解华丽背景制作，任何一类广告都离不开背景做铺垫，背景是所有实例中最基础也是最关键的部分，它可以直接或间接地引导顾客的购买意向。通过对本章的学习可以独立制作淘宝店铺装修广告，同时对广告的设计有更加深层次的认知。

学习目标

学习制作立体格子背景

学会时尚潮流背景的制作

了解彩虹格子背景的制作

学会制作绚丽蓝背景

学习暖光背景的制作思路

6.1 制作经典条纹背景

素材位置　无
案例位置　案例文件\第6章\经典条纹背景.psd
视频位置　多媒体教学\第6章\6.1.avi
难易指数　★☆☆☆☆

本例讲解经典条纹背景制作，条纹背景的样式有多种，本例中的条纹背景是最常见的经典系列条纹，素雅的色彩给人一种愉悦的浏览感受，最终效果如图6.1所示。

图6.1 最终效果

01 执行菜单栏中的【文件】|【新建】命令，在弹出的对话框中设置【宽度】为800像素，【高度】为500像素，【分辨率】为72像素/英寸，新建一个空白画布，如图6.2所示。

02 将画布填充为浅绿色（R：240，G：243，B：230），选择工具箱中的【矩形工具】 ，在选项栏中将【填充】更改为浅绿色（R：232，G：237，B：217），【描边】为无，在画布左侧绘制一个与画布相同高度的矩形，此时将生成一个【矩形1】图层，如图6.3所示。

图6.2 新建画布　　　　图6.3 绘制图形

03 选中【矩形1】图层，按住Alt+Shift组合键向右侧拖动将图形复制多份并铺满整个画布，这样就完成了效果制作，最终效果如图6.4所示。

图6.4 复制图形及最终效果

6.2 制作多边形拼接背景

素材位置　无
案例位置　案例文件\第6章\多边形拼接背景.psd
视频位置　多媒体教学\第6章\6.2.avi
难易指数　★★☆☆☆

本例讲解多边形拼接背景制作，本例的制作比较随性化，以微渐变的背景为中心，同时绘制的不规则图形围绕整个画布使其融为一体，最终效果如图6.5所示。

图6.5 最终效果

01 执行菜单栏中的【文件】|【新建】命令，在弹出的对话框中设置【宽度】为800像素，【高度】为500像素，【分辨率】为72像素/英寸，新建一个空白画布。

02 选择工具箱中的【渐变工具】 ，编辑紫色（R：180，G：95，B：250）到紫色（R：183，G：93，B：250）的渐变，单击选项栏中的【线性渐变】 按钮，在画布中从上至下拖动为其填充渐变，如图6.6所示。

图6.6 新建画布并填充渐变

03 选择工具箱中的【钢笔工具】✎，在选项栏中单击【选择工具模式】[路径▼]按钮，在弹出的选项中选择【形状】，将【填充】更改为紫色（R：116，G：38，B：220），【描边】更改为无，在画布右下角位置绘制一个不规则图形，此时将生成一个【形状1】图层，如图6.7所示。

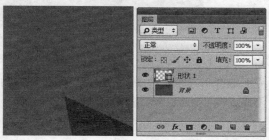

图6.7 绘制图形

04 在【图层】面板中，选中【形状1】图层，将其拖至面板底部的【创建新图层】🗋按钮上，复制1个【形状1 拷贝】图层，如图6.8所示。

05 选中【形状1 拷贝】图层，将其图形颜色更改为紫色（R：140，G：50，B：252），选择工具箱中的【直接选择工具】▷拖动图形锚点将其变形，如图6.9所示。

图6.8 复制图层　　　　**图6.9 将图形变形**

06 以同样的方法绘制多个图形并分别放在画布不同位置，如图6.10所示。

图6.10 绘制图形

07 更改部分图形不透明度，这样就完成了效果

制作，最终效果如图6.11所示。

图6.11 更改不透明度及最终效果

6.3　制作青春潮流背景

素材位置　　无
案例位置　　案例文件\第6章\青春潮流背景.psd
视频位置　　多媒体教学\第6章\6.3.avi
难易指数　　★★☆☆☆

本例讲解青春潮流背景的制作，本例在制作过程中需要一定的发散思维，以画布右侧为起点绘制类似放射图形形成一种视觉上的突出感，同时圆点图像的添加使整个画布更加活跃，最终效果如图6.12所示。

图6.12 最终效果

6.3.1　制作背景

01 执行菜单栏中的【文件】|【新建】命令，在弹出的对话框中设置【宽度】为1000像素，【高度】为400像素，【分辨率】为72像素/英寸，新建一个空白画布。

02 选择工具箱中的【渐变工具】▬，编辑黄色（R：237，G：248，B：158）到黄色（R：220，G：234，B：74）的渐变，单击选项栏中的【径向渐变】▣按钮，在画布中从中间向右下角方向拖动为其添加渐变，如图6.13所示。

图6.13 新建画布并填充渐变

03 在【画笔】面板中，选中一个圆角笔触，将【大小】更改为150像素，【硬度】更改为100%，【间距】更改为350%，如图6.14所示。

04 勾选【形状动态】复选框，将【大小抖动】更改为80%，如图6.15所示。

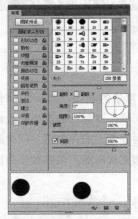 

图6.14 设置画笔笔尖形状　　图6.15 设置形状动态

05 单击面板底部的【创建新图层】🗔按钮，新建一个【图层1】图层，将前景色更改为白色，在选项栏中将【不透明度】更改为30%，选中【图层1】图层，在画布中拖动鼠标添加图像，如图6.16所示。

图6.16 添加图像

6.3.2 绘制图形

01 选择工具箱中的【矩形工具】▬，在选项栏中将【填充】更改为绿色（R：145，G：190，B：

60），【描边】为无，在画布中绘制一个与画布相同宽度的矩形，此时将生成一个【矩形1】图层，如图6.17所示。

图6.17 绘制图形

02 选择工具箱中的【直接选择工具】▷拖动矩形锚点将其变形，如图6.18所示。

图6.18 将图形变形

03 以同样的方法绘制数个颜色不同的矩形并将其变形，如图6.19所示。

图6.19 绘制矩形

04 单击面板底部的【创建新图层】🗔按钮，新建一个【图层2】图层，如图6.20所示。

05 选择工具箱中的【画笔工具】✐，在画布中单击鼠标右键，在弹出的面板中选择一种圆角笔触，将【大小】更改为20像素，【硬度】更改为100%，如图6.21所示。

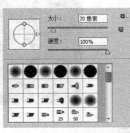

图6.20 新建图层　　图6.21 设置笔触

06 将前景色更改为绿色（R：145，G：190，B：60），在【矩形1】图层中图形底部左侧位置单击，按住Shift键在右侧位置单击添加图像，这样就完成了效果制作，最终效果如图6.22所示。

图6.22 绘制图像及最终效果

6.4 制作暖光背景

素材位置 无
案例位置 案例文件\第6章\暖光背景.psd
视频位置 多媒体教学\第6章\6.4.avi
难易指数 ★★★☆☆

本例讲解暖光背景制作，本例以模拟阳光般温暖的视觉感受展示一个美丽的背景效果，整体的视觉最终效果如图6.23所示。

图6.23 最终效果

6.4.1 制作背景

01 执行菜单栏中的【文件】|【新建】命令，在弹出的对话框中设置【宽度】为800像素，【高度】为400像素，【分辨率】为72像素/英寸，新建一个空白画布。

02 选择工具箱中的【渐变工具】■，编辑蓝色（R：200，G：247，B：247）到蓝色（R：162，G：223，B：252）的渐变，在画布中从上至下拖动为画布填充渐变，如图6.24所示。

图6.24 新建画布并填充渐变

03 选择工具箱中的【椭圆工具】●，在选项栏中将【填充】更改为黄色（R：255，G：250，B：82），【描边】为无，在画布靠左上角位置按住Shift键绘制一个正圆图形，此时将生成一个【椭圆1】图层，如图6.25所示。

图6.25 绘制图形

04 选中【椭圆1】图层，执行菜单栏中的【滤镜】|【模糊】|【高斯模糊】命令，在弹出的对话框中将【半径】更改为120像素，完成之后单击【确定】按钮，如图6.26所示。

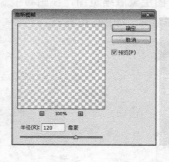

图6.26 设置高斯模糊

6.4.2 绘制图形

01 选择工具箱中的【矩形工具】■，在选项栏中将【填充】更改为白色，【描边】为无，在画布中绘制一个矩形，此时将生成一个【矩形1】图层，如图6.27所示。

图6.27 绘制图形

02 选中【矩形1】图层，按Ctrl+T组合键对其执行【自由变换】命令，单击鼠标右键，从弹出的快捷菜单中选择【透视】命令，拖动变形框控制点将图形变形，完成之后按Enter键确认，如图6.28所示。

图6.28 将图形变形

03 在【图层】面板中，选中【矩形1】图层，单击面板底部的【添加图层蒙版】 ◉ 按钮，为其图层添加图层蒙版，如图6.29所示。

04 选择工具箱中的【渐变工具】 ▆，编辑黑色到白色的渐变，单击选项栏中的【线性渐变】 ▆ 按钮，单击【矩形1】图层蒙版缩览图，在画布中拖动其图形将部分图形隐藏，如图6.30所示。

图6.29 添加图层蒙版　　图6.30 设置渐变并隐藏图形

05 在【图层】面板中，选中【矩形1】图层，将其图层混合模式设置为【柔光】，如图6.31所示。

图6.31 设置图层混合模式

06 选中【矩形1】图层，将其复制多份并旋转，如图6.32所示。

图6.32 复制变换图形

07 选择工具箱中的【椭圆工具】 ⬭，在选项栏中将【填充】更改为白色，【描边】为无，在画布靠右侧位置绘制一个椭圆图形，此时将生成一个【椭圆2】图层，将其图层【不透明度】更改为30%，如图6.33所示。

图6.33 绘制图形

08 以同样的方法绘制多个图形并更改其不透明度，这样就完成了效果制作，最终效果如图6.34所示。

图6.34 绘制图形及最终效果

技巧与提示
在绘制图形的时候可以利用复制并变形的方法。

6.5 制作踏青背景

素材位置　无
案例位置　案例文件\第6章\踏青背景.psd
视频位置　多媒体教学\第6章\6.5.avi
难易指数　★★★☆☆

踏青背景的制作围绕季节元素进行，在本例的制作过程中因元素较多，所以在绘制的过程中应当分清主次图形图像，同时在颜色搭配上应当体现季节的特征，最终效果如图6.35所示。

图6.35 最终效果

6.5.1 绘制放射图形

01 执行菜单栏中的【文件】|【新建】命令，在弹出的对话框中设置【宽度】为800像素，【高度】为500像素，【分辨率】为72像素/英寸，新建一个空白画布，将画布填充为蓝色（R：152，G：230，B：240）。

02 选择工具箱中的【矩形工具】，在选项栏中将【填充】更改为白色，【描边】为无，在画布左侧位置绘制一个高出画布的矩形，此时将生成一个【矩形1】图层，如图6.36所示。

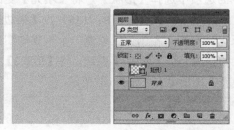
图6.36 绘制图形

03 选中【矩形1】图层，在画布中按住Alt+Shift组合键向右侧拖动将图形复制多份铺满整个画布，同时多复制几份超出画布，如图6.37所示。

图6.37 复制图形

04 同时选中除【背景】图层之外的所有图层按Ctrl+E组合键将其合并，将生成的图层名称更改为【矩形】，选中【矩形】图层，执行菜单栏中的【滤镜】|【扭曲】|【极坐标】命令，在弹出的对话框中勾选【平面坐标到极坐标】复选框，完成之后单击【确定】按钮，如图6.38所示。

图6.38 设置极坐标

05 在【图层】面板中，选中【矩形】图层，单击面板底部的【添加图层蒙版】按钮，为其图层添加图层蒙版，如图6.39所示。

06 选择工具箱中的【渐变工具】，编辑黑色到白色的渐变，单击选项栏中的【线性渐变】按钮，单击【矩形】图层蒙版缩览图，在画布中其图形上从中间向边缘方向拖动将部分图层隐藏，如图6.40所示。

图6.39 添加图层蒙版

图6.40 隐藏图形

6.5.2 绘制图形

01 选择工具箱中的【钢笔工具】 ，在选项栏中单击【选择工具模式】 路径 按钮，在弹出的选项中选择【形状】，将【填充】更改为绿色（R: 182，G: 214，B: 138），【描边】更改为无，在画布靠下半部分位置绘制一个与画布相同宽度的不规则图形，对应的图层为【形状】，如图6.41所示。

图6.41 绘制图形

02 选择工具箱中的【椭圆工具】 ，在选项栏中将【填充】更改为绿色（R: 140，G: 184，B: 87），【描边】为无，在刚才绘制的图形左侧位置绘制一个椭圆图形，此时将生成一个【椭圆1】图层，如图6.42所示。

图6.42 绘制图形

03 选择工具箱中的【矩形工具】 ，在选项栏中将【填充】更改为青色（R: 122，G: 208，B: 200），【描边】为无，在画布右侧位置按住Shift键绘制一个矩形，此时将生成一个【矩形1】图层，如图6.43所示。

图6.43 绘制图形

04 选中【矩形1】图层，按Ctrl+T组合键对其执行【自由变换】命令，出现变形框以后在选项栏中【旋转】后方的文本框中输入45，完成之后按Enter键确认，再将其图层【不透明度】更改为60%，如图6.44所示。

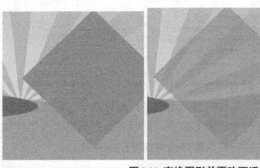

图6.44 变换图形并更改不透明度

05 在【图层】面板中，选中【矩形1】图层，将其拖至面板底部的【创建新图层】 按钮上，复制1个【矩形1 拷贝】图层，如图6.45所示。

06 选中【矩形1 拷贝】图层，在选项栏中将【填充】更改为无，【描边】更改为青色（R: 76，G: 152，B: 144），再按Ctrl+T组合键对其执行【自由变换】命令，将图形等比缩小，完成之后按Enter键确认，如图6.46所示。

图6.45 复制图层   图6.46 变换图形

07 选择工具箱中的【钢笔工具】 ，在选项栏中单击【选择工具模式】 路径 按钮，在弹出的选项中选择【形状】，将【填充】更改为绿色（R: 76，G: 174，B: 136），【描边】更改为无，在画布左侧位置绘制一个不规则图形，此时将生成一个【形状2】图层，将【形状2】移至【矩形】图层上方，如图6.47所示。

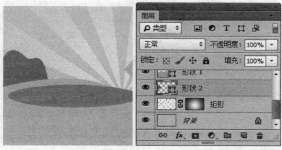

图6.47 绘制图形

⑧ 以同样的方法再次绘制图形，此时将生成一个【形状3】图层，如图6.48所示。

图6.48 绘制图形

⑨ 选择工具箱中的【钢笔工具】，在选项栏中单击【选择工具模式】 路径 按钮，在弹出的选项中选择【形状】，将【填充】更改为白色，【描边】更改为无，在画布靠顶部位置绘制两个不规则图形，对应的图层为【形状4】和【形状5】，如图6.49所示。

图6.49 绘制图形

⑩ 选择工具箱中的【自定形状工具】，在画布中右击鼠标，从弹出的快捷菜单中选择【兔】形状，在选项栏中将【填充】更改为白色，【描边】更改为无，在画布靠下方位置绘制一个兔，对应的图层为【形状6】，如图6.50所示。

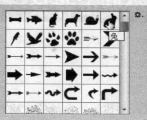

图6.50 设置并绘制图形

⑪ 在【图层】面板中，选中【形状6】图层，将其拖至面板底部的【创建新图层】按钮上，复制1个【形状6拷贝】图层，如图6.51所示。

⑫ 选中【形状6拷贝】图层，按Ctrl+T组合键对其执行【自由变换】命令，将图形等比放大，再将其【填充】更改为深黄色（R：167，G：127，B：76），完成之后按Enter键确认，如图6.52所示。

图6.51 复制图层　　图6.52 变换图形

⑬ 选择工具箱中的【自定形状工具】，以同样的方法选择几个与场景相似的图形并设置相对应的颜色，在刚才绘制的图形位置绘制数个场景元素图像，这样就完成了效果制作，最终效果如图6.53所示。

图6.53 绘制图形及最终效果

6.6 制作手绘城市背景

素材位置　素材文件\第6章\手绘城市背景
案例位置　案例文件\第6章\手绘城市背景.psd
视频位置　多媒体教学\第6章\6.6.avi
难易指数　★☆☆☆☆

　　手绘城市背景表现一种休闲、自然的生活方式，在视觉上给人一种轻松、愉悦的感受，本例的制作比较简单，以两个手绘主题为主视觉，同时分隔的双色区域使背景的整体效果相当完美，最终效果如图6.54所示。

图6.54 最终效果

6.6.1 制作折痕背景

01 执行菜单栏中的【文件】|【新建】命令，在弹出的对话框中设置【宽度】为1000像素，【高度】为500像素，【分辨率】为72像素/英寸，新建一个空白画布。

02 选择工具箱中的【渐变工具】，编辑黄色（R：220，G：215，B：183）到黄色（R：206，G：197，B：158）的渐变，单击选项栏中的【线性渐变】按钮，在画布中从左至右拖动为其填充渐变，如图6.55所示。

图6.55 新建画布并填充渐变

03 选择工具箱中的【矩形工具】，在选项栏中将【填充】更改为任意颜色，【描边】为无，在画布靠左侧位置绘制一个矩形，此时将生成一个【矩形1】图层，如图6.56所示。

图6.56 绘制图形

04 选择工具箱中的【直接选择工具】，选中矩形右下角锚点向左侧拖动，将图形变形，如图6.57所示。

图6.57 将图形变形

05 在【图层】面板中，选中【矩形1】图层，单击面板底部的【添加图层样式】fx按钮，在菜单中选择【渐变叠加】命令，在弹出的对话框中将【渐变】更改为黄色（R：206，G：197，B：158）到黄色（R：220，G：215，B：183），【角度】更改为50度，完成之后单击【确定】按钮，如图6.58所示。

图6.58 设置渐变叠加

6.6.2 添加素材

01 执行菜单栏中的【文件】|【打开】命令，打开"图像.jpg""图像2.jpg"文件，将打开的素材分别拖入画布左右两侧位置并适当缩小，其图层名称将分别更改为【图层1】和【图层2】，如图6.59所示。

图6.59 添加素材

02 同时选中【图层1】及【图层2】图层将其图层混合模式更改为正片叠底，如图6.60所示。

图6.60 设置图层混合模式

03 同时选中【图层1】及【图层2】图层按Ctrl+G组合键将图层编组，此时将生成一个【组1】组，选中【组1】组单击面板底部的【添加图层蒙版】 按钮，为其图层添加图层蒙版，如图6.61所示。

04 选择工具箱中的【画笔工具】 ，在画布中单击鼠标右键，在弹出的面板中选择一种圆角笔触，将【大小】更改为250像素，【硬度】更改为0%，如图6.62所示。

 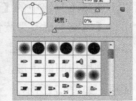

图6.61 添加图层蒙版　　　图6.62 设置笔触

05 将前景色更改为黑色，单击【组1】图层蒙版缩览图，在其图像上部分区域涂抹将其隐藏，再将其【不透明度】更改为30%，这样就完成了效果制作，最终效果如图6.63所示。

图6.63 最终效果

6.7 制作时尚潮流背景

素材位置　　无
案例位置　　案例文件\第6章\时尚潮流背景.psd
视频位置　　多媒体教学\第6章\6.7.avi
难易指数　　★★☆☆☆

本例讲解时尚潮流背景制作，本例的制作十分简单，以不规则摆放的图形与简单的文字组合而成，同时热情的色调也很好地体现出时尚主题，最终效果如图6.64所示。

图6.64 最终效果

6.7.1 制作背景

01 执行菜单栏中的【文件】|【新建】命令，在弹出的对话框中设置【宽度】为800像素，【高度】为500像素，【分辨率】为72像素/英寸，新建一个空白画布。

02 选择工具箱中的【矩形工具】 ，在选项栏中将【填充】更改为白色，【描边】为无，在画布中绘制一个矩形，并将矩形旋转，此时将生成一个【矩形1】图层，如图6.65所示。

图6.65 新建画布并绘制图形

03 在【图层】面板中，选中【矩形1】图层，将其图层混合模式设置为【叠加】，【不透明度】更改为30%，如图6.66所示。

图6.66 设置图层混合模式

04 以同样方法绘制多个相似图形并设置图层混合模式，如图6.67所示。

图6.67 绘制图形

6.7.2 添加文字

01 选择工具箱中的【横排文字工具】 T ，在画布适当位置添加文字，如图6.68所示。

图6.68 添加文字

02 选中【Fashion】图层将其图层混合模式设置为【叠加】，【不透明度】更改为30%，这样就完成了效果制作，最终效果如图6.69所示。

图6.69 设置图层混合模式及最终效果

6.8 制作彩虹格子背景

素材位置　无
案例位置　案例文件\第6章\彩虹格子背景.psd
视频位置　多媒体教学\第6章\6.8.avi
难易指数　★☆☆☆☆

本例讲解彩虹格子背景制作，在制作过程中以彩色图形作为视觉，同时通过定义图案的方法添加小方格图像使整个画面的视觉效果比较活跃，最终效果如图6.70所示。

图6.70 最终效果

6.8.1 绘制条状物

01 执行菜单栏中的【文件】|【新建】命令，在弹出的对话框中设置【宽度】为800像素，【高度】为500像素，【分辨率】为72像素/英寸，新建一个空白画布。

02 选择工具箱中的【矩形工具】 ■ ，在选项栏中将【填充】更改为蓝色（R：30，G：187，B：214），【描边】为无，在画布左侧位置绘制一个与其高度相同的矩形，此时将生成一个【矩形1】图层，如图6.71所示。

图6.71 新建画布并绘制图形

03 在【图层】面板中，选中【矩形1】图层，将其拖至面板底部的【创建新图层】 按钮上，复制1个【矩形1 拷贝】图层，将【矩形1 拷贝】图层中图形颜色更改为灰色（R：240，G：236，B：235），将其向右侧平移，如图6.72所示。

图6.72 复制图层

04 以同样的方法将图形复制多份并分别更改图形颜色，如图6.73所示。

图6.73 复制图形

6.8.2 定义图案

01 执行菜单栏中的【文件】|【新建】命令，在弹出的对话框中设置【宽度】为9像素，【高度】为9像素，【分辨率】为72像素/英寸，选择工具箱中的【矩形工具】，在选项栏中将【填充】更改为白色，【描边】为无，在画布左上角位置按住Shift键绘制一个矩形，此时将生成一个【矩形1】图层，如图6.74所示。

02 选中【矩形1】图层，按住Alt键将其复制3份并分别放在画布其他3个角位置，如图6.75所示。

图6.74 绘制图形　　　图6.75 复制图形

03 同时选中所有图层按Ctrl+E组合键将图层合并，如图6.76所示。

图6.76 合并图层

04 执行菜单栏中的【编辑】|【定义图案】命令，在弹出的对话框中将【名称】更改为"纹理"，完成之后单击【确定】按钮，如图6.77所示。

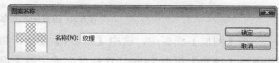

图6.77 设置定义图案

05 单击面板底部的【创建新图层】按钮，新建一个【图层1】图层，选中【图层1】图层将其填充为白色，如图6.78所示。

图6.78 新建图层并填充颜色

06 在【图层】面板中，选中【图层1】图层，单击面板底部的【添加图层样式】fx按钮，在菜单中选择【渐变叠加】命令，在弹出的对话框中将【混合模式】更改为柔光，【渐变】更改为透明到黑色，如图6.79所示。

图6.79 设置渐变叠加

07 勾选【图案叠加】复选框，将【混合模式】更改为柔光，【图案】更改为之前定义的纹理，

【缩放】更改为50%，完成之后单击【确定】按钮，如图6.80所示。

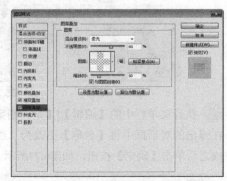

图6.80 设置图案叠加

08 在【图层】面板中，选中【图层1】图层，将其图层【填充】更改为0%，这样就完成了效果制作，最终效果如图6.81所示。

图6.81 更改填充及最终效果

6.9 制作多边形放射背景

素材位置 无
案例位置 案例文件\第6章\多边形放射背景.psd
视频位置 多媒体教学\第6章\6.9.avi
难易指数 ★☆☆☆☆

本例讲解多边形放射背景制作，本例的视觉效果十分出色，以从小渐大的透视效果呈现一个完美的多边形放射背景，最终效果如图6.82所示。

图6.82 最终效果

6.9.1 绘制星形

01 执行菜单栏中的【文件】|【新建】命令，在弹出的对话框中设置【宽度】为800像素，【高度】为400像素，【分辨率】为72像素/英寸，新建一个空白画布。

02 选择工具箱中的【渐变工具】■，编辑黄色（R：255，G：216，B：0）到橙色（R：255，G：112，B：3）的渐变，在画布中从右侧向左侧拖动为画布填充渐变，如图6.83所示。

图6.83 新建画布并填充渐变

03 选择工具箱中的【多边形工具】●，在选项栏中单击✿图标，在弹出的面板中勾选【星形】复选框，将【缩进边依据】更改为30%，【边】更改为10，【填充】更改为无，【描边】更改为紫色（R：225，G：4，B：116），【大小】为5点，在画布靠右侧位置按住Shift键绘制一个多边形，此时将生成一个【多边形1】图层，如图6.84所示。

图6.84 绘制图形

6.9.2 复制图形

01 在【图层】面板中，选中【多边形1】图层，将其拖至面板底部的【创建新图层】▣按钮上，复制1个【多边形1 拷贝】图层，如图6.85所示。

02 选中【多边形1 拷贝】图层，按Ctrl+T组合键对其执行【自由变换】命令，将图形等比放大，完成之后按Enter键确认，如图6.86所示。

图6.85 复制图层　　　　图6.86 变换图形

03 以同样的方法将【多边形1 拷贝】图层复制1份并等比放大，依此类推直至将图形铺满整个画布，如图6.87所示。

图6.87 复制并变换图形

04 在【图层】面板中，同时选中除【背景】图层之外的所有图层，将其图层混合模式设置为【叠加】，这样就完成了效果制作，最终效果如图6.88所示。

图6.88 设置图层混合模式及最终效果

6.10 制作唯美柔质背景

素材位置	无
案例位置	案例文件\第6章\唯美柔质背景.psd
视频位置	多媒体教学\第6章\6.10.avi
难易指数	★★☆☆☆

唯美柔质背景注重视觉上的柔和感，在一定

美感的基础之上制作出柔和的感觉，同时这种视觉效果十分自然，因此在本例的制作过程中需要重点注意整体的视觉效果，最终效果如图6.89所示。

图6.89 **最终效果**

6.10.1 制作背景

01 执行菜单栏中的【文件】|【新建】命令，在弹出的对话框中设置【宽度】为1000像素，【高度】为400像素，【分辨率】为72像素/英寸，将前景色更改为浅红色（R：243，G：217，B：220），背景色更改为浅红色（R：247，G：192，B：200）。

02 执行菜单栏中的【滤镜】|【渲染】|【纤维】命令，在弹出的对话框中将【差异】更改为20，【强度】更改为7，完成之后单击【确定】按钮，如图6.90所示。

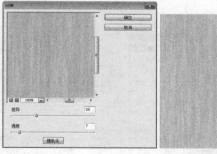

图6.90 设置纤维

03 在【图层】面板中，选中【背景】图层，将其拖至面板底部的【创建新图层】按钮上，复制1个【背景 拷贝】图层，如图6.91所示。

04 选中【背景】图层，将其填充为任意一种颜色，如图6.92所示。

图6.91 复制图层

图6.92 填充颜色

⑤ 选中【背景 拷贝】图层，在画布中按Ctrl+T
组合键对其执行【自由变换】命令，单击鼠标右
键，从弹出的快捷菜单中选择【旋转90度（顺时
针）】命令，再将图像拉伸增加其宽度，完成之后
按Enter键确认，再将图像向下垂直移动，如图6.93
所示。

图6.93 变换图像

⑥ 选中【背景 拷贝】图层，执行菜单栏中的
【滤镜】|【模糊】|【动感模糊】命令，在弹出的
对话框中将【角度】更改为0度，【距离】更改为
65像素，设置完成之后单击【确定】按钮，如图
6.94所示。

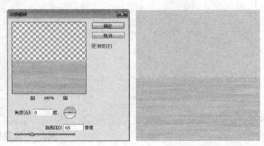

图6.94 设置动感模糊

6.10.2 绘制图形

① 选择工具箱中的【椭圆工具】 ⬭ ，在选项栏
中将【填充】更改为白色，【描边】为无，在纤维
图像上绘制一个椭圆图形，此时将生成一个【椭圆
1】图层，如图6.95所示。

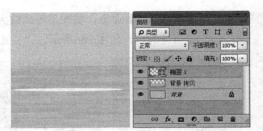

图6.95 绘制图形

② 选中【椭圆1】图层，执行菜单栏中的【滤
镜】|【模糊】|【高斯模糊】命令，在弹出的对话
框中将【半径】更改为5像素，完成之后单击【确
定】按钮，如图6.96所示。

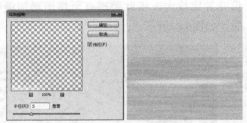

图6.96 设置高斯模糊

③ 选中【背景 拷贝】图层，执行菜单栏中的
【滤镜】|【模糊】|【动感模糊】命令，在弹出的
对话框中将【角度】更改为0度，【距离】更改为
300像素，设置完成之后单击【确定】按钮，如图
6.97所示。

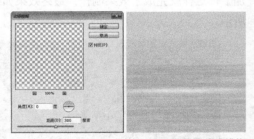

图6.97 设置动感模糊

④ 选中【椭圆1】图层，在画布中按住Alt键将其
复制多份并更改部分拷贝图层的图层不透明度，如
图6.98所示。

图6.98 复制图像

⑤ 在【图层】面板中，选中【背景 拷贝】图层，单击面板底部的【添加图层蒙版】■按钮，为其图层添加图层蒙版，如图6.99所示。

⑥ 选择工具箱中的【画笔工具】，在画布中单击鼠标右键，在弹出的面板中选择一种圆角笔触，将【大小】更改为250像素，【硬度】更改为0%，如图6.100所示。

 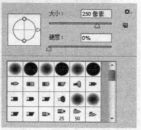

图6.99 添加图层蒙版　　图6.100 设置笔触

⑦ 将前景色更改为黑色，单击【背景 拷贝】图层蒙版缩览图，在其图像上半部分区域涂抹将其隐藏，如图6.101所示。

图6.101 隐藏图像

⑧ 选择工具箱中的【渐变工具】■，编辑浅红色（R：247，G：230，B：233）到浅红色（R：254，G：247，B：247）再到浅红色（R：247，G：230，B：233）的渐变，单击选项栏中的【线性渐变】■按钮，选中【背景】图层，在画布中从左侧向右侧拖动为画布填充渐变，这样就完成了效果制作，最终效果如图6.102所示。

图6.102 填充渐变及最终效果

6.11 制作立体格子背景

素材位置　无
案例位置　案例文件\第6章\立体格子背景.psd
视频位置　多媒体教学\第6章\6.11.avi
难易指数　★★★☆☆

本例讲解立体格子背景制作，立体格子的定义比较笼统，它可以以多种形式存在，在本例中以图形相组合的方法，同时添加质感效果复制组成一个整体的立体格子背景，最终效果如图6.103所示。

图6.103 最终效果

6.11.1 绘制立体图形

① 执行菜单栏中的【文件】|【新建】命令，在弹出的对话框中设置【宽度】为1000像素，【高度】为450像素，【分辨率】为72像素/英寸，新建一个空白画布。

② 选择工具箱中的【渐变工具】■，编辑红色（R：155，G：40，B：54）到红色（R：220，G：54，B：75）再到红色（R：155，G：40，B：54）的渐变，单击选项栏中的【线性渐变】■按钮，在画布中从左至右拖动为其填充渐变，如图6.104所示。

图6.104 新建画布并填充渐变

③ 选择工具箱中的【矩形工具】■，在选项栏中将【填充】更改为红色（R：156，G：40，B：56），【描边】为无，在画布左上角位置绘制一个矩形，此时将生成一个【矩形1】图层，并将矩形旋转，如图6.105所示。

135

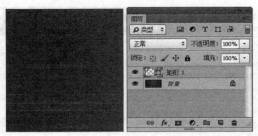

图6.105 绘制图形

04 选择工具箱中的【删除锚点工具】，单击矩形底部锚点将其删除，如图6.106所示。

05 在【图层】面板中，选中【矩形1】图层，将其拖至面板底部的【创建新图层】按钮上，复制1个【矩形1拷贝】图层，如图6.107所示。

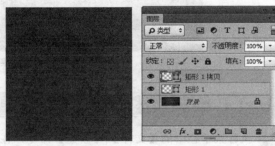

图6.106 删除锚点　　　图6.107 复制图层

06 选中【矩形1 拷贝】图层，按Ctrl+T组合键对其执行【自由变换】命令，单击鼠标右键，从弹出的快捷菜单中选择【垂直翻转】命令，将图形与原图形对齐，完成之后按Enter键确认，选择工具箱中的【添加锚点工具】在图形顶部边缘中间位置单击添加锚点，如图6.108所示。

07 选择工具箱中的【转换点工具】单击添加的锚点，如图6.109所示。

图6.108 添加锚点　　　图6.109 转换锚点

08 选择工具箱中的【删除锚点工具】，单击【矩形1 拷贝】图层中图形右上角锚点将其删除，再将其图形颜色更改为红色（R：182，G：46，

B：70），如图6.110所示。

图6.110 删除锚点并更改图形颜色

09 在【图层】面板中，选中【矩形1 拷贝】图层，将其拖至面板底部的【创建新图层】按钮上，复制1个【矩形1 拷贝2】图层，如图6.111所示。

10 选中【矩形1 拷贝2】图层，按Ctrl+T组合键对其执行【自由变换】命令，单击鼠标右键，从弹出的快捷菜单中选择【水平翻转】命令，完成之后按Enter键确认，将图形与原图形对齐，如图6.112所示。

图6.111 复制图层　　　图6.112 变换图形

11 选择工具箱中的【钢笔工具】，在选项栏中单击【选择工具模式】 路径 按钮，在弹出的选项中选择【形状】，将【填充】更改为白色，【描边】更改为无，在绘制的组合矩形位置绘制一个不规则图形，此时将生成一个【形状1】图层，如图6.113所示。

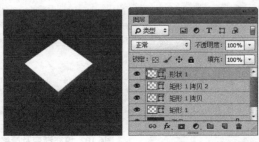

图6.113 绘制图形

⑫ 在【图层】面板中，选中【形状1】图层，单击面板底部的【添加图层样式】 *fx* 按钮，在菜单中选择【渐变叠加】命令，在弹出的对话框中将【渐变】更改为红色（R：244，G：80，B：100）到红色（R：186，G：52，B：70），将第1个红色色标位置更改为50%，完成之后单击【确定】按钮，如图6.114所示。

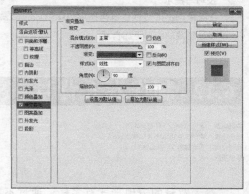

图6.114 设置渐变叠加

6.11.2 添加质感并复制图形

① 选择工具箱中的【直线工具】 ，在选项栏中将【填充】更改为白色，【描边】为无，【粗细】更改为1像素，在刚才绘制的图形边缘位置绘制一条线段，此时将生成一个【形状2】图层，如图6.115所示。

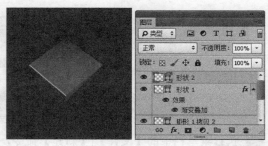

图6.115 绘制图形

② 在【图层】面板中，选中【形状2】图层，单击面板底部的【添加图层蒙版】 按钮，为其图层添加图层蒙版，如图6.116所示。

③ 选择工具箱中的【渐变工具】 ，编辑黑色到白色的渐变，单击选项栏中的【线性渐变】 按钮，单击【形状2】图层蒙版缩览图，在画布中

其图形上拖动将部分图形隐藏，如图6.117所示。

图6.116 添加图层蒙版　图6.117 设置渐变并隐藏图形

④ 在【图层】面板中，选中【形状2】图层，将其图层混合模式设置为【叠加】，如图6.118所示。

图6.118 设置图层混合模式

⑤ 在【图层】面板中，选中【形状2】图层，将其拖至面板底部的【创建新图层】 按钮上，复制1个【形状2 拷贝】图层，如图6.119所示。

⑥ 选中【形状2 拷贝】图层，按Ctrl+T组合键对其执行【自由变换】命令，单击鼠标右键，从弹出的快捷菜单中选择【水平翻转】命令，完成之后按Enter键确认，将图形平移至右侧与原图形相对位置，如图6.120所示。

图6.119 复制图层　　　　图6.120 变换图形

⑦ 同时选中除【背景】之外所有图层按Ctrl+G组合键将其编组，将生成的组名称更改为【方格】，如图6.121所示。

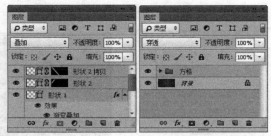

图6.121 将图层编组

08 选中【方格】组，按住Alt+Shift组合键将图形复制多份，如图6.122所示。

图6.122 复制图形

09 同时选中包括【方格】组在内的所有拷贝组按Ctrl+G组合键将其编组，同样将组名称更改为方格，选中【方格】组，单击面板底部的【添加图层蒙版】 ◙ 按钮，为其图层添加蒙版，如图6.123所示。

10 选择工具箱中的【画笔工具】 ，在画布中单击鼠标右键，在弹出的面板中选择一种圆角笔触，将【大小】更改为300像素，【硬度】更改为0%，如图6.124所示。

图6.123 编组并添加图层蒙版　　图6.124 设置笔触

11 将前景色更改为黑色，在画布中分别沿图形左右及底部边缘涂抹将部分图形隐藏，这样就完成了效果制作，最终效果如图6.125所示。

图6.125 隐藏图像及最终效果

技巧与提示

在隐藏图形的时候可以离图形边缘稍远的位置涂抹，这样经过隐藏的图形更加自然。

6.12 制作春天背景

素材位置　素材文件\第6章\春天背景
案例位置　案例文件\第6章\春天背景.psd
视频位置　多媒体教学\第6章\6.12.avi
难易指数　★★★☆☆

春天背景的表现形式有多样，通过不同的场景元素表现出不同类型的春天场景，本例以一种清新舒适的图像风格制作出这样一款出色的春天背景效果，重点在于强调背景中元素的多样化，最终效果如图6.126所示。

图6.126 最终效果

6.12.1 制作云彩

01 执行菜单栏中的【文件】|【新建】命令，在弹出的对话框中设置【宽度】为1000像素，【高度】为500像素，【分辨率】为72像素/英寸，新建一个空白画布。

02 选择工具箱中的【渐变工具】 ，编辑浅蓝色（R：190，G：230，B：245）到白色的渐变，单击选项栏中的【线性渐变】 按钮，在画布中从上至下拖动为其填充渐变，如图6.127所示。

图6.127 新建画布并填充渐变

图6.131 添加素材

03 单击面板底部的【创建新图层】 🔲 按钮，新建一个【图层1】图层，如图6.128所示。

04 选择工具箱中的【画笔工具】 ✏️，在画布中单击鼠标右键，在弹出的面板中单击右上角图标，在弹出的菜单中选择【载入画笔】命令，打开"云.abr"文件，在面板底部选择合适大小的云笔触，如图6.129所示。

02 在【图层】面板中，选中【图层2】图层，将其图层混合模式设置为【叠加】，如图6.132所示。

图6.132 设置图层混合模式

03 在【图层】面板中，选中【图层2】图层，单击面板底部的【添加图层蒙版】 ▣ 按钮，为其图层添加图层蒙版，如图6.133所示。

04 选择工具箱中的【画笔工具】 ✏️，在画布中单击鼠标右键，在弹出的面板中选择一种圆角笔触，将【大小】更改为300像素，【硬度】更改为0%，如图6.134所示。

 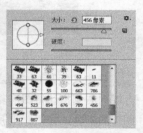

图6.128 新建图层　　图6.129 设置笔触

05 将前景色更改为白色，选中【图层1】图层，在画布上半部分区域单击数次添加云彩图像，如图6.130所示。

图6.130 添加图像

6.12.2 添加素材

01 执行菜单栏中的【文件】|【打开】命令，打开"太阳.jpg"文件，将打开的素材拖入画布中并适当缩小，其图层名称将更改为【图层2】，如图6.131所示。

 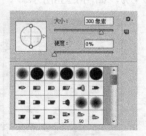

图6.133 添加图层蒙版　　图6.134 设置笔触

05 将前景色更改为黑色，单击【图层2】图层蒙版缩览图，在其图像上部分区域涂抹将其隐藏，再将其移至画布右上角位置，如图6.135所示。

图6.135 隐藏及移动图像

06 执行菜单栏中的【文件】|【打开】命令，打开"草.psd"文件，将打开的素材拖入画布中靠底部位置，此时将生成【图层3】图层如图6.136所示。

图6.136 添加素材

07 在【图层】面板中，选中【图层3】图层，单击面板底部的【添加图层蒙版】 ◙ 按钮，为其图层添加图层蒙版，如图6.137所示。

08 选择工具箱中的【画笔工具】 ✐ ，在画布中单击鼠标右键，在弹出的面板中选择一款粉笔笔触，将【大小】更改为17像素，【硬度】更改为0%，如图6.138所示。

图6.137 添加图层蒙版　　　图6.138 设置笔触

09 将前景色更改为黑色，单击【图层3】图层蒙版缩览图，在其图像底部边缘涂抹将部分图像隐藏制作出不规则效果，如图6.139所示。

图6.139 隐藏图像

10 选择工具箱中的【矩形工具】 ▬ ，在选项栏中将【填充】更改为绿色（R：185，G：230，B：76），【描边】为无，在画布左下角位置绘制一个矩形，此时将生成一个【矩形1】图层，将【矩形1】移至【背景】图层上方，如图6.140所示。

图6.140 绘制图形

11 选中【矩形1】图层，在画布中按Alt+Shift组合键向右侧拖动将图形复制3份并分别更改其中2个图形的颜色，如图6.141所示。

图6.141 复制图形

12 同时选中包括【矩形1】在内的所有相关拷贝图层按Ctrl+G组合键将其编组，此时将生成一个【组1】组，如图6.142所示。

图6.142 将图层编组

⑬ 在【图层】面板中，选中【组1】图层，单击面板底部的【添加图层样式】 *fx* 按钮，在菜单中选择【内阴影】命令，在弹出的对话框中将【不透明度】更改为50%，取消【使用全局光】复选框，【角度】更改为90度，【距离】更改为10像素，【大小】更改为5像素，完成之后单击【确定】按钮，如图6.143所示。

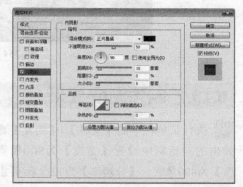

图6.143 设置内阴影

⑭ 执行菜单栏中的【文件】|【打开】命令，打开"绿叶.psd"文件，将打开的素材拖入画布左上角位置并适当缩小，如图6.144所示。

图6.144 添加素材

⑮ 在【图层】面板中，选中【绿叶】图层，将其拖至面板底部的【创建新图层】 按钮上，复制1个【绿叶 拷贝】图层，选中【绿叶】图层将其向右侧稍移，如图6.145所示。

图6.145 复制图层并移动图像

⑯ 选中【绿叶】图层，执行菜单栏中的【滤镜】|【模糊】|【高斯模糊】命令，在弹出的对话框中将【半径】更改为2像素，完成之后单击【确定】按钮，如图6.146所示。

图6.146 设置高斯模糊

⑰ 在【图层】面板中，选中【绿叶】图层，单击面板底部的【添加图层蒙版】 按钮，为其图层添加图层蒙版，如图6.147所示。

⑱ 选择工具箱中的【画笔工具】 ，在画布中单击鼠标右键，在弹出的面板中选择一种圆角笔触，将【大小】更改为170像素，【硬度】更改为0%，如图6.148所示。

图6.147 添加图层蒙版　　图6.148 设置笔触

⑲ 将前景色更改为黑色，单击【绿叶】图层蒙版缩览图，在其图像上部分区域涂抹将其隐藏，如图6.149所示。

图6.149 隐藏图像

⑳ 执行菜单栏中的【文件】|【打开】命令，打开"热气球.psd"文件，将打开的素材拖入画布右

上角位置并适当缩小，如图6.150所示。

图6.150 添加素材

㉑ 在【图层】面板中，选中【热气球】图层，将其拖至面板底部的【创建新图层】 按钮上，复制1个【热气球 拷贝】图层，如图6.151所示。

㉒ 选中【热气球 拷贝】图层，按Ctrl+T组合键对其执行【自由变换】命令，将图像等比缩小，完成之后按Enter键确认，再将其向左侧移动，如图6.152所示。

图6.151 复制图层

图6.152 变换图像

㉓ 选中【热气球 拷贝】图层，按Ctrl+F组合键为其添加高斯模糊效果，这样就完成了效果制作，最终效果如图6.153所示。

图6.153 添加高斯模糊及最终效果

6.13 制作展台背景

素材位置	素材文件\第6章\展台背景
案例位置	案例文件\第6章\展台背景.psd
视频位置	多媒体教学\第6章\6.13.avi
难易指数	★★★☆☆

本例讲解展台背景制作，本例的视觉效果十

分出色，以质感圆盘图像为主视觉图像，同时与放射的光线图像搭配组合成一种十分耀眼的展台背景，最终效果如图6.154所示。

图6.154 最终效果

6.13.1 制作渐变效果

① 执行菜单栏中的【文件】|【新建】命令，在弹出的对话框中设置【宽度】为800像素，【高度】为400像素，【分辨率】为72像素/英寸。

② 选择工具箱中的【渐变工具】 ，编辑红色（R：207，G：8，B：0）到红色（R：80，G：0，B：5）的渐变，在画布中从中间向右下角方向拖动为画布填充渐变，如图6.155所示。

图6.155 新建画布并填充渐变

③ 选择工具箱中的【矩形工具】 ，在选项栏中将【填充】更改为黑色，【描边】为无，在画布靠顶部位置绘制一个与画布相同宽度的矩形，此时将生成一个【矩形1】图层，如图6.156所示。

图6.156 绘制图形

④ 在【图层】面板中，选中【矩形1】图层，单

击面板底部的【添加图层蒙版】 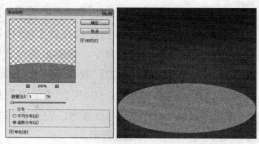 按钮，为其图层添加图层蒙版，如图6.157所示。

⑤ 选择工具箱中的【渐变工具】，编辑黑色到白色的渐变，单击选项栏中的【线性渐变】按钮，单击【矩形1】图层蒙版缩览图，在画布中其图形上从下至上拖动将部分图形隐藏，如图6.158所示。

图6.161 设置添加杂色

图6.157 添加图层蒙版　图6.158 设置渐变并隐藏图形

6.13.2 绘制图形

① 选择工具箱中的【椭圆工具】 ，在选项栏中将【填充】更改为黄色（R：197，G：173，B：110），【描边】为无，在画布靠下半部分位置绘制一个椭圆图形，此时将生成一个【椭圆1】图层，如图6.159所示。

② 在【图层】面板中，选中【椭圆1】图层，将其拖至面板底部的【创建新图层】 按钮上，复制1个【椭圆1 拷贝】及【椭圆1 拷贝 2】图层，如图6.160所示。

④ 选中【椭圆1 拷贝2】图层，将图形颜色更改为浅黄色（R：233，G：213，B：190），再将其向上稍微移动，如图6.162所示。

图6.162 移动图形

⑤ 在【图层】面板中，选中【椭圆1 拷贝 2】图层，将其拖至面板底部的【创建新图层】 按钮上，复制1个【椭圆1 拷贝 3】图层，选中【椭圆1 拷贝 3】图层将其向上移动，如图6.163所示。

图6.163 复制图层并移动图形

⑥ 选中【椭圆1】图层，执行菜单栏中的【滤镜】|【模糊】|【高斯模糊】命令，在弹出的对话框中将【半径】更改为2像素，完成之后单击【确定】按钮，如图6.164所示。

图6.159 绘制图形　　　图6.160 复制图层

③ 选中【椭圆1 拷贝】图层，执行菜单栏中的【滤镜】|【杂色】|【添加杂色】命令，在弹出的对话框中分别勾选【高斯分布】单选按钮及【单色】复选框，【数量】更改为5%，完成之后单击【确定】按钮，如图6.161所示。

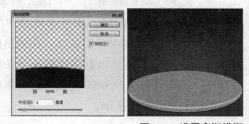

图6.164 设置高斯模糊

07 在【图层】面板中，选中【椭圆 1 拷贝 3】图层，单击面板底部的【添加图层样式】 fx 按钮，在菜单中选择【内阴影】命令，在弹出的对话框中将【混合模式】更改为叠加，取消【使用全局光】复选框，【角度】更改为－90度，【距离】更改为3像素，【大小】更改为27像素，完成之后单击【确定】按钮，如图6.165所示。

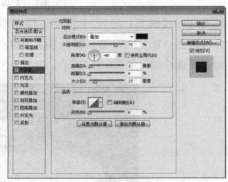

图6.165 设置内阴影

08 选择工具箱中的【椭圆工具】 ⬭ ，在选项栏中将【填充】更改为黄色（R: 255, G: 250, B: 82），【描边】为无，在刚才绘制的椭圆图形上半部分位置再次绘制一个椭圆图形，此时将生成一个【椭圆2】图层，如图6.166所示。

09 在【图层】面板中，选中【椭圆2】图层，将其拖至面板底部的【创建新图层】 按钮上，复制1个【椭圆2 拷贝】及【椭圆2 拷贝 2】图层，如图6.167所示。

图6.166 绘制图形　　　图6.167 复制图层

10 选中【椭圆2】图层，执行菜单栏中的【滤镜】|【杂色】|【添加杂色】命令，在弹出的对话框中分别勾选【高斯分布】单选按钮及【单色】复选框，【数量】更改为5%，完成之后单击【确定】按钮，如图6.168所示。

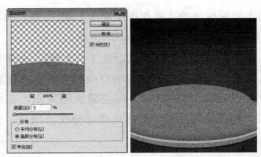

图6.168 设置添加杂色

11 在【图层】面板中，选中【椭圆 2】图层，单击面板底部的【添加图层样式】 fx 按钮，在菜单中选择【内阴影】命令，在弹出的对话框中将【混合模式】更改为叠加，取消【使用全局光】复选框，【角度】更改为－90度，【距离】更改为1像素，【大小】更改为16像素，完成之后单击【确定】按钮，如图6.169所示。

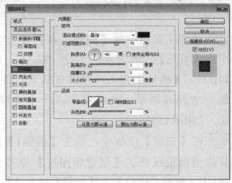

图6.169 设置内阴影

12 勾选【外发光】复选框，将【混合模式】更改为叠加，【不透明度】更改为30%，【颜色】更改为黑色，【大小】更改为24像素，完成之后单击【确定】按钮，如图6.170所示。

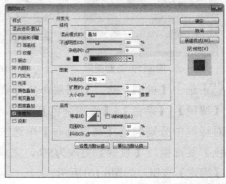

图6.170 设置外发光

⑬ 选中【椭圆 2 拷贝】图层，将其图形颜色更改为黄色（R：137，G：103，B：15），再将其向上移动，如图6.171所示。

图6.171 变换图形

技巧与提示

在移动图形的时候可以先将当前图层下方的部分图层暂时隐藏这样可以更加方便地观察移动后的图形情况。

⑭ 在【图层】面板中，选中【椭圆2 拷贝】图层，单击面板底部的【添加图层样式】 *fx* 按钮，在菜单中选择【投影】命令，在弹出的对话框中将【混合模式】更改为叠加，取消【使用全局光】复选框，【角度】更改为90度，【距离】更改为1像素，【大小】更改为1像素，完成之后单击【确定】按钮，如图6.172所示。

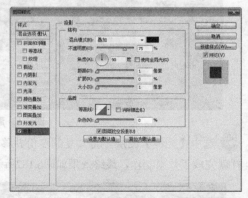

图6.172 设置投影

⑮ 在【图层】面板中，选中【椭圆 2 拷贝 2】图层，单击面板底部的【添加图层样式】 *fx* 按钮，在菜单中选择【渐变叠加】命令，在弹出的对话框中将【混合模式】更改为叠加，【不透明度】更改为45%，【渐变】更改为黑色到透明，完成之后单击【确定】按钮，如图6.173所示。

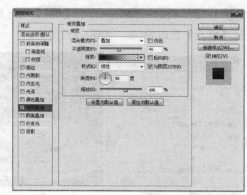

图6.173 设置渐变叠加

⑯ 同时选中除【背景】图层之外的所有图层按Ctrl+G组合键将图层编组，此时将生成一个【组1】组，如图6.174所示。

⑰ 在【图层】面板中，选中【组1】组，将其拖至面板底部的【创建新图层】 按钮上，复制1个【组1拷贝】组，如图6.175所示。

图6.174 将图层编组　　　　图6.175 复制组

⑱ 在【图层】面板中，选中【组1】组，单击面板底部的【添加图层样式】 *fx* 按钮，在菜单中选择【渐变叠加】命令，在弹出的对话框中将【混合模式】更改为叠加，【渐变】更改为黑色到透明，完成之后单击【确定】按钮，如图6.176所示。

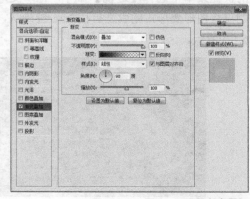

图6.176 设置渐变叠加

⑲ 在【图层】面板中，选中【组1】组，将其图层【填充】更改为0%，如图6.177所示。

图6.177 更改填充

技巧与提示

更改填充之后在画布中按住鼠标左键拖动直至出现倒影效果为止。

⑳ 选择工具箱中的【矩形工具】 ，在选项栏中将【填充】更改为红色（R：205，G：0，B：0），【描边】为无，在绘制的椭圆图形位置绘制一个矩形，此时将生成一个【矩形2】图层，如图6.178所示。

图6.178 绘制图形

㉑ 选中【矩形2】图层，按Ctrl+T组合键对其执行【自由变换】命令，单击鼠标右键，从弹出的快捷菜单中选择【透视】命令，拖动变形框控制点将图形变形，完成之后按Enter键确认，如图6.179所示。

图6.179 将图形变形

㉒ 选中【矩形2】图层，执行菜单栏中的【图层】|【创建剪贴蒙版】命令，为当前图层创建剪贴蒙版将部分图形隐藏，再将其图层混合模式更改为正片叠底，如图6.180所示。

图6.180 创建剪贴蒙版

6.13.3 添加素材

① 执行菜单栏中的【文件】|【打开】命令，打开"光线.psd"文件，将打开的素材拖入画布中展台左侧位置并适当缩小，再将其移至【背景】图层上方，如图6.181所示。

图6.181 添加素材

② 选中【光线】图层，将其复制多份并移动，这样就完成了效果制作，最终效果如图6.182所示。

图6.182 复制图像及最终效果

6.14 制作民族风背景

素材位置　无
案例位置　案例文件\第6章\民族风背景.psd
视频位置　多媒体教学\第6章\6.14.avi
难易指数　★★☆☆☆

　　本例讲解民族风背景制作，本例中的背景具有浓郁的异样风情，不规则图像与小孔图像的组合是整个背景的最大亮点，制作过程比较简单，需要对细节处多加留意，最终效果如图6.183所示。

图6.183 最终效果

6.14.1 绘制条纹

⑴　执行菜单栏中的【文件】|【新建】命令，在弹出的对话框中设置【宽度】为800像素，【高度】为400像素，【分辨率】为72像素/英寸，选择工具箱中的【多边形套索工具】🔗，在画布靠下半部分位置绘制一个不规则图形，如图6.184所示。

图6.184 新建画布绘制选区

⑵　单击面板底部的【创建新图层】📄按钮，新建一个【图层1】图层，选中【图层1】图层，将其填充为黄色（R：253，G：250，B：104），如图6.185所示。

图6.185 新建画布并填充颜色

⑶　在【图层】面板中，选中【图层1】图层，将其拖至面板底部的【创建新图层】📄按钮上，复制1个【图层1 拷贝】图层，如图6.186所示。

⑷　在【图层】面板中，选中【图层1 拷贝】图层，单击面板上方的【锁定透明像素】☒按钮，将透明像素锁定，在画布中将图像填充为蓝色（R：126，G：230，B：223），填充完成之后再次单击此按钮将其解除锁定，如图6.187所示。

图6.186 复制图层　　图6.187 锁定透明像素并填充颜色

⑸　选中【图层1 拷贝】图层，在画布中将图像向下垂直移动，再缩小图像高度，如图6.188所示。

图6.188 移动图像

6.14.2 绘制图形并复制

⑴　选择工具箱中的【椭圆工具】⬭，在选项栏中将【填充】更改为无，【描边】为蓝色（R：0，G：157，B：190），在画布靠左上角位置按住Shift键绘制一个正圆图形，此时将生成一个【椭圆1】图层，如图6.189所示。

图6.189 绘制图形

02 在【图层】面板中，选中【椭圆1】图层，将其拖至面板底部的【创建新图层】 按钮上，复制2个【拷贝】图层，如图6.190所示。

03 选中【椭圆 1 拷贝】图层，按Ctrl+T组合键对其执行【自由变换】命令，将图形等比缩小，完成之后按Enter键确认，再选中【椭圆1 拷贝 2】图层，将【填充】更改为蓝色（R：126，G：230，B：223），【描边】更改为无，以同样的方法将图形等比缩小，如图6.191所示。

图6.190 复制图层　　　图6.191 变换图形

04 同时选中【椭圆1 拷贝 2】、【椭圆1 拷贝】及【椭圆1】图层，将其复制，此时将生成3个【椭圆1 拷贝3】图层，如图6.192所示。

05 选中最上方【椭圆1 拷贝3】图层将其删除，再选中中间【椭圆1 拷贝3】图层，在选项栏中将【填充】更改为无，【描边】中的【大小】更改为2点，在画布中按Ctrl+T组合键对其执行【自由变换】命令，将图形等比缩小，完成之后按Enter键确认，如图6.193所示。

图6.192 复制图层　　　图6.193 缩小图形

06 同时选中所有和椭圆相关的图层，在画布中按住Alt+Shift组合键向右侧拖动将图形复制多份，如图6.194所示。

图6.194 将图形复制

07 同时选中所有与椭圆图形相关的图层，按Ctrl+G组合键将图层编组，此时将生成一个【组1】组，选中【组1】组，在画布中按住Alt+Shift组合键向下拖动将图形复制再按Ctrl+T组合键对其执行【自由变换】命令，单击鼠标右键，从弹出的快捷菜单中选择【水平翻转】命令，完成之后按Enter键确认，如图6.195所示。

图6.195 复制及变换图形

08 以刚才同样的方法选中【组1】组，在画布中将图形复制3份并移至画布底部位置，如图6.196所示。

图6.196 复制图形

09 在【画笔】面板中，选择一个圆角笔触，将【大小】更改为5像素，将【硬度】更改为100%，【间距】更改为300%，如图6.197所示。

10 勾选【形状动态】复选框，将【大小抖动】更改为100%，如图6.198所示。

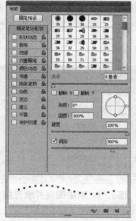

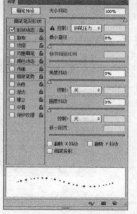

图6.197 设置画笔笔尖形状 　图6.198 设置形状动态

⑪ 勾选【散布】复选框，将【散布】更改为500%，如图6.199所示。

⑫ 勾选【平滑】复选框，如图6.200所示。

图6.199 设置散布 　　　　图6.200 勾选平滑

⑬ 将前景色更改为蓝色（R：126，G：230，B：223），单击面板底部的【创建新图层】按钮，新建一个【图层2】图层，将【图层2】移至【组1】组下方，在画布靠下方位置绘制图像，如图6.201所示。

图6.201 新建图层并绘制图像

6.15 制作绚丽蓝背景

素材位置	无
案例位置	案例文件\第6章\绚丽蓝背景.psd
视频位置	多媒体教学\第6章\6.15.avi
难易指数	★★☆☆☆

　　绚丽蓝背景的制作强调绚丽的特点，整体制作以突出华丽的视觉效果为主，在本例中以蓝色作为主色调，同时添加的光晕及圆点图像为整个图像增添了几分色彩感，最终效果如图6.202所示。

图6.202 最终效果

6.15.1 制作渐变效果

① 执行菜单栏中的【文件】|【新建】命令，在弹出的对话框中设置【宽度】为1000像素，【高度】为400像素，【分辨率】为72像素/英寸，将画布填充为黑色。

② 选择工具箱中的【椭圆工具】，在选项栏中将【填充】更改为蓝色（R：57，G：94，B：170），【描边】为无，绘制一个椭圆图形，此时将生成一个【椭圆1】图层，如图6.203所示。

图6.203 绘制图形

③ 选中【椭圆1】图层，执行菜单栏中的【滤镜】|【模糊】|【高斯模糊】命令，在弹出的对话框中将【半径】更改为80像素，完成之后单击【确定】按钮，如图6.204所示。

图6.204 设置高斯模糊

04 选中【椭圆1】图层，执行菜单栏中的【滤镜】|【模糊】|【动感模糊】命令，在弹出的对话框中将【角度】更改为0度，【距离】更改为500像素，设置完成之后单击【确定】按钮，如图6.205所示。

图6.205 设置动感模糊

6.15.2 绘制图形

01 选择工具箱中的【椭圆工具】，在选项栏中将【填充】更改为蓝色（R：107，G：208，B：255），【描边】为无，在刚才绘制的图的位置再次绘制一个椭圆图形，此时将生成一个【椭圆2】图层，如图6.206所示。

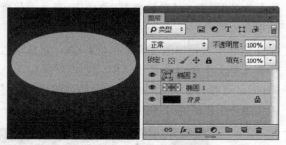

图6.206 绘制图形

02 选中【椭圆1】图层，执行菜单栏中的【滤镜】|【模糊】|【高斯模糊】命令，在弹出的对话框中将【半径】更改为80像素，完成之后单击【确定】按钮，如图6.207所示。

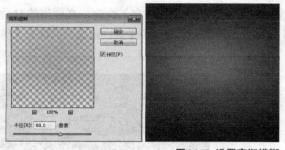

图6.207 设置高斯模糊

03 单击面板底部的【创建新图层】按钮，新建一个【图层1】图层，选中【图层1】图层将其填充为黑色，如图6.208所示。

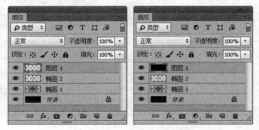

图6.208 新建图层并填充颜色

6.15.3 添加光晕

01 选中【图层1】图层，执行菜单栏中的【滤镜】|【渲染】|【镜头光晕】命令，在弹出的对话框中勾选【50-300毫米变焦】单选按钮，将【亮度】更改为80%，完成之后单击【确定】按钮，如图6.209所示。

图6.209 设置镜头光晕

02 在【图层】面板中，选中【图层1】图层，将其图层混合模式设置为【滤色】，再将图像适当缩小并移动，如图6.210所示。

图6.210 设置图层混合模式

03 在【图层】面板中，选中【图层1】图层，单击面板底部的【添加图层蒙版】按钮，为其图层添加图层蒙版，如图6.211所示。

04 选择工具箱中的【画笔工具】，在画布中单击鼠标右键，在弹出的面板中选择一种圆角笔触，将【大小】更改为300像素，【硬度】更改为0%，如图6.212所示。

 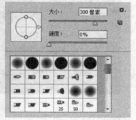

图6.211 添加图层蒙版　　图6.212 设置笔触

05 将前景色更改为黑色，单击【图层1】图层蒙版缩览图，在其图像上部分区域涂抹将其隐藏，如图6.213所示。

图6.213 隐藏图像

06 在【画笔】面板中，选择一个圆角笔触，将【大小】更改为5像素，【间距】更改为1000%，如图6.214所示。

07 勾选【形状动态】复选框，将【大小抖动】更改为80%，如图6.215所示。

图6.214 设置画笔笔尖形状　　图6.215 设置形状动态

08 勾选【散布】复选框，将【散布】更改为1000%，如图6.216所示。

09 勾选【平滑】复选框，如图6.217所示。

图6.216 设置散布　　图6.217 勾选平滑

10 单击面板底部的【创建新图层】按钮，新建一个【图层1】图层，选中【图层1】图层，将前景色更改为白色，在画布中拖动鼠标添加图像，如图6.218所示。

图6.218 添加图像

11 在【图层】面板中，选中【图层1】图层，将其图层混合模式设置为【叠加】，【不透明度】更改为0%，这样就完成了效果制作，最终效果如图6.219所示。

图6.219 设置图层混合模式及最终效果

6.16　制作动感舞台背景

素材位置　无
案例位置　案例文件\第6章\动感舞台背景.psd
视频位置　多媒体教学\第6章\6.16.avi
难易指数　★★★☆☆

本例讲解动感舞台背景制作，本例的制作步

骤稍显烦琐，整个制作以模拟舞台效果为主，通过图形图像的组合达到动感舞台的最终视觉效果，最终效果如图6.220所示。

图6.220 最终效果

6.16.1 制作背景

01 执行菜单栏中的【文件】|【新建】命令，在弹出的对话框中设置【宽度】为1000像素，【高度】为450像素，【分辨率】为72像素/英寸，新建一个空白画布。

02 选择工具箱中的【渐变工具】 ▇ ，编辑蓝色（R：0，G：16，B：106）到深蓝色（R：0，G：6，B：55）的渐变，单击选项栏中的【线性渐变】 ▇ 按钮，在画布中从上至下拖动为其填充渐变，如图6.221所示。

图6.221 新建画布并填充渐变

03 单击面板底部的【创建新图层】 ▢ 按钮，新建一个【图层1】图层，如图6.222所示。

04 选择工具箱中的【画笔工具】 ✎ ，在画布中单击鼠标右键，在弹出的面板中选择一种圆角笔触，将【大小】更改为250像素，【硬度】更改为0%，如图6.223所示。

图6.222 新建图层

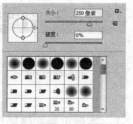

图6.223 设置笔触

05 将前景色更改为蓝色（R：2，G：144，B：230），在画布中部分位置单击添加图像，如图6.224所示。

图6.224 添加图像

06 选中【图层1】图层，执行菜单栏中的【滤镜】|【模糊】|【高斯模糊】命令，在弹出的对话框中将【半径】更改为50像素，完成之后单击【确定】按钮，如图6.225所示。

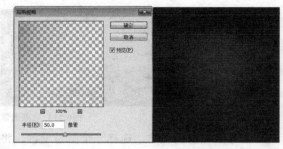

图6.225 设置高斯模糊

07 以同样的方法添加多个图像，如图6.226所示。

图6.226 添加图像

> **技巧与提示**
> 在添加图像的时候可以不断更改前景色及背景色，这样可以使效果更加自然。

6.16.2 绘制图形

01 选择工具箱中的【椭圆工具】 ⬭ ，在选项栏中将【填充】更改为蓝色（R：5，G：43，B：232），【描边】为无，在画布靠底部绘制一个椭圆图形，此时将生成一个【椭圆1】图层，如图6.227所示。

图6.227 绘制图形

02 选中【椭圆1】图层，将其复制，此时将生成一个【椭圆1 拷贝】图层，将拷贝图层中的图形颜色更改为蓝色（R：25，G：134，B：255），将图形等比缩小，如图6.228所示。

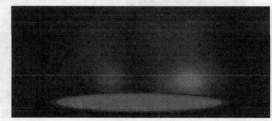

图6.228 复制并变换图形

03 以同样的方法将图形再复制一份，并将图形颜色稍微减淡。

04 选择工具箱中的【椭圆工具】，在选项栏中将【填充】更改为白色，【描边】为无，在刚才绘制的椭圆图形位置再绘制一个椭圆图形，此时将生成一个【椭圆2】图层，如图6.229所示。

图6.229 绘制图形

05 选中【椭圆2】图层，按Ctrl+Alt+F组合键打开【高斯模糊】命令对话框，在弹出的对话框中将【半径】更改为50像素，完成之后单击【确定】按钮，如图6.230所示。

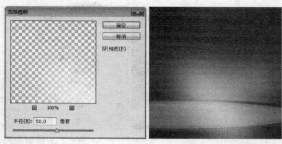

图6.230 设置高斯模糊

06 选中【椭圆2】图层，执行菜单栏中的【图层】|【创建剪贴蒙版】命令，为当前图层创建剪贴蒙版将部分图像隐藏，如图6.231所示。

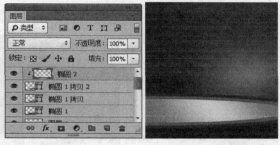

图6.231 创建剪贴蒙版

07 选中【椭圆1】图层，按Ctrl+Alt+F组合键打开【高斯模糊】命令对话框，在弹出的对话框中将【半径】更改为25像素，完成之后单击【确定】按钮，如图6.232所示。

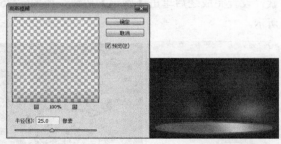

图6.232 设置高斯模糊

08 选择工具箱中的【椭圆工具】，在选项栏中将【填充】更改为蓝色（R：24，G：123，B：220），【描边】为无，在画布靠左侧位置绘制一个椭圆图形，此时将生成一个【椭圆3】图层，如图6.233所示。

图6.233 绘制图形

09 选中【椭圆3】图层，再将其复制一个拷贝图层，选中【椭圆1】图层，按Ctrl+Alt+F组合键打开【高斯模糊】命令对话框，在弹出的对话框中将【半径】更改为5像素，完成之后单击【确定】按钮，如图6.234所示。

图6.234 设置高斯模糊

10 选中【椭圆3】图层，执行菜单栏中的【滤镜】|【模糊】|【动感模糊】命令，在弹出的对话框中将【角度】更改为0度，【距离】更改为200像素，设置完成之后单击【确定】按钮，如图6.235所示。

图6.235 设置动感模糊

11 选中【椭圆3】图层，按Ctrl+T组合键对其执行【自由变换】命令，将图像适当旋转，完成之后按Enter键确认，再按住Alt键将图像复制多份并将部分图像适当缩小，如图6.236所示。

图6.236 复制及变换图像

12 选择工具箱中的【直线工具】 ，在选项栏中将【填充】更改为白色，【描边】为无，【粗细】更改为1点，在刚才绘制的部分图像位置绘制线段，此时将生成一个【形状1】图层，如图6.237所示。

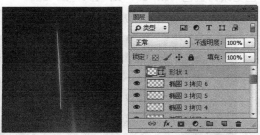

图6.237 绘制图形

13 在【图层】面板中，选中【形状1】图层，单击面板底部的【添加图层蒙版】 按钮，为其图层添加图层蒙版，如图6.238所示。

14 选择工具箱中的【渐变工具】 ，编辑黑色到白色的渐变，单击选项栏中的【线性渐变】 按钮，单击【形状1】图层蒙版缩览图，在画布中拖动其图形将部分图形隐藏，如图6.239所示。

图6.238 添加图层蒙版　图6.239 设置渐变并隐藏图形

15 选中【形状1】图层，在画布中按住Alt键将图像复制多份并移到相应的图像位置，再更改部分图层的图层混合模式，如图6.240所示。

图6.240 复制并变换图像

⑯ 选择工具箱中的【钢笔工具】，在选项栏中单击【选择工具模式】 路径 ◆ 按钮，在弹出的选项中选择【形状】，将【填充】更改为白色，【描边】更改为无，在画布左侧位置绘制一个不规则图形，此时将生成一个【形状1】图层，如图6.241所示。

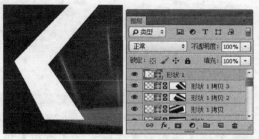

图6.241 绘制图形

⑰ 在【图层】面板中，选中【形状1】图层，单击面板底部的【添加图层样式】fx按钮，在菜单中选择【渐变叠加】命令，在弹出的对话框中将【渐变】更改为蓝色（R：0，G：47，B：65）到蓝色（R：0，G：136，B：188），完成之后单击【确定】按钮，如图6.242所示。

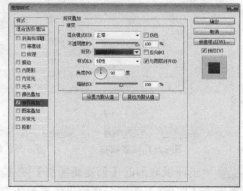

图6.242 设置渐变叠加

⑱ 选中【形状1】图层，在画布中按住Alt+Shift组合键向左侧拖动将图形复制，此时将生成一个

【形状1拷贝4】图层，双击【形状1拷贝4】图层样式名称，在弹出的对话框中将【渐变】更改为蓝色（R：2，G：43，B：163）到蓝色（R：60，G：220，B：247），如图6.243所示。

图6.243 复制图像

⑲ 在【图层】面板中，同时选中【形状1】及【形状1拷贝4】图层，将其拖至面板底部的【创建新图层】按钮上，复制1个相应的拷贝图层，在画布中按Ctrl+T组合键对其执行【自由变换】命令，单击鼠标右键，从弹出的快捷菜单中选择【水平翻转】命令，完成之后按Enter键确认，如图6.244所示。

图6.244 复制图层并变换图形

⑳ 选择工具箱中的【椭圆工具】，在选项栏中将【填充】更改为青色（R：60，G：220，B：247），【描边】为无，在刚才绘制的图形左侧底部位置绘制一个椭圆图形，此时将生成一个【椭圆4】图层，如图6.245所示。

图6.245 绘制图形

㉑ 选中【椭圆4】图层，执行菜单栏中的【滤镜】|【模糊】|【高斯模糊】命令，在弹出的对话框中将【半径】更改为5像素，完成之后单击【确定】按钮，如图6.246所示。

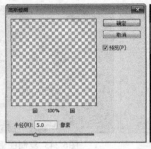

图6.246 设置高斯模糊

㉒ 选中【椭圆4】图层，执行菜单栏中的【滤镜】|【模糊】|【动感模糊】命令，在弹出的对话框中将【角度】更改为0度，【距离】更改为150像素，设置完成之后单击【确定】按钮，如图6.247所示。

图6.247 设置动感模糊

㉓ 在【图层】面板中，选中【椭圆4】图层，将其拖至面板底部的【创建新图层】按钮上，复制1个【椭圆4 拷贝】图层，选中【椭圆4 拷贝】图层，在画布中将其向右侧平移，如图6.248所示。

图6.248 复制图层并移动图像

6.16.3 添加特效图像

① 在【画笔】面板中，选择一个圆角笔触，将【大小】更改为20像素，【间距】更改为500%，如图6.249所示。

② 勾选【形状动态】复选框，将【大小抖动】更改为80%，如图6.250所示。

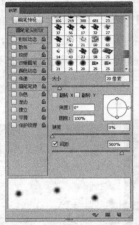

图6.249 设置画笔笔尖形状　　图6.250 设置形状动态

③ 勾选【散布】复选框，将【散布】更改为1000%，如图6.251所示。

④ 勾选【平滑】复选框，如图6.252所示。

图6.251 设置散布　　图6.252 勾选平滑

⑤ 单击面板底部的【创建新图层】按钮，新建一个【图层5】图层，将前景色更改为白色，选中【图层5】图层，在画布中拖动鼠标添加图像，如图6.253所示。

图6.253 添加图像

06 在【图层】面板中，选中【图层5】图层，单击面板底部的【添加图层样式】 *fx* 按钮，在菜单中选择【外发光】命令，在弹出的对话框中将【混合模式】更改为正常，【颜色】更改为青色（R：0，G：215，B：255），【大小】更改为15像素，完成之后单击【确定】按钮，如图6.254所示。

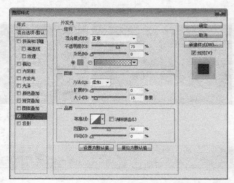

图6.254 设置外发光

07 单击面板底部的【创建新图层】 按钮，新建一个【图层6】图层，选中【图层6】图层将其填充为黑色，如图6.255所示。

图6.255 新建图层并填充颜色

08 选中【图层6】图层，执行菜单栏中的【滤镜】|【渲染】|【镜头光晕】命令，在弹出的对话框中勾选【50-300毫米变焦】单选按钮，将【亮度】更改为100%，完成之后单击【确定】按钮，如图6.256所示。

图6.256 设置镜头光晕

09 在【图层】面板中，选中【图层6】图层，将其图层混合模式设置为【滤色】，【不透明度】更改为60%，这样就完成了效果制作，最终效果如图6.257所示。

图6.257 设置图层混合模式及最终效果

6.17 本章小结

　　背景在广告中起到一个绝对的视觉引导效应，它是广告整体的根基，所有完美的广告都是建立在合适的背景之上，在本章中讲解了多个以经典背景为代表的案例，通过实战练习熟练掌握背景制作。

6.18 课后习题

　　本章安排了5个课后习题，通过本章的习题制作，对华丽背景有一个认识，为真正的广告制作打下基础。

6.18.1 课后习题1——制作蓝色系背景

素材位置　无
案例位置　案例文件\第6章\蓝色系背景.psd
视频位置　多媒体教学\6.18.1 课后习题1.avi
难易指数　★☆☆☆☆

　　本例在制作过程中以弧形为分隔图形，同时背景采用经典蓝色系，在视觉感受上比较和谐舒适，最终效果如图6.258所示。

图6.258 最终效果

　　步骤分解如图6.259所示。

图6.259 步骤分解图

6.18.2 课后习题2——制作板块背景

素材位置　无
案例位置　案例文件\第6章\板块背景.psd
视频位置　多媒体教学\6.18.2 课后习题2.avi
难易指数　★★☆☆☆

　　板块背景的制作过程比较简单，重点注意板块图形的大小及色彩对比效果，最终效果如图6.260所示。

图6.260 最终效果

　　步骤分解如图6.261所示。

图6.261 步骤分解图

6.18.3 课后习题3——制作柠檬黄背景

素材位置　无
案例位置　案例文件\第6章\柠檬黄背景.psd
视频位置　多媒体教学\6.18.3 课后习题3.avi
难易指数　★★☆☆☆

　　柠檬黄背景在制作过程中以美味的柠檬黄为主色调，通过不规则图形的组合使整个画布呈现一种立体空间感，同时折纸特效图形可以带给人们更多遐想，最终效果如图6.262所示。

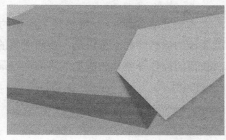

图6.262 最终效果

　　步骤分解如图6.263所示。

图6.263 步骤分解图

6.18.4 课后习题4——制作条纹律动背景

素材位置　素材文件\第6章\条纹律动背景
案例位置　案例文件\第6章\条纹律动背景.psd
视频位置　多媒体教学\6.18.4 课后习题4.avi
难易指数　★★☆☆☆

　　本例讲解条纹律动背景，在制作过程中以女性化视角，通过柔和色彩搭配及图案的添加，使整个背景的视觉效果十分美，最终效果如图6.264所示。

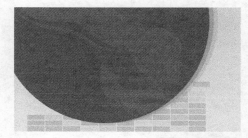

图6.264 最终效果

　　步骤分解如图6.265所示。

图6.265 步骤分解图

6.18.5 课后习题5——制作城市舞台背景

素材位置　素材文件\第6章\城市舞台背景
案例位置　案例文件\第6章\城市舞台背景 .psd
视频位置　多媒体教学\6.18.5 课后习题5.avi
难易指数　★★★☆☆

　　本例主要讲解白金质感开关按钮的制作，此款图标的质感同样十分出色，金属质感的图标搭配科技蓝的控件令整体的视觉效果惊艳。最终效果如图6.266所示。

图6.266 最终效果

　　步骤分解如图6.267所示。

图6.267 步骤分解图

第7章

艺术字体制作

本章讲解艺术字体制作，艺术字体在淘宝店铺装修中十分常见，假如背景为整个广告最重点的部分，而艺术字体则可以快速地引导顾客进入购买流程，同时具有极强的吸引力。对于不同的商品广告有着不同的字体制作技巧。

学习目标

学习制作动感投影字

掌握美食主题口味字的制作

学会制作立体方块字

了解折扣字的制作思路

7.1 制作变形旅游季文字效果

素材位置　素材文件\第7章\变形旅游季文字
案例位置　案例文件\第7章\变形旅游季文字.psd
视频位置　多媒体教学\第7章\7.1.avi
难易指数　★★★☆☆

　　本例讲解变形旅游季文字效果的制作，变形旅游季文字效果制作的思路十分明确，一切围绕旅游元素进行，从配色到图形摆放到素材图像的添加，围绕旅游主题进行，整个制作过程需要一定的扩展思维，通过多种图形图像的组合制作出本例中这样一款出色的旅游字，最终效果如图7.1所示。

图7.1 最终效果

7.1.1 绘制折纸效果

01 执行菜单栏中的【文件】|【打开】命令，打开"背景.jpg"文件，选择工具箱中的【矩形工具】█，在选项栏中将【填充】更改为绿色（R：55，G：155，B：57），【描边】为无，在画布中绘制一个矩形，此时将生成一个【矩形1】图层，如图7.2所示。

图7.2 绘制图形

02 在【图层】面板中，选中【矩形1】图层，将其拖至面板底部的【创建新图层】█按钮上，复制1个【矩形1 拷贝】图层，如图7.3所示。

03 选中【矩形1 拷贝】图层，将其图形颜色更改为绿色（R：92，G：180，B：55），在画布中将其向上移动并适当增加其高度，如图7.4所示。

图7.3 复制图层　　　　　图7.4 变换图形

04 选择工具箱中的【钢笔工具】✍，在选项栏中单击【选择工具模式】█按钮，在弹出的选项中选择【形状】，将【填充】更改为绿色（R：70，G：164，B：60），【描边】更改为无，在两个矩形之间位置绘制一个不规则图形，此时将生成一个【形状1】图层，如图7.5所示。

图7.5 绘制图形

05 以同样的方法在图形左下角位置再次绘制一个不规则图形，将其颜色更改为绿色（R：128，G：190，B：50），此时将生成一个【形状2】图层，如图7.6所示。

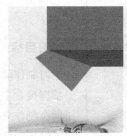

图7.6 绘制图形

06 以同样的方法再次绘制两个图形，如图7.7所示。

图7.7 绘制图形

技巧与提示

再次绘制的图形以醒目颜色为主，可以根据自己的感觉设定数值，前提是能够突出图形的立体感。

7.1.2 添加文字

01 选择工具箱中的【横排文字工具】 T ，在画布适当位置添加文字，如图7.8所示。

02 在【旅游季】图层名称上单击鼠标右键，从弹出的快捷菜单中选择【转换为形状】命令，如图7.9所示。

图7.8 添加文字　　　图7.9 转换形状

03 选择工具箱中的【直接选择工具】 ，拖动文字锚点将其变形，如图7.10所示。

04 执行菜单栏中的【文件】|【打开】命令，打开"鸟.psd"文件，将打开的素材拖入画布中并适当缩小，如图7.11所示。

图7.10 将文字变形　　　图7.11 添加素材

05 在【图层】面板中，选中【旅游季】图层，单击面板底部的【添加图层样式】 fx 按钮，在菜单中选择【投影】命令，在弹出的对话框中将【不透明度】更改为30%，【角度】更改为126度，【距离】更改为3像素，【扩展】更改为100%，完成之后单击【确定】按钮，如图7.12所示。

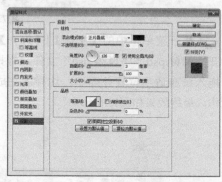

图7.12 设置投影

06 在【旅游季】图层上单击鼠标右键，从弹出的快捷菜单中选择【拷贝图层样式】命令，同时选中【春天踏青之旅】及【踏青之旅 放松选择】图层，在其图层名称上单击鼠标右键，从弹出的快捷菜单中选择【粘贴图层样式】命令，如图7.13所示。

图7.13 复制并粘贴图层样式

技巧与提示

粘贴图层样式之后可以根据自己观察的效果适当降低投影的距离及大小。

07 选择工具箱中的【钢笔工具】 ，在选项栏中单击【选择工具模式】 路径 按钮，在弹出的选项中选择【形状】，将【填充】更改为绿色（R：70，G：164，B：60），【描边】更改为无，在【矩形1 拷贝】图层中图形左上角位置绘制一个不规则图形，此时将生成一个【形状5】图层，如图7.14所示。

图7.14 绘制图形

08 执行菜单栏中的【文件】|【打开】命令，打
开"椰树.psd""风筝.psd"文件，将打开的素材
拖入画布适当位置并缩小，这样就完成了效果制
作，最终效果如图7.15所示。

图7.15 添加素材及最终效果

7.2　制作时尚文字效果

素材位置　素材文件\第7章\时尚字
案例位置　案例文件\第7章\时尚字.psd
视频位置　多媒体教学\第7章\7.2.avi
难易指数　★★☆☆☆

　　本例讲解制作时尚文字效果，本例中的字体
看似简单，却十分大方，以简单的剪贴蒙版命令制
作出出色的时尚字体效果，并且与背景十分协调，
最终效果如图7.16所示。

图7.16 最终效果

7.2.1　添加并处理文字

01 执行菜单栏中的【文件】|【打开】命令，打
开"背景.jpg"文件，选择工具箱中的【横排文
字工具】T，在画布中适当位置添加文字，如图
7.17所示。

图7.17 打开素材并添加文字

02 执行菜单栏中的【文件】|【打开】命令，
打开"世界地图.psd"文件，将打开的素材拖入
画布中【OFF】文字左侧圆中并缩小，如图7.18
所示。

图7.18 添加素材

03 选择工具箱中的【矩形工具】，在选项栏
中将【填充】更改为红色（R：210，G：2，B：
74），【描边】为无，在文字左上角位置绘制一个
矩形，此时将生成一个【矩形1】图层，将【矩形
1】图层移至【30%】文字上方，如图7.19所示。

图7.19 绘制图形

04 选中【矩形1】图层,执行菜单栏中的【图层】|【创建剪贴蒙版】命令,为当前图层创建剪贴蒙版将部分图形隐藏,此时将生成一个【矩形1拷贝】图层,如图7.20所示。

图7.20 创建剪贴蒙版

05 选中【矩形1 拷贝】图层,将其复制并移至文字右下角位置,以同样的方法创建剪贴蒙版效果,如图7.21所示。

图7.21 复制图层并创建剪贴蒙版

06 同时选中除【背景】、【NEW FASHION/大牌】及【海外购】外的图层,按Ctrl+G组合键将其编组,此时将生成一个【组1】组,如图7.22所示。

图7.22 将图层编组并合并组

7.2.2 绘制图形

01 选择工具箱中的【矩形工具】,在选项栏中将【填充】更改为蓝色(R:46,G:112,B:224),【描边】为无,在文字适当位置再次绘制一个矩形,此时将生成一个【矩形2】图层,将

【矩形2】图层移至【组1】组上方,选中【矩形2】图层,以刚才同样的方法创建剪贴蒙版效果将部分图形隐藏,如图7.23所示。

图7.23 创建剪贴蒙版

02 选择工具箱中的【椭圆工具】,在选项栏中将【填充】更改为白色,【描边】为无,在画布靠左侧位置按住Shift键绘制一个正圆图形,此时将生成一个【椭圆1】图层,如图7.24所示。

图7.24 绘制图形

03 选中【椭圆1】图层,执行菜单栏中的【滤镜】|【模糊】|【高斯模糊】命令,在弹出的对话框中将【半径】更改为100像素,完成之后单击【确定】按钮,如图7.25所示。

图7.25 设置高斯模糊

04 执行菜单栏中的【文件】|【打开】命令,打开"标志.jpg"文件,将打开的素材拖入画布右上角位置并适当缩小,这样就完成了效果制作,最终效果如图7.26所示。

图7.26 添加素材及最终效果

7.3 制作舞台变形字

素材位置　素材文件\第7章\舞台变形字
案例位置　案例文件\第7章\舞台变形字.psd
视频位置　多媒体教学\第7章\7.3.avi
难易指数　★★★☆☆

　　本例讲解制作舞台变形字，舞台变形字意在强调华丽的展示效果，以模拟舞台为背景，在文字制作过程中采用变形与特效相结合的方式，最终效果如图7.27所示。

图7.27 最终效果

7.3.1 变形文字

01 执行菜单栏中的【文件】|【打开】命令，打开"背景.jpg"文件，如图7.28所示。

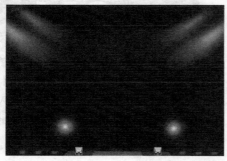

图7.28 打开素材

02 选择工具箱中的【横排文字工具】 T，在适当位置添加文字，如图7.29所示。

03 在文字图层名称上右击鼠标，从弹出的快捷菜单中选择【转换为形状】命令，如图7.30所示。

图7.29 添加文字　　　　　**图7.30 转换形状**

04 选中【年终大促】图层，按Ctrl+T组合键对其执行【自由变换】命令，单击鼠标右键，从弹出的快捷菜单中选择【斜切】命令，拖动变形框将文字变形，完成之后按Enter键确认，如图7.31所示。

05 选择工具箱中的【直接选择工具】 ，拖动文字锚点将其变形，如图7.32所示。

图7.31 将文字变形　　　　　**图7.32 调整文字**

06 在【图层】面板中，选中【年终大促】图层，将其拖至面板底部的【创建新图层】 按钮上，复制1个【年终大促 拷贝】图层，选中【年终大促】图层，将文字颜色更改为深紫色（R：40，G：18，B：80），再将其向右下角方向稍微移动，如图7.33所示。

图7.33 复制图层并移动文字

07 选中【年终大促】图层，单击面板底部的【创建新图层】 按钮，新建一个【图层1】图层，选中【图层1】图层按Ctrl+Alt+G组合键创建剪贴蒙版，如图7.34所示。

⑧ 选择工具箱中的【画笔工具】 ，在画布中单击鼠标右键，在弹出的面板中选择一种圆角笔触，将【大小】更改为90像素，【硬度】更改为0%，如图7.35所示。

图7.34 创建剪贴蒙版　　图7.35 设置笔触

7.3.2 绘制路径

① 将前景色更改为紫色（R：178，G：50，B：107），选中【图层1】图层，在画布中文字部分位置单击添加颜色，如图7.36所示。

图7.36 添加颜色

② 选择工具箱中的【钢笔工具】 ，在文字下方位置绘制一条路径，如图7.37所示。

图7.37 绘制路径

③ 单击面板底部的【创建新图层】 按钮，新建一个【图层2】图层，如图7.38所示。

④ 选择工具箱中的【画笔工具】 ，在画布中单击鼠标右键，在弹出的面板中选择一种圆角笔触，将【大小】更改为3像素，【硬度】更改为100%，如图7.39所示。

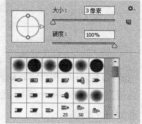

图7.38 新建图层　　图7.39 设置笔触

⑤ 选中【图层2】图层，将前景色更改为黄色（R：255，G：232，B：182），在【路径】面板中，在【工作路径】名称上右击鼠标，从弹出的快捷菜单中选择【描边路径】命令，在弹出的对话框中选择工具为【画笔】，确认勾选【模拟压力】复选框，完成之后单击【确定】按钮，如图7.40所示。

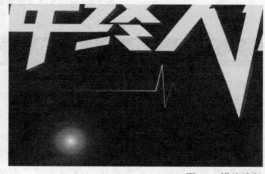

图7.40 描边路径

⑥ 在【图层】面板中，选中【图层2】图层，单击面板底部的【添加图层样式】 按钮，在菜单中选择【外发光】命令，在弹出的对话框中将【颜色】更改为白色，【大小】更改为8像素，完成之后单击【确定】按钮，如图7.41所示。

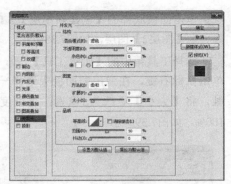

图7.41 设置外发光

07 选择工具箱中的【横排文字工具】T，在适当位置添加文字，这样就完成了效果制作，最终效果如图7.42所示。

图7.42 添加文字及最终效果

7.4 制作"牛仔"效果文字

素材位置	素材文件\第7章\牛仔字
案例位置	案例文件\第7章\牛仔字.psd
视频位置	多媒体教学\第7章\7.4.avi
难易指数	★★★☆☆

本例讲解制作"牛仔"效果文字，"牛仔"字顾名思义是以突出表现牛仔纹理的文字，它的最大特点是体现出字体的纹理及质感，同时也增强了广告中的商业效应，最终效果如图7.43所示。

图7.43 最终效果

7.4.1 处理文字

01 执行菜单栏中的【文件】|【打开】命令，打开"背景.jpg"文件，选择工具箱中的【横排文字工具】T，在画布适当位置添加文字，如图7.44所示。

图7.44 打开素材并添加文字

02 执行菜单栏中的【文件】|【打开】命令，打开"牛仔纹理.jpg"文件，将打开的素材拖入画布中文字位置并适当缩小，其图层名称将自动更改为【图层1】，如图7.45所示。

图7.45 添加素材

03 选中【图层1】图层，执行菜单栏中的【图层】|【创建剪贴蒙版】命令，为当前图层创建剪贴蒙版将部分图像隐藏，如图7.46所示。

图7.46 创建剪贴蒙版

04 在【图层】面板中，选中【图层1】图层，单击面板底部的【添加图层样式】fx按钮，在菜单中选择【投影】命令，在弹出的对话框中将【不透明度】更改为30%，【距离】更改为3像素，【大小】更改为2像素，完成之后单击【确定】按钮，如图7.47所示。

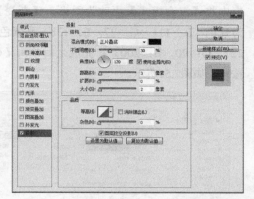

图7.47 设置投影

7.4.2 添加图像

01 单击面板底部的【创建新图层】 ▢ 按钮，新建一个【图层2】图层，如图7.48所示。

02 选择工具箱中的【画笔工具】 ✏，在画布中单击鼠标右键，在弹出的面板中选择一种圆角笔触，将【大小】更改为150像素，【硬度】更改为0%，如图7.49所示。

 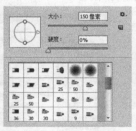

图7.48 新建图层　　　　　图7.49 设置笔触

03 将前景色更改为白色，选中【图层2】图层，在画布中牛仔字位置单击添加图像，如图7.50所示。

图7.50 添加图像

04 在【图层】面板中，选中【图层2】图层，将其图层混合模式设置为【叠加】，如图7.51所示。

图7.51 设置图层混合模式

05 选中【图层2】图层，执行菜单栏中的【图层】|【创建剪贴蒙版】命令，为当前图层创建剪贴蒙版将部分图像隐藏，这样就完成了效果制作，最终效果如图7.52所示。

图7.52 创建剪贴蒙版及最终效果

7.5 制作"科技风"文字效果

素材位置　素材文件\第7章\科技字
案例位置　案例文件\第7章\科技字.psd
视频位置　多媒体教学\第7章\7.5.avi
难易指数　★★☆☆☆

本例讲解制作"科技风"文字效果，本例中的字体十分具有科技感，蓝色系的描边及发光效果与整个画面中的图像十分搭配，同时添加的素材光线图像为整个字体增色不少，最终效果如图7.53所示。

图7.53 最终效果

7.5.1 为文字添加样式

01 执行菜单栏中的【文件】|【打开】命令，打开"背景.jpg"文件，选择工具箱中的【横排文字工具】 T ，在画布中适当位置添加文字（字体：MStiffHei HKS，大小：120点），如图7.54所示。

图7.54 打开素材并添加文字

02 在【最炫科技风】图层名称上单击鼠标右键，从弹出的快捷菜单中选择【转换为形状】命令，如图7.55所示。

03 选中【最炫科技风】图层，按Ctrl+T组合键对其执行【自由变换】命令，适当增加其高度，再单击鼠标右键，从弹出的快捷菜单选择【斜切】命令，将其斜切变形完成之后按Enter键确认，如图7.56所示。

图7.55 转换形状　　图7.56 将文字变形

04 在【图层】面板中，选中【最炫科技风】图

层，单击面板底部的【添加图层样式】 *fx* 按钮，在菜单中选择【渐变叠加】命令，在弹出的对话框中将【混合模式】更改为柔光，【渐变】更改为紫色（R：111，G：27，B：138）到紫色（R：222，G：90，B：200），完成之后单击【确定】按钮，如图7.57所示。

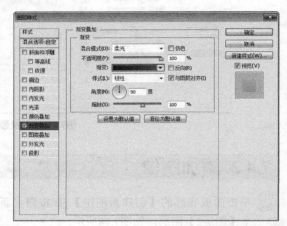

图7.57 设置渐变叠加

05 勾选【外发光】复选框，将【混合模式】更改为滤色，【颜色】更改为蓝色（R：93，G：217，B：230），【大小】更改为10像素，如图7.58所示。

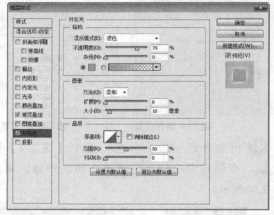

图7.58 设置外发光

06 勾选【投影】复选框，将【混合模式】更改为正片叠底，【颜色】更改为紫色（R：100，G：2，B：130），取消【使用全局光】复选框，【角度】更改为90度，【距离】更改为3像素，【大小】更改为3像素，完成之后单击【确定】按钮，如图7.59所示。

图7.59　设置投影

07　在【图层】面板中，选中【最炫科技风】图层，将其图层【填充】更改为0%，如图7.60所示。

图7.60　更改填充

08　在【图层】面板中，选中【最炫科技风】图层，将其拖至面板底部的【创建新图层】 按钮上，复制1个【最炫科技风 拷贝】图层，双击【最炫科技风 拷贝】图层样式名称，在弹出的对话框中勾选【描边】复选框，将【大小】更改为2像素，【颜色】更改为青色（R：146，G：250，B：255），如图7.61所示，完成之后单击【确定】按钮，选中【渐变叠加】复选框，将【混合模式】更改为变亮，将【投影】图层样式删除。

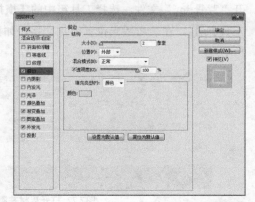

图7.61　设置描边

09　在【图层】面板中的【最炫科技风】组图层样式名称上右击鼠标从弹出的快捷菜单中选择【创建图层】命令，此时将生成【"最炫科技风"的渐变填充】、【"最炫科技风"的外发光】及【"最炫科技风"的投影】3个新的图层，如图7.62所示。

图7.62　创建图层

技巧与提示

当弹出【此"效果"无法与图层一起复制！】对话框时直接单击【确定】按钮关闭即可。

10　在【图层】面板中，选中【"最炫科技风"的外发光】图层，单击面板底部的【添加图层蒙版】 按钮，为其图层添加图层蒙版，如图7.63所示。

11　按住Ctrl键单击【最炫科技风 拷贝】图层缩览图将其载入选区，如图7.64所示。

图7.63　添加图层蒙版　　　　图7.64　载入选区

12　将选区填充为黑色将部分图层样式隐藏，完成之后按Ctrl+D组合键将选区取消，如图7.65所示。

图7.65　隐藏图层样式

⑬ 在【图层】面板中，选中【最炫科技风 拷贝】图层，单击面板底部的【添加图层蒙版】按钮，为其图层添加图层蒙版，如图7.66所示。

⑭ 选择工具箱中的【画笔工具】，在画布中单击鼠标右键，在弹出的面板中选择一种圆角笔触，将【大小】更改为180像素，【硬度】更改为0%，如图7.67所示。

图7.66 添加图层蒙版　　　图7.67 设置笔触

⑮ 将前景色更改为黑色，在文字部分区域单击将其隐藏，如图7.68所示。

图7.68 隐藏文字

7.5.2 添加素材

① 执行菜单栏中的【文件】|【打开】命令，打开"光线.psd"文件，将打开的素材拖入画布中文字右上角位置并适当缩小，如图7.69所示。

图7.69 添加素材

② 在【图层】面板中，选中【光线】图层，将其图层混合模式设置为【叠加】，【不透明度】更改为0%，这样就完成了效果制作，最终效果如图7.70所示。

图7.70 最终效果

7.6 制作"针织"文字效果

素材位置	素材文件\第7章\针织字
案例位置	案例文件\第7章\针织字.psd
视频位置	多媒体教学\第7章\7.6.avi
难易指数	★★★☆☆

本例讲解制作"针织"文字效果，"针织"字类似于牛仔字，它们的共同点都是突出字体的纹理，具有很强的可识别性及特征，此类字体的制作一般用于服饰、针织类商品广告中，最终效果如图7.71所示。

图7.71 最终效果

7.6.1 添加文字

① 执行菜单栏中的【文件】|【打开】命令，打开"背景.jpg"文件，选择工具箱中的【横排文字工具】T，在画布适当位置添加文字，如图7.72所示。

图7.72 打开素材并添加文字

02 同时选中所有的文字图层，按Ctrl+G组合键将其编组，此时将生成一个【组1】组，如图7.73所示。

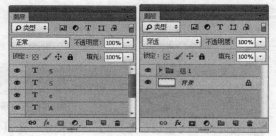

图7.73 将图层编组

03 执行菜单栏中的【文件】|【打开】命令，打开"针织纹理.jpg"文件，如图7.74所示。

04 执行菜单栏中的【图像】|【调整】|【去色】命令，将当前图像中的颜色信息去除，如图7.75所示。

图7.74 打开素材　　　　　图7.75 去色

7.6.2 定义图案

01 执行菜单栏中的【编辑】|【定义图案】命令，在弹出的对话框中将【名称】更改为针织纹理，完成之后单击【确定】按钮，如图7.76所示。

图7.76 设置针织纹理

02 在【图层】面板中，选中【组1】组，单击面板底部的【添加图层样式】 fx 按钮，在菜单中选择【图案叠加】命令，在弹出的对话框中将【图案】更改为刚才定义的【针织纹理】，如图7.77所示。

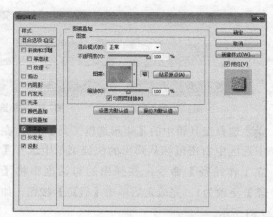

图7.77 设置图案叠加

03 勾选【投影】复选框，将【不透明度】更改为50%，取消【使用全局光】复选框，【角度】更改为90度，【距离】更改为3像素，【大小】更改为3像素，完成之后单击【确定】按钮，如图7.78所示。

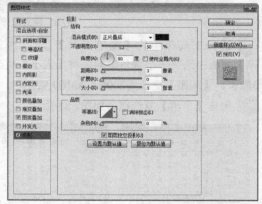

图7.78 设置投影

7.6.3 制作虚线

01 按住Ctrl键单击【组1】中的任意一个图层缩览图将其载入选区，再按住Ctrl+Shift组合键单击其他几个文字缩览图将其添加至选区，如图7.79所示。

02 在画布中执行菜单栏中的【选择】|【修改】|【收缩】命令，在弹出的对话框中将【收缩量】更改为6像素，完成之后单击【确定】按钮，如图7.80所示。

图7.79 载入选区　　图7.80 收缩选区

03 选择工具箱中的【矩形选框工具】 ▢ ，在画中选区中右击鼠标从弹出的快捷菜单中选择【建立工作路径】命令，在弹出的对话框中将【容差】更改为1，完成之后单击【确定】按钮，如图7.81所示。

图7.81 建立工作路径

04 选择工具箱中的【画笔工具】 ✎ ，在【画笔】面板中选择一个圆角笔触，将【大小】更改为3像素，【间距】更改为200%，如图7.82所示。

05 勾选【平滑】复选框，如图7.83所示。

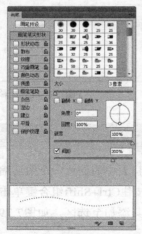

图7.82 设置画笔笔尖形状　　图7.83 勾选平滑

06 单击面板底部的【创建新图层】 ◻ 按钮，新建一个【图层1】图层，将前景色更改为白色，选中【图层1】图层，在【路径】面板中的【工作路径】名称上右击鼠标从弹出的快捷菜单中选择【描边路径】命令，在弹出的对话框中选择【工具】为画

笔，完成之后单击【确定】按钮，如图7.84所示。

图7.84 描边路径

07 同时选中【图层1 拷贝2】、【图层1 拷贝】及【图层1】图层，按Ctrl+E组合键将其合并，将生成的图层名称更改为"虚线"，如图7.85所示。

图7.85 将图层合并

08 在【图层】面板中，选中【虚线】图层，单击面板底部的【添加图层样式】 ƒx 按钮，在菜单中选择【斜面和浮雕】命令，在弹出的对话框中将【大小】更改为2像素，【阴影模式】中的【不透明度】更改为35%，如图7.86所示。

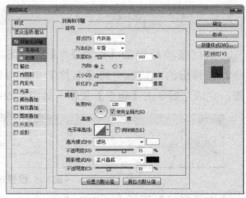

图7.86 设置斜面和浮雕

09 勾选【投影】复选框，将【不透明度】更改为30%，【距离】更改为2像素，【大小】更改为1像素，完成之后单击【确定】按钮，如图7.87所示。

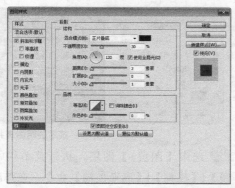

图7.87 设置投影

⑩ 选择工具箱中的【横排文字工具】 **T**，在画布适当位置添加文字，这样就完成了效果制作，最终效果如图7.88所示。

图7.88 添加文字及最终效果

7.7 制作春促主题文字效果

素材位置	素材文件\第7章\春促主题字
案例位置	案例文件\第7章\春促主题字.psd
视频位置	多媒体教学\第7章\7.7.avi
难易指数	★★★☆☆

本例讲解制作春促主题文字效果，本例的制作需要对色彩感有基本的认识，在素材选择上以动感的城市夜景为素材，通过对其应用各项命令达到出色的具有潮流感的城市背景效果，最终效果如图7.89所示。

图7.89 最终效果

7.7.1 转换文字

① 执行菜单栏中的【文件】|【打开】命令，打开"背景.jpg"文件，如图7.90所示。

图7.90 打开素材

② 选择工具箱中的【横排文字工具】 **T**，在画布中添加文字（创艺简粗黑，160点），如图7.91所示。

图7.91 添加文字

③ 在【画笔】面板中选择【沙丘草】笔触，将【大小】更改为20像素，【间距】更改为7%，如图7.92所示。

④ 勾选【形状动态】复选框，将【角度抖动】更改为13%，如图7.93所示。

图7.92 设置画笔笔尖形状　　图7.93 设置形状动态

175

05 在【开春大促】图层名称上单击鼠标右键，从弹出的快捷菜单中选择【创建工作路径】命令，如图7.94所示。

06 单击面板底部的【创建新图层】 按钮，新建一个【图层1】图层，如图7.95所示。

图7.94 创建工作路径

图7.95 新建图层

7.7.2 描边路径

01 将前景色更改为绿色（R：122，G：217，B：0），选中【图层1】图层，在【路径】面板中的【工作路径】名称上右击鼠标，从弹出的快捷菜单中选择【描边路径】命令，在弹出的对话框中选择【工具】为画笔，完成之后单击【确定】按钮，如图7.96所示。

02 在【图层】面板中，选中【图层1】图层，将其拖至面板底部的【创建新图层】 按钮上，复制1个【图层1 拷贝】图层，如图7.97所示。

图7.96 描边路径

图7.97 复制图层

03 在【图层】面板中，选中【图层1】图层，单击面板上方的【锁定透明像素】 按钮，将透明像素锁定，在画布中将图像填充为黑色，填充完成之后再次单击此按钮将其解除锁定，如图7.98所示。

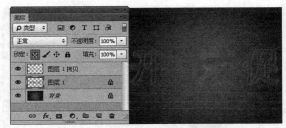
图7.98 锁定透明像素并填充颜色

04 选中【图层1】图层，执行菜单栏中的【滤镜】|【模糊】|【高斯模糊】命令，在弹出的对话框中将【半径】更改为25像素，完成之后单击【确定】按钮，如图7.99所示。

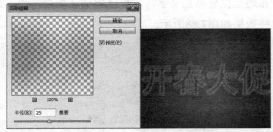
图7.99 设置高斯模糊

05 在【图层】面板中，选中【图层1】图层，单击面板底部的【添加图层样式】 按钮，在菜单中选择【斜面和浮雕】命令，勾选【等高线】复选框，如图7.100所示。

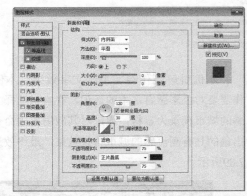
图7.100 设置斜面和浮雕

06 勾选【内发光】复选框，将【颜色】更改为（R：0，G：255，B：6），完成之后单击【确定】按钮，如图7.101所示。

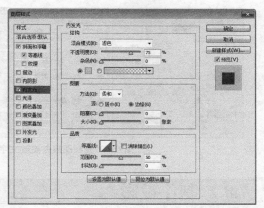

图7.101 设置内发光

7.7.3 添加素材

01 执行菜单栏中的【文件】|【打开】命令，
打开"花.psd"文件，将打开的素材拖入画布中
并适当缩小，分别将素材图像移动，如图7.102
所示。

图7.102 添加素材

02 在【图层】面板中，选中【花】组中的
【花】图层，单击面板底部的【添加图层样式】
fx 按钮，在菜单中选择【投影】命令，在弹出的
对话框中将【不透明度】更改为50%，【距离】更
改为2像素，【大小】更改为7像素，完成之后单击
【确定】按钮，如图7.103所示。

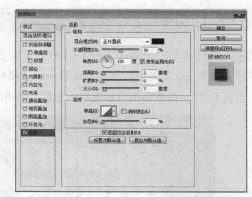

图7.103 设置投影

03 以同样的方法分别为【花】组中的其他几个
图层添加投影效果，这样就完成了效果制作，最终
效果如图7.104所示。

图7.104 添加投影及最终效果

7.8 制作动感投影字效果

素材位置　素材文件\第7章\动感投影字
案例位置　案例文件\第7章\动感投影字.psd
视频位置　多媒体教学\第7章\7.8.avi
难易指数　★★☆☆☆

　　动感投影字的制作目的是使文字的投影更加
富有动感，区别于传统的单一图层样式制作的投影
效果，在本例中以独特的滤镜命令为文字制作出逼
真的动感投影效果，最终效果如图7.105所示。

图7.105 最终效果

7.8.1 处理文字效果

01 执行菜单栏中的【文件】|【打开】命令,打开"背景.jpg"文件,选择工具箱中的【横排文字工具】T,在画布中添加文字,如图7.106所示。

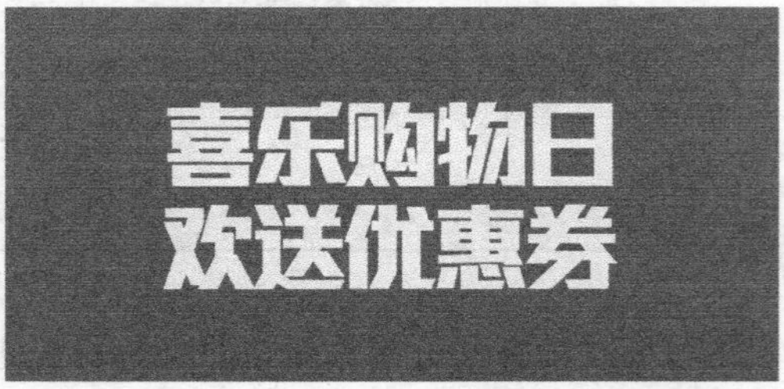

图7.106 打开素材并添加文字

02 同时选中2个文字图层,在其图层名称上右击鼠标,从弹出的快捷菜单中选择【转换为形状】命令,如图7.107所示。

图7.107 转换为形状

03 选择工具箱中的【直接选择工具】,选中文字锚点拖动将其变形,如图7.108所示。

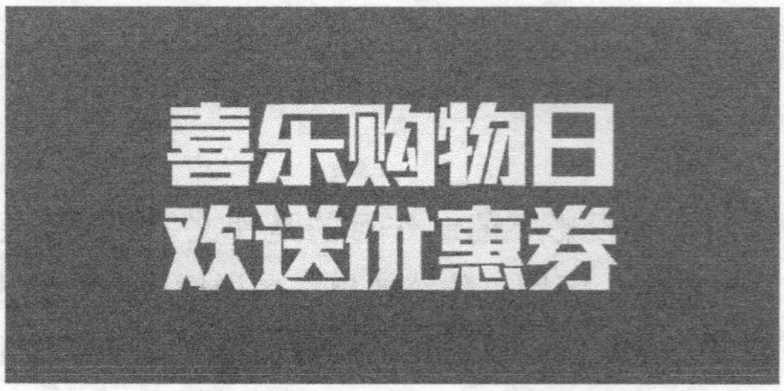

图7.108 将文字变形

04 在【图层】面板中,选中【喜乐购物日】图层,将其拖至面板底部的【创建新图层】按钮上,复制1个【喜乐购物日 拷贝】图层,选中【喜乐购物日】图层,将文字颜色更改为黑色,如图7.109所示。

图7.109 复制图层并更改文字颜色

7.8.2 制作投影

01 选中【喜乐购物日】图层,执行菜单栏中的【滤镜】|【模糊】|【动感模糊】命令,在弹出的对话框中将【角度】更改为-45度,【距离】更改为45像素,设置完成之后单击【确定】按钮,如图7.110所示。

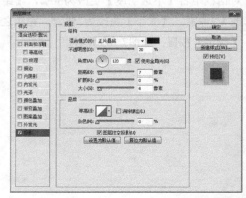

图7.110 设置动感模糊

02 在【图层】面板中,选中【喜乐购物日 拷贝】图层,单击面板底部的【添加图层样式】fx按钮,在菜单中选择【投影】命令,在弹出的对话框中将【不透明度】更改为20%,【距离】更改为7像素,【大小】更改为6像素,完成之后单击【确定】按钮,如图7.111所示。

图7.111 设置投影

03 以同样的方法选中【欢送优惠券】图层将其复制并为原文字制作同样的投影效果，如图7.112所示。

图7.112 添加投影效果

7.8.3 绘制图形

01 选择工具箱中的【钢笔工具】 ，在选项栏中单击【选择工具模式】 路径 按钮，在弹出的选项中选择【形状】，将【填充】更改为黄色（R：253，G：226，B：2），【描边】更改为无，在【喜乐购物日】图层中文字位置绘制一个不规则图形，此时将生成一个【形状1】图层，将其移至【喜乐购物日 拷贝】图层上方，如图7.113所示。

图7.113 绘制图形

02 选中【形状1】图层，执行菜单栏中的【图层】|【创建剪贴蒙版】命令，为当前图层创建剪贴蒙版将部分图层隐藏，如图7.114所示。

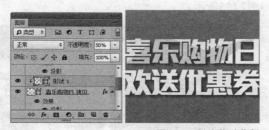

图7.114 创建剪贴蒙版

03 选择工具箱中的【钢笔工具】 ，在选项栏中单击【选择工具模式】 路径 按钮，在弹出的选项中选择【形状】，将【填充】更改为黄色

（R：253，G：226，B：2），【描边】更改为无，在文字旁边位置绘制一个不规则图形，此时将生成一个【形状2】图层，如图7.115所示。

图7.115 绘制图形

04 以同样的方法绘制多个不规则图形，这样就完成了效果制作，最终效果如图7.116所示。

图7.116 绘制图形及最终效果

技巧与提示

可以选中【形状2】图层，在画布中将其复制并变形。

7.9 制作主题特征文字效果

素材位置　素材文件\第7章\主题特征字
案例位置　案例文件\第7章\主题特征字.psd
视频位置　多媒体教学\第7章\7.9.avi
难易指数　★★★☆☆

本例讲解制作主题特征文字效果，本例以速度与激情为主题，体现出平板及笔记本电脑的速度的特征，同时以题扣题，环环相扣使整个文字效果十分和谐，最终效果如图7.117所示。

图7.117 最终效果

7.9.1 变形文字

01 执行菜单栏中的【文件】|【打开】命令，打开"背景.jpg"文件，如图7.118所示。

图7.118 打开素材

02 选择工具箱中的【横排文字工具】 **T** ，在画布适当位置添加文字，如图7.119所示。

03 同时选中2个文字图层，在图层名称上单击鼠标右键，从弹出的快捷菜单中选择【转换为形状】命令，如图7.120所示。

图7.119 添加文字

图7.120 转换形状

04 选中【速】图层，按Ctrl+T组合键对其执行【自由变换】命令，单击鼠标右键，从弹出的快捷菜单中选择【斜切】命令，拖动变形框控制点将其变形，完成之后按Enter键确认。

05 以同样的方法选中【度与激情】图层，将文字变形，如图7.121所示。

图7.121 将文字变形

06 选择工具箱中的【直接选择工具】 ，选中【速】字左上角图形，按Delete键将其删除，如图7.122所示。

07 选择工具箱中的【矩形工具】 ，在选项栏中将【填充】更改为黄色（R：255，G：240，B：18），【描边】为无，在【速】字左上角位置绘制一个矩形，此时将生成一个【矩形1】图层，如图7.123所示。

图7.122 删除图形   图7.123 绘制图形

08 选择工具箱中的【直接选择工具】 ，选中矩形顶部锚点向右侧拖动将其变形，如图7.124所示。

图7.124 将图形变形

09 以同样的方法选中【度与激情】图层中的文字部分图形将其删除，再绘制图形后将其变形，如图7.125所示。

图7.125 删除图形并将其变形

10 在【图层】面板中，同时选中【速】及【度与激情】图层，将其拖至面板底部的【创建新图层】按钮上，复制相应的图层，如图7.126所示。

⑪ 同时选中【速】及【度与激情】图层，按Ctrl+E组合键将其合并，此时将生成一个【度与激情】图层，选中当前图层将其颜色更改为白色，如图7.127所示。

图7.126 复制图层　图7.127 合并图层并更改颜色

7.9.2 添加风效果

① 选中【度与激情】图层，执行菜单栏中的【滤镜】|【风格化】|【风】命令，在弹出的对话框中分别勾选【风】及【从左】单选按钮，完成之后单击【确定】按钮，如图7.128所示。

图7.128 设置风

② 选中【度与激情】图层，按Ctrl+F组合键数次重复添加风效果，如图7.129所示。

图7.129 添加风效果

③ 在【图层】面板中，选中【度与激情】图

层，将其图层混合模式设置为【叠加】，【不透明度】更改为40%，如图7.130所示。

图7.130 设置图层混合模式

④ 在【图层】面板中，同时选中【度与激情 拷贝】及【速 拷贝】图层，按Ctrl+G组合键将其编组，此时将生成一个【组1】组，如图7.131所示。

图7.131 将图层编组

⑤ 在【图层】面板中，选中【组1】图层，单击面板底部的【添加图层样式】fx按钮，在菜单中选择【斜面和浮雕】命令，在弹出的对话框中将【大小】更改为2像素，将【光泽等高线】更改为滚动斜坡-递减，如图7.132所示。

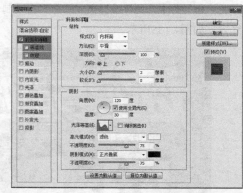

图7.132 斜面和浮雕

⑥ 勾选【投影】复选框，将【不透明度】更改为50%，【距离】更改为3像素，【大小】更改为3像素，完成之后单击【确定】按钮，如图7.133

所示。

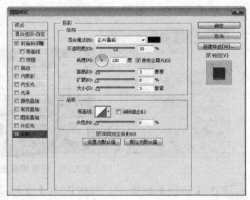

图7.133 设置投影

07 执行菜单栏中的【文件】|【打开】命令,打开"小车.psd"文件,将打开的素材拖入画布中适当位置并缩小,如图7.134所示。

图7.134 添加素材

08 选择工具箱中的【横排文字工具】 T ,在画布适当位置添加文字,这样就完成了效果制作,最终效果如图7.135所示。

图7.135 添加文字及最终效果

7.10 制作美食主题口味文字效果

素材位置 素材文件\第7章\主题口味字
案例位置 案例文件\第7章\主题口味字.psd
视频位置 多媒体教学\第7章\7.10.avi
难易指数 ★★☆☆☆

本例讲解制作美食主题口味文字效果,本例中的字体以体现食物的口味为主,所以在制作过程中围绕"辣"元素进行,添加的辣椒图像也十分形象地点缀了字体的"口味感",最终效果如图7.136所示。

图7.136 最终效果

7.10.1 调整文字

01 执行菜单栏中的【文件】|【打开】命令,打开"背景.jpg"文件,如图7.137所示。

图7.137 打开素材

02 选择工具箱中的【横排文字工具】 T ,在画布中适当位置添加文字(禹卫书法简体,117点),如图7.138所示。

03 在【图层】面板中,选中【辣】图层,在其图层名称上右击鼠标,从弹出的快捷菜单中选择【转换为形状】命令,如图7.139所示。

图7.138 添加文字

图7.139 转换形状

04 选择工具箱中的【直接选择工具】 ▷ 选中文字部分锚点将其删除，如图7.140所示。

图7.140 删除锚点

技巧与提示

对于用【直接选择工具】 ▷ 直接删除锚点，速度快是它的最大优点，当有多个锚点时可以同时选中将其删除，在遇到不容易转换的锚点时可以利用【删除锚点工具】 ✐ 单击锚点将其删除。

7.10.2 绘制图形

01 选择工具箱中的【钢笔工具】 ✎ ，在选项栏中单击【选择工具模式】 路径 ÷ 按钮，在弹出的选项中选择【形状】，将【填充】更改为白色，【描边】更改为无，在刚才删除图形后空缺的位置绘制一图形，此时将生成一个【形状1】图层，如图7.141所示。

图7.141 绘制图形

02 以同样的方法在文字其他位置绘制图形，如图7.142所示。

03 执行菜单栏中的【文件】|【打开】命令，打开"辣椒.psd"文件，将打开的素材拖入画布中文字右下角位置并适当缩小，如图7.143所示。

图7.142 绘制图形　　　　图7.143 添加素材

04 同时选中除【背景】、【辣椒】之外的所有图层按Ctrl+E组合键将其合并，将生成的图层名称更改为【文字】，如图7.144所示。

图7.144 合并图层

05 在【图层】面板中，选中【文字】图层，单击面板底部的【添加图层样式】 fx 按钮，在菜单中选择【描边】命令，在弹出的对话框中将【大小】更改为1像素，【混合模式】更改为正片叠底，【不透明度】更改为60%，【填充类型】更改为渐变，【渐变】更改为深红色（R：106，G：2，B：10）到白色，如图7.145所示。

图7.145 设置描边

06 勾选【渐变叠加】复选框，将【渐变】更改为红色（R：255，G：0，B：0）到黄色（R：255，G：216，B：0），将黄色色标位置更改为50%，在画布中按住鼠标拖动更改渐变颜色位置，完成之后单击【确定】按钮，如图7.146所示。

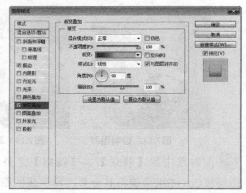

图7.146 设置渐变叠加

7.10.3 添加特效

01 在【图层】面板中，选中【文字】图层，将其拖至面板底部的【创建新图层】按钮上，复制1个【文字 拷贝】图层，如图7.147所示。

02 在【图层】面板中，选中【文字】图层，在其图层名称上单击鼠标右键，从弹出的快捷菜单中选择【栅格化图层样式】命令，如图7.148所示。

图7.147 复制图层　　　图7.148 栅格化图层样式

03 选中【文字】图层，执行菜单栏中的【滤镜】|【模糊】|【动感模糊】命令，在弹出的对话框中将【角度】更改为90度，【距离】更改为30像素，设置完成之后单击【确定】按钮，如图7.149所示。

图7.149 设置动感模糊

04 同时选中【文字 拷贝】及【文字】图层，按Ctrl+G组合键将图层编组，此时将生成一个【组1】组，如图7.150所示。

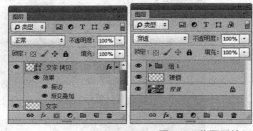

图7.150 将图层编组

05 在【图层】面板中，选中【组1】组，单击面板底部的【添加图层样式】fx按钮，在菜单中选择【投影】命令，在弹出的对话框中将【不透明度】更改为30%，取消【使用全局光】复选框，将【角度】更改为90度，【距离】更改为3像素，【大小】更改为3像素，完成之后单击【确定】按钮，如图7.151所示。

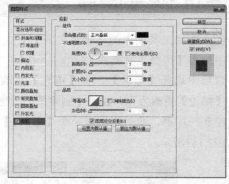

图7.151 设置投影

06 在【图层】面板中，选中【辣椒】图层，将其拖至面板底部的【创建新图层】按钮上，复制1个【辣椒 拷贝】图层，如图7.152所示。

07 选中【辣椒】图层，按Ctrl+F组合键为其添加动感模糊效果，如图7.153所示。

图7.152 复制图层　图7.153 添加动感模糊

08 在【图层】面板中，选中【辣椒】图层，将其拖至面板底部的【创建新图层】📄按钮上，复制1个【辣椒 拷贝】图层，同时选中【辣椒】及【辣椒 拷贝】图层，在画布中将其向上移动，这样就完成了效果制作，最终效果如图7.154所示。

图7.154 最终效果

7.11 制作折扣优惠文字效果

素材位置　素材文件\第7章\折扣优惠字
案例位置　案例文件\第7章\折扣优惠字.psd
视频位置　多媒体教学\第7章\7.11.avi
难易指数　★★☆☆☆

本例讲解制作折扣优惠文字效果，折扣优惠字在视觉上一定要十分突出，意在强调向人们传递一种直接有效的信息，在本例中利用简单的变形及添加图层样式的手法制作，过程简单且效果出色，最终效果如图7.155所示。

图7.155 最终效果

7.11.1 处理背景

01 执行菜单栏中的【文件】|【打开】命令，打开"背景.jpg"文件，如图7.156所示。

图7.156 打开素材

02 单击面板底部的【创建新图层】📄按钮，新建一个【图层1】图层，选中【图层1】图层将其填充为深红色（R：108，G：20，B：23），如图7.157所示。

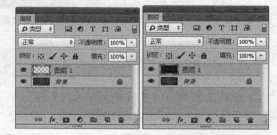

图7.157 新建图层并填充颜色

03 在【图层】面板中，选中【图层1】图层，单击面板底部的【添加图层蒙版】◻按钮，为其图层添加图层蒙版，如图7.158所示。

04 选择工具箱中的【画笔工具】✐，在画布中单击鼠标右键，在弹出的面板中选择一种圆角笔触，将【大小】更改为300像素，【硬度】更改为0%，如图7.159所示。

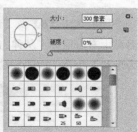

图7.158 添加图层蒙版　图7.159 设置笔触

05 将前景色更改为黑色，单击【图层1】图层蒙版缩览图，在其图像上部分区域涂抹将其隐藏，如图7.160所示。

图7.160 隐藏图像

06 在【图层】面板中，选中【图层1】图层，将其图层混合模式设置为【正片叠底】，如图7.161所示。

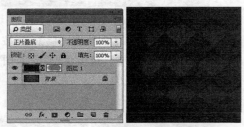

图7.161 设置图层混合模式

7.11.2 添加文字

01 选择工具箱中的【横排文字工具】T，在画布适当位置添加文字，如图7.162所示。

图7.162 添加文字

技巧与提示
在添加文字的时候需要注意将【6】文字单独添加。

02 同时选中【6】及【低至 折】图层，在其图层名称上右击鼠标，从弹出的快捷菜单中选择【转换为形状】命令，如图7.163所示。

图7.163 转换形状

03 同时选中【6】及【低至 折】图层，按Ctrl+E组合键将其合并，此时将生成一个【6】图层，如图7.164所示。

图7.164 合并图层

04 在【图层】面板中，选中【6】图层，单击面板底部的【添加图层样式】*fx*按钮，在菜单中选择【投影】命令，在弹出的对话框中将混合模式更改为正常，【颜色】更改为红色（R：214，G：10，B：10），【距离】更改为6像素，【大小】更改为1像素，完成之后单击【确定】按钮，如图7.165所示。

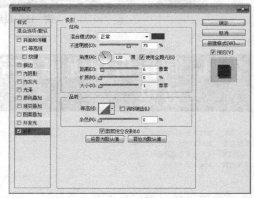

图7.165 设置投影

7.11.3 绘制图形

01 选择工具箱中的【矩形工具】■，在选项栏中将【填充】更改为黄色（R：250，G：255，B：3），【描边】为无，在文字顶部位置绘制一个矩形，此时将生成一个【矩形1】图层，如图7.166所示。

02 选择工具箱中的【直接选择工具】，选中矩形顶部锚点向右侧拖动将图形变形，如图7.167所示。

图7.166 绘制图形

图7.167 将图形变形

键确认，如图7.171所示。

图7.171 将文字变形

(03) 选择工具箱中的【椭圆工具】 ⬭ ，在选项栏中将【填充】更改为黄色（R：250，G：255，B：3），【描边】为无，在文字右侧位置按住Shift键绘制一个正圆图形，此时将生成一个【椭圆1】图层，如图7.168所示。

(04) 选择工具箱中的【钢笔工具】 ✎ ，在选项栏中单击【选择工具模式】 路径 ↕ 按钮，在弹出的选项中选择【形状】，将【填充】更改为黄色（R：250，G：255，B：3），【描边】更改为无，在椭圆图形左下角位置绘制一个不规则图形，此时将生成一个【形状1】图层，如图7.169所示。

(07) 在【6】图层上单击鼠标右键，从弹出的快捷菜单中选择【拷贝图层样式】命令，在【双节巨献 全场购物6折起】图层上单击鼠标右键，从弹出的快捷菜单中选择【粘贴图层样式】命令，双击【双节巨献 全场购物6折起】图层样式名称，在弹出的对话框中将【距离】更改为3像素，完成之后单击【确定】按钮，这样就完成了效果制作，最终效果如图7.172所示。

图7.168 绘制圆形

图7.169 绘制形状

图7.172 最终效果

(05) 选择工具箱中的【横排文字工具】 T ，在画布适当位置添加文字，如图7.170所示。

图7.170 添加文字

7.12 制作黄金质感文字效果

素材位置	素材文件\第7章\黄金字
案例位置	案例文件\第7章\黄金字.psd
视频位置	多媒体教学\第7章\7.12.avi
难易指数	★★★☆☆

(06) 选中【双节巨献 全场购物6折起】图层，按Ctrl+T组合键对其执行【自由变换】命令，单击鼠标右键，从弹出的快捷菜单中选择【斜切】命令，拖动变形框控制点将文字变形，完成之后按Enter

本例讲解制作黄金质感文字效果，本例的制作以一种组合手法打造这样一款出色的立体黄金字效果，整个制作围绕展台及立体效果进行，在色调上采用与背景相衬的黄色调，整体质感及视觉效果十分出色，最终效果如图7.173所示。

图7.173 最终效果

7.12.1 制作立体文字

① 执行菜单栏中的【文件】|【打开】命令，打开"背景.jpg"文件，选择工具箱中的【横排文字工具】 T ，在画布适当位置添加文字，如图7.174所示。

图7.174 打开素材并添加文字

② 选中【3】图层，按Ctrl+T组合键对其执行【自由变换】命令，单击鼠标右键，从弹出的快捷菜单中选择【斜切】命令，拖动变形框顶部控制点将文字变形，再适当缩小其高度，完成之后按Enter键确认，如图7.175所示。

③ 在【图层】面板中，选中【3】图层，将其拖至面板底部的【创建新图层】 按钮上，复制1个【3 拷贝】图层，如图7.176所示。

图7.175 将文字变形　　　图7.176 复制图层

④ 在【图层】面板中，选中【3】图层，单击面板底部的【添加图层样式】 fx 按钮，在菜单中选择【渐变叠加】命令，在弹出的对话框中将【渐变】更改为黄色到红色系渐变，完成之后单击【确定】按钮，如图7.177所示。

图7.177 设置渐变叠加

技巧与提示

在设置渐变色标的时候，没有固定的颜色数值，可以根据实际的渐变颜色设置相对应的红色及黄色数值。

⑤ 选中【3】图层，按住Shift键将其向右侧稍微移动，如图7.178所示。

图7.178 移动文字

⑥ 勾选【投影】复选框，取消【使用全局光】复选框，【角度】更改为180度，【距离】更改为5像素，【大小】更改为20像素，完成之后单击【确定】按钮，如图7.179所示。

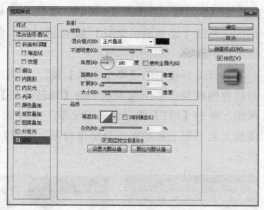

图7.179 设置投影

07 在【3】图层上单击鼠标右键，从弹出的快捷菜单中选择【拷贝图层样式】命令，在【3 拷贝】图层上单击鼠标右键，从弹出的快捷菜单中选择【粘贴图层样式】命令，双击【3 拷贝】图层样式名称，在弹出的对话框中选中【渐变叠加】复选框，将【角度】更改为0度，选中【投影】复选框，将【混合模式】更改为叠加，如图7.180所示。

图7.180 复制并粘贴图层样式

08 按住Ctrl键单击【3 拷贝】图层缩览图将其载入选区，如图7.181所示。

图7.181 载入选区

09 执行菜单栏中的【选择】|【修改】|【收缩】命令，在弹出的对话框中将【收缩量】更改为5像素，完成之后单击【确定】按钮，如图7.182所示。新建一个图层，如图7.183所示。

图7.182 收缩选区

图7.183 新建图层

10 选中【图层1】图层，将选区填充为黄色（R：255，G：216，B：0），完成之后按Ctrl+D组合键将选区取消，如图7.184所示。

图7.184 填充颜色

11 在【图层】面板中，选中【3】图层，单击面板底部的【添加图层样式】 fx 按钮，在弹出的对话框中将【大小】更改为1像素，取消【使用全局光】复选框，【角度】更改为90度，【光泽等高线】更改为高斯，【阴影模式】中的【不透明度】更改为30%，如图7.185所示。

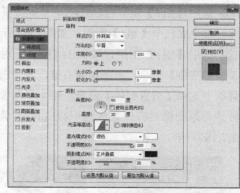

图7.185 设置斜面和浮雕

12 勾选【图案叠加】复选框，将【混合模式】更改为叠加，【图案】更改为加厚画布，【缩放】更改为50%，完成之后单击【确定】按钮，如图7.186所示。

189

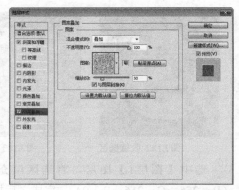

图7.186 设置图案叠加

7.12.2 制作倒影

(01) 同时选中除【背景】图层之外的所有图层按Ctrl+G组合键将图层编组，此时将生成一个【组1】组，选中【组1】组，将其拖至面板底部的【创建新图层】 按钮上，复制1个【组1 拷贝】组，如图7.187所示。

图7.187 将图层编组并合并组

(02) 选中【组1】组，按Ctrl+E组合键将其合并，此时将生成一个【组1】图层，如图7.188所示。

(03) 选中【组1】图层，按Ctrl+T组合键对其执行【自由变换】命令，单击鼠标右键，从弹出的快捷菜单中选择【垂直翻转】命令，将文字图像垂直翻转并与原图像对齐，完成之后按Enter键确认，如图7.189所示。

图7.188 合并组 图7.189 变换图像

(04) 在【图层】面板中，选中【组1】图层，单击面板底部的【添加图层蒙版】 按钮，为其图层添加图层蒙版，如图7.190所示。

(05) 选择工具箱中的【渐变工具】 ，编辑黑色到白色的渐变，单击选项栏中的【线性渐变】 按钮，单击【组1】图层蒙版缩览图，在画布中其图像上从下至上拖动将部分图像隐藏，如图7.191所示。

图7.190 添加图层蒙版 图7.191 设置渐变并隐藏图形

(06) 选中【组1】图层，执行菜单栏中的【滤镜】|【模糊】|【高斯模糊】命令，在弹出的对话框中将【半径】更改为2像素，完成之后单击【确定】按钮，如图7.192所示。

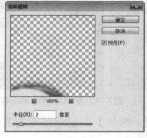

图7.192 设置高斯模糊

7.12.3 添加文字并绘制图形

(01) 选择工具箱中的【横排文字工具】 T ，在画布适当位置添加文字，如图7.193所示。

(02) 在【图层】面板中，选中【折】图层，在其图层名称上单击鼠标右键，从弹出的快捷菜单中选择【栅格化图层】命令，如图7.194所示。

图7.193 添加文字　　　　图7.194 栅格化图层

03 选中【折】图层，按Ctrl+T组合键对其执行【自由变换】命令，单击鼠标右键，从弹出的快捷菜单中选择【透视】命令，将文字变形，完成之后按Enter键确认，如图7.195所示。

图7.195 将文字变形

04 在【图层】面板中，选中【折】图层，将其拖至面板底部的【创建新图层】 按钮上，复制1个【折 拷贝】图层。

05 在【图层】面板中，选中【折】图层，单击面板上方的【锁定透明像素】 按钮，将透明像素锁定，在画布中将图像填充为黑色，填充完成之后再次单击此按钮将其解除锁定，如图7.196所示。

图7.196 锁定透明像素并填充颜色

06 在【图层】面板中，选中【折】图层，单击面板底部的【添加图层蒙版】 按钮，为其图层添加图层蒙版，如图7.197所示。

07 选择工具箱中的【渐变工具】 ，编辑黑色

到白色的渐变，单击选项栏中的【线性渐变】 按钮，单击【折】图层蒙版缩览图，在画布中其图像上拖动将部分图像隐藏，如图7.198所示。

图7.197 添加图层蒙版　　图7.198 设置渐变并隐藏图形

08 选择工具箱中的【横排文字工具】 T ，在画布靠下方位置添加文字，如图7.199所示。

图7.199 添加文字

09 在【图层】面板中，选中【世纪巨惠 绝无仅有】图层，单击面板底部的【添加图层样式】 fx 按钮，在菜单中选择【斜面和浮雕】命令，在弹出的对话框中将【大小】更改为1像素，取消【使用全局光】复选框，【角度】更改为90度，【高度】更改为30度，【阴影模式】中的【不透明度】更改为50%，如图7.200所示。

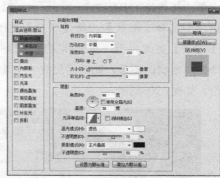

图7.200 设置斜面和浮雕

10 勾选【描边】复选框，将【大小】更改为1像素，【颜色】更改为深黄色（R：255，G：228，B：0），如图7.201所示。

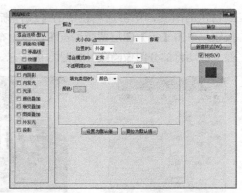

图7.201 设置描边

⑪ 勾选【渐变叠加】复选框，将【渐变】更改为黄色（R：255，G：138，B：13）到浅黄色（R：254，G：242，B：144）到黄色（R：255，G：138，B：13），将浅黄色色标位置更改为30%，完成之后单击【确定】按钮，如图7.202所示。

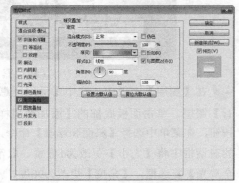

图7.202 设置渐变叠加

⑫ 选择工具箱中的【钢笔工具】，在选项栏中单击【选择工具模式】 路径 按钮，在弹出的选项中选择【形状】，将【填充】更改为白色，【描边】更改为无，在立体文字左侧位置绘制一个三角形状的图形，此时将生成一个【形状1】图层，如图7.203所示。

图7.203 绘制图形

⑬ 在【图层】面板中，选中【形状1】图层，单击面板底部的【添加图层样式】 fx 按钮，在菜单中选择【渐变叠加】命令，在弹出的对话框中将【渐变】更改为红色（R：240，G：50，B：0）到黄色（R：253，G：196，B：19），完成之后单击【确定】按钮，如图7.204所示。

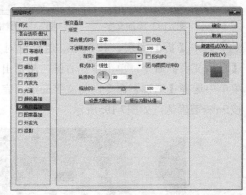

图7.204 设置渐变叠加

⑭ 以同样的方法绘制多个图形，如图7.205所示。

图7.205 绘制图形

⑮ 在【形状1】图层上单击鼠标右键，从弹出的快捷菜单中选择【拷贝图层样式】命令，分别选中刚才绘制的其他几个不规则图形所在图层，在其图层名称上单击鼠标右键，从弹出的快捷菜单中选择【粘贴图层样式】命令，如图7.206所示。

图7.206 最终效果

7.13 制作炫目水晶文字效果

素材位置	素材文件\第7章\炫目水晶字
案例位置	案例文件\第7章\炫目水晶字.psd
视频位置	多媒体教学\第7章\7.13.avi
难易指数	★★★☆☆

本例讲解制作炫目水晶文字效果，水晶字一般用在化妆品、装饰品相关广告中，它的效果十分华丽，在视觉效果上也十分犀利，在制作上稍有难度，重点在于把握好纹理及质感效果的实现，最终效果如图7.207所示。

图7.207 最终效果

7.13.1 添加文字

01 执行菜单栏中的【文件】|【打开】命令，打开"背景.jpg"文件，如图7.208所示。

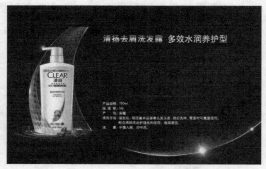

图7.208 打开素材

02 选择工具箱中的【横排文字工具】 T ，在画布中适当位置添加文字（字体：Century Gothic，大小：78点），如图7.209所示。

03 选中【CLEAR】图层，在其图层名称上右击

鼠标，从弹出的快捷菜单中选择【转换为形状】命令，如图7.210所示。

图7.209 添加文字

图7.210 转换为形状

04 选择工具箱中的【直接选择工具】 ，选中"C"字母上所有锚点，按Ctrl+T组合键对其执行【自由变换】命令，将图形高度缩小，完成之后按Enter键确认，如图7.211所示。

图7.211 拖动锚点

7.13.2 定义图案

01 执行菜单栏中的【文件】|【新建】命令，在弹出的对话框中设置【宽度】为250像素，【高度】为250像素，【分辨率】为72像素/英寸。

02 选择工具箱中的【自定形状工具】 ，在画布中右击鼠标，在弹出的面板中单击右上角的 图标，在弹出的菜单中选择【全部】，在面板中选择红心形卡，在选项栏中将【填充】更改为灰色（R：194，G：194，B：194），在画布左上角位置按住Shift键绘制一个心形，此时将生成一个【形状1】图层，如图7.212所示。

图7.212 绘制图形

03 选中【形状1】图层，在画布中按住Alt键将图形复制3份，如图7.213所示。

图7.213 复制图形

04 执行菜单栏中的【编辑】|【定义图案】命令，在弹出的对话框中将【名称】更改为图案，完成之后单击【确定】按钮，如图7.214所示。

图7.214 设置定义图案

05 在【图层】面板中，选中【CLEAR】图层，单击面板底部的【添加图层样式】 *fx* 按钮，在菜单中选择【斜面和浮雕】命令，在弹出的对话框中将【深度】更改为1000%，【大小】更改为3像素，【光泽等高线】更改为环形，【阴影模式】中的【不透明度】更改为35%，如图7.215所示。

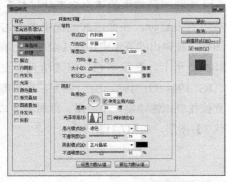

图7.215 设置斜面和浮雕

06 勾选【等高线】复选框，将【等高线】更改为圆角矩形阶梯，如图7.216所示。

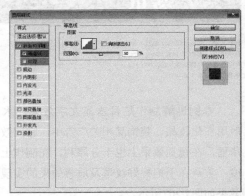

图7.216 设置等高线

07 勾选【纹理】复选框，将【图案】更改为刚才定义的图案，【缩放】更改为1%，如图7.217所示。

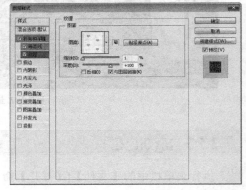

图7.217 设置纹理

08 勾选【渐变叠加】复选框，将【渐变】更改为深黄色系渐变，完成之后单击【确定】按钮，如图7.218所示。

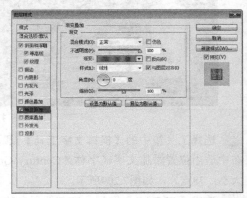

图7.218 设置渐变叠加

09 在【图层】面板中，选中【CLEAR】图层，将其拖至面板底部的【创建新图层】按钮上，复制1个【CLEAR拷贝】图层，如图7.219所示。

10 在【CLEAR 拷贝】图层名称上右击鼠标，从弹出的快捷菜单中选择【栅格化图层样式】命令，如图7.220所示。

图7.219 复制图层　　图7.220 栅格化图层样式

7.13.3 制作质感

01 选中【CLEAR 拷贝】图层，执行菜单栏中的【滤镜】|【锐化】|【USM锐化】命令，在弹出的对话框中将【数量】更改为50%，【半径】更改为2像素，完成之后单击【确定】按钮，如图7.221所示。

02 选中【CLEAR 拷贝】图层，将其图层【不透明度】更改为80%。

图7.221 设置USM锐化

03 按住Ctrl键将【CLEAR 拷贝】图层载入选区，如图7.222所示。

04 在画布中执行菜单栏中的【选择】|【修改】|【扩展】命令，在弹出的对话框中将【扩展量】更改为3像素，完成之后单击【确定】按钮，如图7.223所示。

图7.222 载入选区　　图7.223 将选区扩展

05 单击面板底部的【创建新图层】按钮，新建一个【图层1】图层，并将其移至【CLEAR 拷贝】图层下方，如图7.224所示。

06 选中【图层1】图层，将选区填充为白色，完成之后按Ctrl+D组合键将选区取消，如图7.225所示。

图7.224 新建图层　　图7.225 填充颜色

07 在【图层】面板中，选中【图层1】图层，单击面板底部的【添加图层样式】按钮，在菜单中选择【斜面和浮雕】命令，在弹出的对话框中将【大小】更改为5像素，【光泽等高线】更改为环形-双环，如图7.226所示。

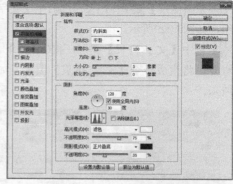

图7.226 设置斜面和浮雕

08 勾选【渐变叠加】复选框，将【渐变】更改为深黄色系渐变，【角度】更改为0度，完成之后单击【确定】按钮，如图7.227所示。

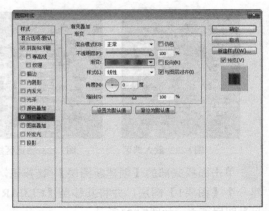

图7.227 设置渐变叠加

(09) 按住Ctrl键单击【图层 1】图层缩览图将其载入选区，单击面板底部的【创建新的填充或调整图层】 按钮，在弹出的面板中将数值更改为40，0.75，220，如图7.228所示。

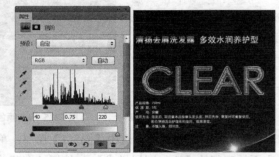

图7.228 调整色阶

(10) 同时选中除【背景】图层之外的所有图层按Ctrl+G组合键将图层编组，将生成的组名称更改为【文字】，选中【文字】组，将其拖至面板底部的【创建新图层】 按钮上，复制1个【文字 拷贝】组，如图7.229所示。

(11) 选中【文字 拷贝】图层，按Ctrl+E组合键将其合并，将生成一个【文字 拷贝】图层，如图7.230所示。

图7.229 将图层编组并复制组　　**图7.230 合并组**

(12) 选中【文字 拷贝】图层，在画布中按Ctrl+T组合键对其执行【自由变换】命令，单击鼠标右键，从弹出的快捷菜单中选择【垂直翻转】命令，完成之后按Enter键确认，将文字与原文字底部对齐，如图7.231所示。

图7.231 变换文字

(13) 在【图层】面板中，选中【文字 拷贝】图层，单击面板底部的【添加图层蒙版】 按钮，为其图层添加图层蒙版，如图7.232所示。

(14) 选择工具箱中的【渐变工具】 ，编辑黑色到白色的渐变，单击选项栏中的【线性渐变】 按钮，单击【文字 拷贝】图层蒙版缩览图，在画布中从下至上拖动将部分文字隐藏为文字制作倒影，如图7.233所示。

图7.232 添加图层蒙版　　**图7.233 隐藏文字**

(15) 单击面板底部的【创建新图层】 按钮，新建一个【图层2】图层，如图7.234所示。

(16) 选择工具箱中的【画笔工具】 ，在画布中单击鼠标右键，在弹出的面板中单击右上角的 图标，在弹出的菜单中选择【混合画笔】，在弹出的对话框中单击【确定】按钮，在面板中选择【交叉排线25】，如图7.235所示。

图7.234 新建图层 **图7.235 设置笔触**

⑰ 将前景色更改为白色，选中【图层2】图层，在画布中文字部分位置单击添加画笔笔触图像，这样就完成了效果制作，最终效果如图7.236所示。

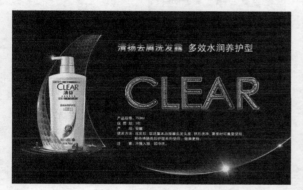

图7.236 最终效果

7.14 制作激情视觉文字效果

素材位置	素材文件\第7章\激情视觉字
案例位置	案例文件\第7章\激情视觉字.psd
视频位置	多媒体教学\第7章\7.14.avi
难易指数	★★☆☆☆

本例讲解制作激情视觉文字效果，简单华丽的视觉效果是本例中的文字最大特点，以文字为中心绘制放射状图形组成独特视角令文字十分漂亮，最终效果如图7.237所示。

图7.237 最终效果

7.14.1 处理背景

① 执行菜单栏中的【文件】|【打开】命令，打开"背景.jpg"文件。

② 选择工具箱中的【钢笔工具】，在选项栏中单击【选择工具模式】路径按钮，在弹出的选项中选择【形状】，将【填充】更改为白色，【描边】更改为无，在画布左侧位置绘制1个不规则图形，此时将生成一个【形状1】图层，如图7.238所示。

图7.238 打开素材并绘制图形

③ 在【图层】面板中，选中【形状1】图层，单击面板底部的【添加图层样式】fx按钮，在菜单中选择【渐变叠加】命令，在弹出的对话框中将【渐变】更改为蓝色（R：174，G：234，B：250）到蓝色（R：60，G：210，B：242），【样式】更改为径向，【角度】更改为0度，完成之后单击【确定】按钮，如图7.239所示。

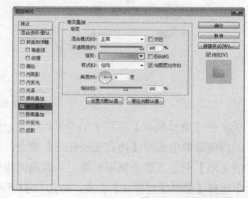

图7.239 设置渐变叠加

7.14.2 添加文字

① 选择工具箱中的【横排文字工具】T，在画布适当位置添加文字（字体：MStiffHei HKS，大小：47），如图7.240所示。

02 选中【夏日炎炎】图层，按Ctrl+T组合键对其执行【自由变换】命令，单击鼠标右键，从弹出的快捷菜单中选择【斜切】命令，拖动变形框控制点将文字变形，完成之后按Enter键确认，如图7.241所示。

图7.240 添加文字　　　　图7.241 将文字变形

03 在【图层】面板中，选中【夏日炎炎】图层，单击面板底部的【添加图层样式】fx按钮，在菜单中选择【投影】命令，在弹出的对话框中将【不透明度】更改为100%，【颜色】更改为蓝色（R：77，G：170，B：200），【距离】更改为2像素，【大小】更改为2像素，完成之后单击【确定】按钮，如图7.242所示。

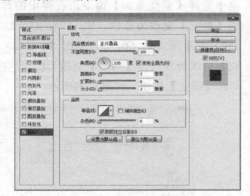

图7.242 设置投影

04 在【夏日炎炎】图层上单击鼠标右键，从弹出的快捷菜单中选择【拷贝图层样式】命令，在【激情无限】图层上单击鼠标右键，从弹出的快捷菜单中选择【粘贴图层样式】命令，如图7.243所示。

图7.243 复制并粘贴图层样式

05 同时选中【激情无限】及【夏日炎炎】图层，在其图层名称上单击鼠标右键，从弹出的快捷菜单中选择【栅格化图层】命令，如图7.244所示。

06 选择工具箱中的【多边形套索工具】，在文字右侧位置绘制一个不规则选区以选中部分文字，如图7.245所示。

图7.244 栅格化文字　　　　图7.245 绘制选区

07 在【图层】面板中，选中【激情无限】图层，单击面板上方的【锁定透明像素】按钮，将透明像素锁定，将选区中文字填充为蓝色（R：70，G：192，B：217），填充完成之后再次单击此按钮将其解除锁定，如图7.246所示。

图7.246 锁定透明像素并填充颜色

08 选中【夏日炎炎】图层，以刚才同样的方法将选区中文字填充为蓝色（R：70，G：192，B：217），如图7.247所示。

09 选择工具箱中的【横排文字工具】T，在画布适当位置添加文字，如图7.248所示。

图7.247 填充颜色　　　　图7.248 添加文字

7.14.3 绘制图形

①② 选择工具箱中的【钢笔工具】 ，在选项栏中单击【选择工具模式】 路径 按钮，在弹出的选项中选择【形状】，将【填充】更改为蓝色（R：64，G：195，B：222），【描边】更改为无，在文字左上角位置绘制1个不规则图形，此时将生成一个【形状2】图层，如图7.249所示。

图7.249 绘制图形

②② 以刚才同样的方法在文字周围绘制多个不规则图形，此时将生成相应的多个图层，如图7.250所示。

图7.250 绘制图形

③③ 选中刚才绘制的任意一个形状图层，执行菜单栏中的【滤镜】|【模糊】|【动感模糊】命令，在弹出的对话框中将【角度】更改为－15度，【距离】更改为10像素，设置完成之后单击【确定】按钮，如图7.251所示。

图7.251 设置动感模糊

④④ 以同样的方法分别为其他几个形状添加动感，这样就完成了效果制作，最终效果如图7.252所示。

图7.252 最终效果

7.15 制作变形促销文字效果

素材位置 素材文件\第7章\变形促销字
案例位置 案例文件\第7章\变形促销字.psd
视频位置 多媒体教学\第7章\7.15.avi
难易指数 ★★★☆☆

　　本例讲解制作变形促销文字效果，本例在制作过程中将字体斜切对称给人一种舒适的视觉感受，同时绘制连接线段将文字连接使整个画面元素丰富而不凌乱，最终效果如图7.253所示。

图7.253 最终效果

7.15.1 处理文字

①① 执行菜单栏中的【文件】|【打开】命令，打开"背景.jpg"文件，如图7.254所示。

图7.254 打开素材

②② 选择工具箱中的【横排文字工具】 T ，在画布适当位置添加文字，如图7.255所示。

③③ 同时选中所有文字图层，在其图层名称上单击鼠标右键，从弹出的快捷菜单中选择【转换为形状】命令，如图7.256所示。

图7.255 添加文字

图7.256 转换形状

04 选中【海外】图层,按Ctrl+T组合键对其执行【自由变换】命令,单击鼠标右键,从弹出的快捷菜单中选择【斜切】命令将文字变形,以同样的方法将其他几个文字斜切变形,完成之后按Enter键确认,如图7.257所示。

图7.257 将文字变形

05 同时选中所有文字图层,按Ctrl+G组合键将图层编组,此时将生成一个【组1】组,选中【组1】组,将其拖至面板底部的【创建新图层】按钮上,复制1个【组1 拷贝】组,如图7.258所示。

图7.258 将图层编组并复制组

06 在【图层】面板中,选中【组1】图层,单击面板底部的【添加图层样式】 fx 按钮,在菜单中选择【描边】命令,在弹出的对话框中将【大小】更改为2像素,【位置】更改为内部,【颜色】更改为青色(R:0,G:228,B:255),完成之后单击【确定】按钮,如图7.259所示。

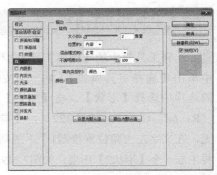

图7.259 设置描边

07 在【图层】面板中,选中【组1】组,将其图层【填充】更改为0%,如图7.260所示。

图7.260 更改填充

08 选择工具箱中的【矩形工具】 ■,在选项栏中将【填充】更改为白色,【描边】为无,在文字右上角位置绘制一个矩形,此时将生成一个【矩形1】图层,如图7.261所示。

图7.261 绘制图形

09 选中【矩形1】图层以刚才同样的方法将图形斜切变形,如图7.262所示。

图7.262 将图形变形

⑩ 在【图层】面板中，选中【矩形1】图层，单击面板底部的【添加图层样式】*fx*按钮，在菜单中选择【渐变叠加】命令，在弹出的对话框中将【渐变】更改为青色（R：15，G：228，B：210）到黄色（R：255，G：252，B：0），【角度】更改为180度，完成之后单击【确定】按钮，如图7.263所示。

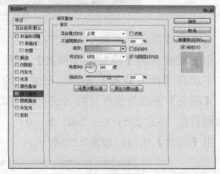

图7.263 设置渐变叠加

7.15.2 添加文字

① 选择工具箱中的【横排文字工具】**T**，在画布适当位置添加文字，如图7.264所示。

图7.264 添加文字

② 以同样的方法分别选中添加的文字所在图层，将文字变形，如图7.265所示。

图7.265 将文字变形

③ 在【矩形1】图层上单击鼠标右键，从弹出的

快捷菜单中选择【拷贝图层样式】命令，在【年度庆典大狂欢】图层上单击鼠标右键，从弹出的快捷菜单中选择【粘贴图层样式】命令，如图7.266所示。

图7.266 复制并粘贴图层样式

7.15.3 绘制图形

① 选择工具箱中的【矩形工具】，在选项栏中将【填充】更改为无，【描边】为红色（R：255，G：0，B：132），【大小】为1点，在文字位置绘制一个矩形，此时将生成一个【矩形2】图层，如图7.267所示。

图7.267 绘制图形

② 选择工具箱中的【添加锚点工具】，在【矩形2】图层中图形顶部中间位置单击添加锚点，如图7.268所示。

③ 选择工具箱中的【转换点工具】，单击添加的锚点，如图7.269所示。

图7.268 添加锚点　　　图7.269 转换锚点

④ 以同样的方法在图形顶部中间位置单击添加

锚点，同时选中添加的2个锚点向上拖动将图形变形，如图7.270所示。

⑤ 选择工具箱中的【直线工具】 ／ ，在选项栏中将【填充】更改为无，【描边】为红色（R：255，G：0，B：132），【大小】为1点，在刚才绘制的图形位置绘制线段将图形连接，并将绘制的图形生成的图层移至文字组下方，如图7.271所示。

图7.270 将图形变形　　　　图7.271 绘制线段

⑥ 选择工具箱中的【椭圆工具】 ● ，在选项栏中将【填充】更改为红色（R：255，G：0，B：132），【描边】为无，在刚才绘制的线段交叉位置按住Shift键绘制一个正圆图形，此时将生成一个【椭圆1】图层，如图7.272所示。

图7.272 绘制图形

⑦ 选择工具箱中的【矩形工具】 ■ ，在选项栏中将【填充】更改为白色，【描边】为无，在文字左下角位置绘制一个矩形，此时将生成一个【矩形3】图层，如图7.273所示。

图7.273 绘制图形

⑧ 以刚才同样的方法选中【矩形3】图层，将图

形斜切变形，如图7.274所示。

图7.274 将图形变形

⑨ 在【图层】面板中，选中【矩形3】图层，单击面板底部的【添加图层样式】 fx 按钮，在菜单中选择【渐变叠加】命令，在弹出的对话框中将【渐变】更改为紫色（R：250，G：72，B：192）到黄色（R：255，G：246，B：0），完成之后单击【确定】按钮，如图7.275所示。

图7.275 设置渐变叠加

⑩ 在【图层】面板中，选中【矩形3】图层，将其拖至面板底部的【创建新图层】 □ 按钮上，复制1个【矩形3 拷贝】图层，如图7.276所示。

⑪ 双击【矩形3】图层样式名称，在弹出的对话框中将【渐变】更改为紫色（R：152，G：12，B：170）到深黄色（R：208，G：138，B：8），在画布中将其向下移动，如图7.277所示。

图7.276 复制图层并移动图形　　图7.277 修改渐变颜色

⑫ 选择工具箱中的【横排文字工具】 T ，在画

布适当位置添加文字，以刚才同样的方法将文字变形，如图7.278所示。

图7.278 添加文字并变形

⑬ 同时选中【矩形3】及【矩形3 拷贝】图层，按住Alt+Shift组合键向右侧拖动将图形复制，此时将生成两个拷贝图层，如图7.279所示。

⑭ 双击【矩形3 拷贝2】图层样式名称，在弹出的对话框中勾选【反向】复选框，完成之后单击【确定】按钮，如图7.280所示。

图7.279 复制图形　　　图7.280 更改渐变

⑮ 选择工具箱中的【横排文字工具】T，在画布适当位置添加文字，将文字斜切变形，这样就完成了效果制作，最终效果如图7.281所示。

图7.281 添加文字及最终效果

7.16 制作立体方块文字效果

素材位置	素材文件\第7章\立体方块字
案例位置	案例文件\第7章\立体方块字.psd
视频位置	多媒体教学\第7章\7.16.avi
难易指数	★★★☆☆

本例讲解制作立体方块文字效果，本例中的

文字在制作之初选定一种不规则图形作为背景，体现出方块文字的整体视觉特点，添加的不规则图形装饰很好地体现出欢乐折扣的主题，而最后添加的镜头光晕效果渲染了整个画布，令整体的视觉效果更加出色，最终效果如图7.282所示。

图7.282 最终效果

7.16.1 绘制立体方块

① 执行菜单栏中的【文件】|【打开】命令，打开"背景.jpg"文件，选择工具箱中的【矩形工具】，在选项栏中将【填充】更改为白色，【描边】为无，在画布左侧绘制一个矩形，此时将生成一个【矩形1】图层，如图7.283所示。

图7.283 绘制图形

② 选择工具箱中的【直接选择工具】，拖动图形锚点将其变形，如图7.284所示。

图7.284 将图形变形

③ 在【图层】面板中，选中【矩形1】图层，单击面板底部的【添加图层样式】fx按钮，在菜单中选择【渐变叠加】命令，在弹出的对话框中将【渐变】更改为黄色（R：184，G：75，B：10）到黄色（R：237，G：146，B：73），【角度】

更改为45度，完成之后单击【确定】按钮，如图
7.285所示。

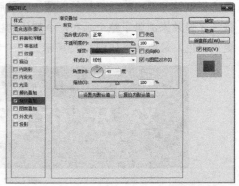

图7.285 设置渐变叠加

04 选择工具箱中的【钢笔工具】 ∅，在选项栏
中单击【选择工具模式】 路径 ⇥ 按钮，在弹出的
选项中选择【形状】，将【填充】更改为深黄色
（R：162，G：63，B：5），【描边】更改为无，
在刚才绘制的图形右侧位置绘制一个不规则图形以
制作矩形的厚度效果，此时将生成一个【形状1】
图层，将【形状1】移至【背景】图层上方，如图
7.286所示。

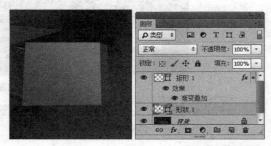

图7.286 绘制图形

05 同时选中【矩形1】及【形状1】图层，按
Ctrl+G组合键将图层编组，将生成的组名称更改为
"方块"，如图7.287所示。

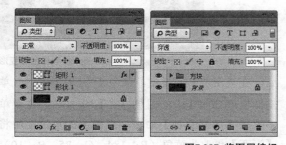

图7.287 将图层编组

06 选中【方块】组，按住Alt键将其复制3份，并

分别选中复制组中的不同图层，选择工具箱中的
【直接选择工具】 ▷ 拖动图形锚点将其变形，如
图7.288所示。

图7.288 将图形变形

07 分别双击复制组中的图形所在图层的图层样
式，更改其渐变颜色，比如蓝色（R：10，G：
94，B：184）到蓝色（R：72，G：140，B：
236）等，如图7.289所示。

图7.289 设置图层样式

技巧与提示

更改图形渐变之后再根据实际的立体效果，适当调整
图形锚点将其稍微变形。

08 在【图层】面板中，选中【方块】图层，单
击面板底部的【添加图层样式】 fx 按钮，在菜单
中选择【投影】命令，在弹出的对话框中将【不透
明度】更改为50%，【距离】更改为8像素，【大
小】更改为13像素，完成之后单击【确定】按钮，
如图7.290所示。

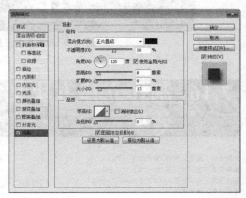

图7.290 设置投影

09 在【方块】组上单击鼠标右键，从弹出的快

捷菜单中选择【拷贝图层样式】命令，同时选中相关的拷贝图层，在其图层名称上单击鼠标右键，从弹出的快捷菜单中选择【粘贴图层样式】命令，如图7.291所示。

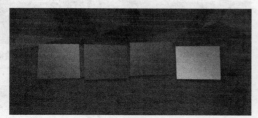

图7.291 复制并粘贴图层样式

⑩ 选择工具箱中的【直线工具】/，在选项栏中将【填充】更改为白色，【描边】为无，【粗细】更改为1像素，在刚才绘制的方块图形边缘位置按住Shift键绘制线段，此时将生成一个【形状2】图层，如图7.292所示。

图7.292 绘制图形

⑪ 在【图层】面板中，选中【形状2】图层，单击面板底部的【添加图层蒙版】按钮，为其图层添加图层蒙版，如图7.293所示。

⑫ 选择工具箱中的【渐变工具】，编辑黑色到白色到黑色的渐变，单击选项栏中的【线性渐变】按钮，在画布中其图形上拖动将部分图形隐藏，如图7.294所示。

图7.293 添加图层蒙版　图7.294 设置渐变并隐藏图形

⑬ 在【图层】面板中，选中【形状2】图层，将

其图层混合模式设置为【叠加】，【不透明度】更改为80%，如图7.295所示。

图7.295 设置图层混合模式

⑭ 选中【形状2】图层，按住Alt键将图形复制数份，如图7.296所示。

图7.296 复制图形

7.16.2 添加文字

① 选择工具箱中的【横排文字工具】T，在画布适当位置添加文字（造字工房尚黑，130点），如图7.297所示。

图7.297 添加文字

② 在【图层】面板中，选中【欢】图层，单击面板底部的【添加图层样式】fx按钮，在菜单中选择【投影】命令，在弹出的对话框中将【不透明度】更改为30%，【距离】更改为3像素，【大小】更改为3像素，完成之后单击【确定】按钮，如图7.298所示。

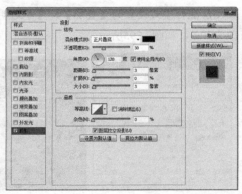

图7.298 设置投影

03 在【欢】图层上单击鼠标右键，从弹出的快捷菜单中选择【拷贝图层样式】命令，同时选中【乐】、【折】、【扣】图层，在其图层名称上单击鼠标右键，从弹出的快捷菜单中选择【粘贴图层样式】命令，如图7.299所示。

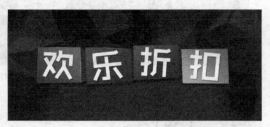

图7.299 复制并粘贴图层样式

04 选择工具箱中的【钢笔工具】，在选项栏中单击【选择工具模式】 路径 按钮，在弹出的选项中选择【形状】，将【填充】更改为蓝色（R：0，G：222，B：255），【描边】更改为无，在文字左下角位置绘制一个不规则图形，此时将生成一个【形状1】图层，如图7.300所示。

图7.300 绘制图形

05 以同样的方法绘制多个小三角图形，如图7.301所示。

图7.301 绘制图形

7.16.3 添加光晕

01 单击面板底部的【创建新图层】 按钮，新建一个【图层1】图层，选中【图层1】图层将其填充为黑色，如图7.302所示。

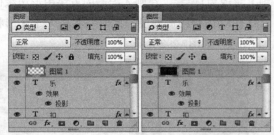

图7.302 新建图层并填充颜色

02 选中【图层1】图层，执行菜单栏中的【滤镜】|【渲染】|【镜头光晕】命令，在弹出的对话框中勾选【50-300毫米变焦】单选按钮，完成之后单击【确定】按钮，如图7.303所示。

图7.303 设置镜头光晕

03 在【图层】面板中，选中【图层1】图层，将其图层混合模式设置为【滤色】，【不透明度】更改为80%，这样就完成了效果制作，最终效果如图7.304所示。

图7.304 设置图层混合模式及最终效果

7.17 制作立体投影文字效果

素材位置	素材文件\第7章\立体投影字
案例位置	案例文件\第7章\投影字.psd
视频位置	多媒体教学\第7章\7.17.avi
难易指数	★★☆☆☆

本例讲解制作立体投影文字效果，立体投影字的表现形式有多种，它们的共同点都是突出文字的立体感，给人一种空间即视感，在本例中为文字添加简单舒适的投影效果使整个字体活灵活现，最终效果如图7.305所示。

图7.305 最终效果

7.17.1 为文字处理投影

01 执行菜单栏中的【文件】|【打开】命令，打开"背景.jpg"文件，选择工具箱中的【横排文字工具】T，在画布适当位置添加文字，如图7.306所示。

图7.306 打开素材并添加文字

02 在【图层】面板中，选中【BOOK MARK】图层，将其拖至面板底部的【创建新图层】按钮上，复制1个【BOOK MARK 拷贝】图层，如图7.307所示。

03 选中【BOOK MARK】图层，将文字颜色更改为黑色，在其图层名称上单击鼠标右键，从弹出的快捷菜单中选择【栅格化图层】命令，如图7.308所示。

图7.307 复制图层　图7.308 更改颜色并栅格化图层

04 在【图层】面板中，选中【BOOK MARK 拷贝】图层，单击面板底部的【添加图层样式】fx 按钮，在菜单中选择【投影】命令，在弹出的对话框中将【不透明度】更改为30%，取消【使用全局光】复选框，将【角度】更改为－90度，【距离】更改为2像素，【扩展】更改为100%，【大小】更改为1像素，完成之后单击【确定】按钮，如图7.309所示。

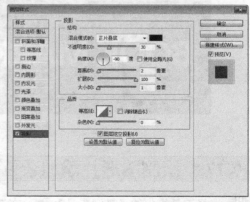

图7.309 设置投影

05 选中【BOOK MARK】图层，按Ctrl+T组合键对其执行【自由变换】命令，单击鼠标右键，从弹出的快捷菜单中选择【斜切】命令，将文字高度缩小并斜切，完成之后按Enter键确认，如图7.310所示。

图7.310 将文字变形

06 在【图层】面板中，选中【BOOK MARK】图层，单击面板底部的【添加图层蒙版】 按钮，为其图层添加图层蒙版，如图7.311所示。

07 选择工具箱中的【画笔工具】 ，在画布中单击鼠标右键，在弹出的面板中选择一种圆角笔触，将【大小】更改为150像素，【硬度】更改为0%，如图7.312所示。

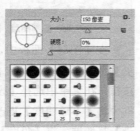

图7.311 添加图层蒙版　　　图7.312 设置笔触

08 将前景色更改为黑色，在其图像上部分区域涂抹将其隐藏，如图7.313所示。

图7.313 隐藏图像

7.17.2 绘制图形并添加杂色

01 选择工具箱中的【椭圆工具】 ，在选项栏中将【填充】更改为黑色，【描边】为无，在文字底部绘制一个细长的椭圆图形，此时将生成一个【椭圆1】图层，将【椭圆1】图层移至【背景】图层上方，如图7.314所示。

图7.314 绘制图形

02 选中【椭圆1】图层，执行菜单栏中的【滤镜】|【模糊】|【高斯模糊】命令，在弹出的对话框中将【半径】更改为2，完成之后单击【确定】按钮，如图7.315所示。

图7.315 设置高斯模糊

03 选中【椭圆1】图层，执行菜单栏中的【滤镜】|【模糊】|【动感模糊】命令，在弹出的对话框中将【角度】更改为0度，【距离】更改为800像素，设置完成之后单击【确定】按钮，如图7.316所示。

图7.316 设置动感模糊

04 在【图层】面板中，选中【椭圆1】图层，单击面板底部的【添加图层蒙版】 按钮，为其图层添加图层蒙版，如图7.317所示。

05 选择工具箱中的【画笔工具】 ，在画布中单击鼠标右键，在弹出的面板中选择一种圆角笔触，将【大小】更改为250像素，【硬度】更改为0%，如图7.318所示。

图7.317 添加图层蒙版

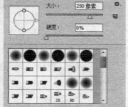

图7.318 设置笔触

06 将前景色更改为黑色，在其图像上左右2端位置涂抹将其隐藏，如图7.319所示。

图7.319 隐藏图像

07 在【BOOK MARK 拷贝】图层名称上单击鼠标右键，从弹出的快捷菜单中选择【转换为智能对象】命令，如图7.320所示。

图7.320 转换为智能对象

08 选中【BOOK MARK 拷贝】图层，执行菜单栏中的【滤镜】|【杂色】|【添加杂色】命令，在弹出的对话框中分别勾选【平均分布】单选按钮和【单色】复选框，将【数量】更改为10%，如图7.321所示。

图7.321 设置添加杂色

09 选择工具箱中的【直线工具】，在选项栏中将【填充】更改为黄色（R: 255, G: 210, B: 0），【描边】为无，【粗细】更改为1像素，在文字左上角位置按住Shift键绘制一条水平线段，此时将生成一个【形状1】图层，如图7.322所示。

图7.322 绘制图形

10 在【图层】面板中，选中【形状1】图层，单击面板底部的【添加图层蒙版】按钮，为其图层添加图层蒙版，如图7.323所示。

11 选择工具箱中的【渐变工具】，编辑黑色到白色再到黑色的渐变，单击选项栏中的【线性渐变】按钮，在画布中其图形上拖动将部分图形隐藏，如图7.324所示。

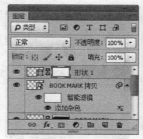

图7.323 添加图层蒙版　　图7.324 设置渐变并隐藏图形

12 选中【形状1】图层，在画布中按住Alt键拖动将其复制多份，如图7.325所示。

图7.325 复制图形

7.17.3 绘制图形并添加文字

01 选择工具箱中的【矩形工具】 ■ ，在选项栏中将【填充】更改为黄色（R：255，G：180，B：0），【描边】为无，在文字右下角位置绘制一个矩形，此时将生成一个【矩形1】图层，如图7.326所示。

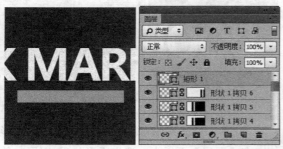

图7.326 绘制图形

02 在【图层】面板中，选中【矩形1】图层，将其拖至面板底部的【创建新图层】 🔲 按钮上，复制1个【矩形1 拷贝】图层，如图7.327所示。

03 选择工具箱中的【直接选择工具】 ▷ ，同时选中矩形顶部2个锚点向右侧拖动将图形变形，如图7.328所示。

图7.327 复制图层　　　　图7.328 将图形变形

04 选中【矩形1】图层，将其图形颜色更改为黑色，如图7.329所示。

05 选中【矩形1】图层，按Ctrl+T组合键对其执行【自由变换】命令，单击鼠标右键，从弹出的快捷菜单中选择【变形】命令，拖动左下角控制点将其变形，完成之后按Enter键确认，如图7.330所示。

图7.329 复制图层　　　　图7.330 将图形变形

06 选中【矩形1】图层，将其图层【不透明度】更改为30%，如图7.331所示。

07 选择工具箱中的【横排文字工具】 T ，在矩形位置添加文字，如图7.332所示。

图7.331 更改图层不透明度　　　图7.332 添加文字

08 同时选中【矩形1 拷贝】及【矩形1】图层，按Ctrl+G组合键将其编组，此时将生成一个【组1】组，选中【组1】组，单击面板底部的【添加图层蒙版】 ◖ 按钮，为其图层添加图层蒙版，如图7.333所示。

图7.333 将图层编组并添加图层蒙版

09 按住Ctrl键单击【点击收藏立即送优惠券】图层缩览图，将其载入选区，将选区填充为黑色将部分图形隐藏，完成之后按Ctrl+D组合键将选区取消，再将【点击收藏立即送优惠券】图层删除，如图7.334所示。

图7.334 载入选区并删除图层

⑩ 在【画笔】面板中选择一个圆角笔触，将【大小】更改为10像素，【间距】更改为1000%，如图7.335所示。

⑪ 勾选【形状动态】复选框，将【大小抖动】更改为80%，如图7.336所示。

图7.335 设置画笔笔尖形状   图7.336 设置形状动态

⑫ 勾选【散布】复选框，将【散布】更改为1000%，如图7.337所示。

⑬ 勾选【平滑】复选框，如图7.338所示。

图7.337 勾选形状动态   图7.338 勾选平滑

7.17.4 添加图像

① 单击面板底部的【创建新图层】按钮，新建一个【图层1】图层，并将【图层1】移至【背景】图层上方，将前景色更改为白色，选中【图层1】图层，在文字位置拖动鼠标添加图像，如图7.339所示。

图7.339 添加图像

② 选择工具箱中的【画笔工具】，在画布中单击鼠标右键，在弹出的面板中将【大小】更改为8像素，【硬度】更改为0%，如图7.340所示。

③ 选中【图层1】图层，在文字位置拖动鼠标添加图像，如图7.341所示。

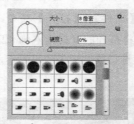

图7.340 设置笔触   图7.341 添加图像

④ 以同样的方法在画布中再次单击鼠标右键并适当缩小笔触，在相同的位置再次添加图像，如图7.342所示。

图7.342 添加图像

⑤ 选择工具箱中的【钢笔工具】，在选项栏中单击【选择工具模式】 路径 按钮，在弹出的选项中选择【形状】，将【填充】更改为黄色（R：255，G：180，B：0），【描边】更改为

无，在文字位置绘制一个不规则图形，此时将生成一个【形状2】图层，如图7.343所示。

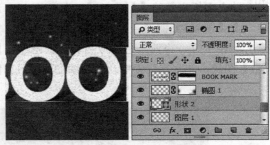

图7.343 绘制图形

06 以同样的方法绘制多个三角形状的图形，如图7.344所示。

图7.344 绘制图形

07 执行菜单栏中的【文件】|【打开】命令，打开"标识.psd"文件，将打开的素材拖入画布中靠底部位置并适当缩小，这样就完成了效果制作，最终效果如图7.345所示。

图7.345 添加素材及最终效果

7.18 制作叠加投影文字效果

素材位置　素材文件\第7章\叠加投影字
案例位置　案例文件\第7章\叠加投影字.psd
视频位置　多媒体教学\第7章\7.18.avi
难易指数　★★☆☆☆

本例讲解制作叠加投影文字效果，叠加投影字在视觉上具有明显的立体效果，制作过程比较简单，注意投影的位置及文字的间距即可，最终效果如图7.346所示。

图7.346 最终效果

7.18.1 处理文字

01 执行菜单栏中的【文件】|【打开】命令，打开"背景.jpg"文件，选择工具箱中的【横排文字工具】 T，在画布适当位置添加文字，如图7.347所示。

图7.347 打开素材并添加文字

02 同时选中所有文字图层，执行菜单栏中的【图层】|【排列】|【反向】命令，如图7.348所示。

图7.348 将图层反向

7.18.2 添加投影

01 在【图层】面板中，选中【智】图层，单击面板底部的【添加图层样式】 *fx* 按钮，在菜单中选择【投影】命令，在弹出的对话框中将【不透明度】更改为50%，取消【使用全局光】复选框，【角度】更改为180度，【距离】更改为10像素，【大小】更改为8像素，完成之后单击【确定】按钮，如图7.349所示。

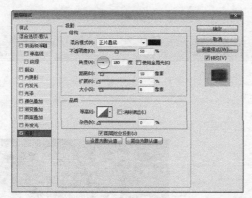

图7.349 设置投影

02 在【智】图层名称上单击鼠标右键，从弹出的快捷菜单中选择【拷贝图层样式】命令，然后在其图层样式名称上单击鼠标右键，从弹出的快捷菜单中选择【创建图层】命令，将生成一个【"智"的投影】图层，如图7.350所示。

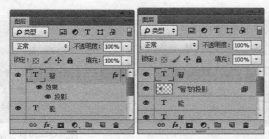

图7.350 创建图层

03 在【图层】面板中，选中【"智"的投影】图层，单击面板底部的【添加图层蒙版】 按钮，为其图层添加图层蒙版，如图7.351所示。

04 选择工具箱中的【渐变工具】 ，编辑黑色到白色的渐变，单击选项栏中的【线性渐变】 按钮，在画布中其图像上水平拖动将部分图像隐藏，如图7.352所示。

图7.351 添加图层蒙版　　图7.352 设置渐变并隐藏图形

05 同时选中其他几个文字图层，单击鼠标右键，从弹出的快捷菜单中选择【粘贴图层样式】命令，如图7.353所示。

图7.353 粘贴图层样式

06 以刚才同样的方法在【能】图层样式名称上单击鼠标右键，从弹出的快捷菜单中选择【创建图层】命令，将生成一个【"能"的投影】图层，并以刚才同样的方法为其添加图层蒙版将部分图像隐藏，如图7.354所示。

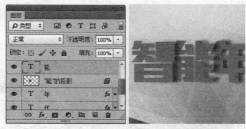

图7.354 创建图层

07 以同样的方法为其他几个文字制作投影效果，这样就完成了效果制作，最终效果如图7.355所示。

图7.355 制作投影及最终效果

7.19　本章小结

本章重点讲解艺术字的制作，艺术字主要表现文字的美感，围绕广告商品本身，给艺术字体一个全新的定位，艺术字的制作有多种类型，针对不同类型的广告给其一个合适的定位，从而延伸出相对应网格的艺术字体，通过本章的学习对不同视觉效果的艺术字体有一个全新的认识，同时在制作方面有一个全面的提升。

7.20　课后习题

本章安排了5个课后习题，通过独特的制作及别样的视觉表达方式呈现一种别具一格的文字效果，通过这些练习，对艺术字有一个自己的独特认识，同时在制作方面可以学习到更多的技巧。

7.20.1　课后习题1——制作时装文字效果

素材位置　素材文件\第7章\时装字
案例位置　案例文件\第7章\时装字.psd
视频位置　多媒体教学\第7章\7.20.1 课后习题1.avi
难易指数　★★☆☆☆

本例讲解制作时装文字效果，时装字顾名思义是以时装为元素进行字体的创作，最终效果如图7.356所示。

图7.356　最终效果

步骤分解如图7.357所示。

图7.357　步骤分解图

7.20.2　课后习题2——制作自然亮光文字效果

素材位置　素材文件\第7章\自然亮光字
案例位置　案例文件\第7章\自然亮光字.psd
视频位置　多媒体教学\第7章\7.20.2 课后习题2.avi
难易指数　★★★☆☆

自然亮光字的制作采用与大自然元素相结合的形式，在本例中自然亮光字的效果极易实现，最终效果如图7.358所示。

图7.358 最终效果

步骤分解如图7.359所示。

图7.359 步骤分解图

7.20.3 课后习题3——制作温馨初恋文字效果

素材位置　素材文件\第7章\初恋字
案例位置　案例文件\第7章\初恋字.psd
视频位置　多媒体教学\第7章\7.20.3 课后习题3.avi
难易指数　★★☆☆☆

温馨初恋文字效果的制作围绕主题进行，整个制作比较简单，需要注意图形与文字的结合，以及色彩对人们的心情影响，最终效果如图7.360所示。

图7.360 最终效果

步骤分解如图7.361所示。

图7.361 步骤分解图

7.20.4 课后习题4——制作火焰组合文字效果

素材位置　素材文件\第7章\火焰组合字
案例位置　案例文件\第7章\火焰组合字.psd
视频位置　多媒体教学\第7章\7.20.4 课后习题4.avi
难易指数　★★★☆☆

　　火焰组合字主要用在对文字的强化说明，以添加火焰元素为制作亮点，整个制作相对比较简单，效果十分不错，最终效果如图7.362所示。

图7.362　最终效果

　　步骤分解如图7.363所示。

图7.363　步骤分解图

7.20.5 课后习题5——制作招牌文字效果

素材位置　素材文件\第7章\招牌字
案例位置　案例文件\第7章\招牌字.psd
视频位置　多媒体教学\第7章\7.20.5 课后习题5.avi
难易指数　★★★☆☆

　　本例中的招牌文字制作比较简单，在招牌图像上添加文字经过简单变形即可，最终效果如图7.364所示。

图7.364　最终效果

　　步骤分解如图7.365所示。

图7.365　步骤分解图

第8章

标识与标签制作

本章讲解标识与标签制作，标识与标签在淘宝店铺装修中颇为常见，它们常用于广告中，或用作提示、引导等，因其使用十分普遍，所以在本章中列举了淘宝店铺装修中最常用的几款标识与标签，通过对本章的学习可以完全掌握标识与标签的制作。

学习目标

学习包邮标识制作方法

学会绘制水滴标签

了解多边形组合标签的制作方法

学会制作指向性标签

掌握提示标签的制作方法

8.1　指向性标识

素材位置　素材文件\第8章\指向性标识
案例位置　案例文件\第8章\指向性标识.psd
视频位置　多媒体教学\第8章\8.1.avi
难易指数　★★☆☆☆

本例讲解指向性标识，此款标识的制作十分简单，仅需绘制组合图形并添加文字信息即可，最终效果如图8.1所示。

图8.1　最终效果

01　执行菜单栏中的【文件】|【打开】命令，打开"背景.jpg"文件，如图8.2所示。

图8.2　打开素材

02　选择工具箱中的【椭圆工具】，在选项栏中将【填充】更改为黄色（R：246，G：215，B：8），【描边】为无，在画面右侧位置按住Shift键绘制一个正圆图形，此时将生成一个【椭圆1】图层，如图8.3所示。

图8.3　绘制图形

03　选择工具箱中的【矩形工具】，在选项栏中将【填充】更改为黄色（R：246，G：215，B：8），【描边】为无，在刚才绘制的椭圆图形左下角位置按住Shift键绘制一个矩形将其与椭圆图形合并，如图8.4所示。

图8.4　绘制图形

04　选择工具箱中的【横排文字工具】T，在绘制的指向性图形位置添加文字，这样就完成了效果制作，最终效果如图8.5所示。

图8.5　添加文字及最终效果

8.2　多边形标签

素材位置　素材文件\第8章\多边形标签
案例位置　案例文件\第8章\多边形标签.psd
视频位置　多媒体教学\第8章\8.2.avi
难易指数　★★☆☆☆

多边形标签的制作十分简单，只需要用【多边形工具】在背景适当位置绘制多边形再添加装饰及文字信息即可，最终效果如图8.6所示。

图8.6　最终效果

① 执行菜单栏中的【文件】|【打开】命令,打开"背景.jpg"文件,如图8.7所示。

图8.7 打开素材

② 选择工具箱中的【多边形工具】 ⬡ ,在选项栏中将【填充】更改为白色,【描边】更改为无,【边】更改为6,在背景文字右上角位置绘制一个图形,此时将生成一个【多边形1】图层,如图8.8所示。

图8.8 绘制图形

③ 在【图层】面板中,选中【多边形1】图层,单击面板底部的【添加图层样式】 fx 按钮,在菜单中选择【描边】命令,在弹出的对话框中将【大小】更改为2像素,【位置】更改为内部,【颜色】更改为白色,如图8.9所示。

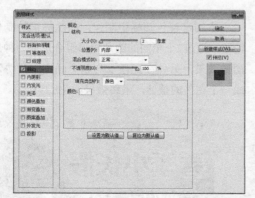

图8.9 设置描边

④ 勾选【渐变叠加】复选框,将【渐变】更改为黄色(R:255,G:240,B:54)到黄色(R:233,G:182,B:10),【角度】更改为-60

度,完成之后单击【确定】按钮,如图8.10所示。

图8.10 设置渐变叠加

⑤ 选择工具箱中的【横排文字工具】 T ,在画布适当位置添加文字,这样就完成了效果制作,最终效果如图8.11所示。

图8.11 添加文字及最终效果

8.3 新款上市标签

素材位置 素材文件\第8章\新款上市标签
案例位置 案例文件\第8章\新款上市标签.psd
视频位置 多媒体教学\第8章\8.3.avi
难易指数 ★★☆☆☆

本例讲解新款上市标签制作,本例中的标签制作十分简单,重点在于突出文字信息,同时椭圆图形的虚线边框使整个标签更加形象,最终效果如图8.12所示。

图8.12 最终效果

① 执行菜单栏中的【文件】|【打开】命令,打开"背景.jpg"文件,如图8.13所示。

图8.13 打开素材

02 选择工具箱中的【椭圆工具】 ⬤ ，在选项栏中将【填充】更改为紫色（R：74，G：34，B：86），【描边】为无，在画布文字信息靠右上角位置按住Shift键绘制一个正圆图形，此时将生成一个【椭圆1】图层，如图8.14所示。

图8.14 绘制图形

03 在【图层】面板中，选中【椭圆1】图层，将其拖至面板底部的【创建新图层】 按钮上，复制1个【椭圆1 拷贝】图层，如图8.15所示。

04 选中【椭圆1 拷贝】图层，在选项栏中将【填充】更改为无，【描边】更改为白色，单击 【设置形状描边类型】按钮，在弹出的选项中选择第2种描边类型，在画布中按Ctrl+T组合键对其执行【自由变换】命令，将图形等比缩小，完成之后按Enter键确认，如图8.16所示。

图8.15 复制图层   图8.16 变换图形

05 选择工具箱中的【钢笔工具】 ✐ ，在选项栏中单击【选择工具模式】 路径 ⬥ 按钮，在弹出的选项中选择【形状】，将【填充】更改为紫色

（R：74，G：34，B：86），【描边】更改为无，在图形左下角位置绘制一个不规则图形，此时将生成一个【形状1】图层，如图8.17所示。

图8.17 绘制图形

06 选择工具箱中的【横排文字工具】 T ，在刚才绘制的图形位置添加文字，这样就完成了效果制作，最终效果如图8.18所示。

图8.18 添加文字及最终效果

8.4 包邮标识

素材位置　素材文件\第8章\包邮标识
案例位置　案例文件\第8章\包邮标识.psd
视频位置　多媒体教学\第8章\8.4.avi
难易指数　★★★☆☆

本例讲解包邮标识制作，此款标识的制作比较简单，通过2个相同的圆角矩形组合形成一种吊牌的图像效果，另外在配色上与整个画面十分协调，形成一个完美的整体，最终效果如图8.19所示。

图8.19 最终效果

8.4.1 绘制图形

① 执行菜单栏中的【文件】|【打开】命令，打开"背景.jpg"文件，如图8.20所示。

图8.20 打开素材

② 选择工具箱中的【圆角矩形工具】 ▢，在选项栏中将【填充】更改为黄色（R：248，G：210，B：13），【描边】为无，【半径】为5像素，在画布靠底部位置绘制一个圆角矩形，此时将生成一个【圆角矩形1】图层，如图8.21所示。

图8.21 绘制图形

③ 在【图层】面板中，选中【圆角矩形1】图层，将其拖至面板底部的【创建新图层】 ▣ 按钮上，复制1个【圆角矩形1 拷贝】图层，如图8.22所示。

④ 选中【圆角矩形1 拷贝】图层，将其图形颜色更改为浅黄色（R：253，G：252，B：240），再将其适当旋转，如图8.23所示。

图8.22 复制图层

图8.23 变换图形

⑤ 在【图层】面板中，选中【圆角矩形1】图层，单击面板底部的【添加图层样式】 *fx* 按钮，在菜单中选择【投影】命令，在弹出的对话框中将【不透明度】更改为20%，【距离】更改为3像素，【大小】更改为4像素，完成之后单击【确定】按钮，如图8.24所示。

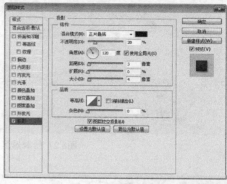

图8.24 设置投影

⑥ 在【圆角矩形 1】图层上单击鼠标右键，从弹出的快捷菜单中选择【拷贝图层样式】命令，在【圆角矩形 1 拷贝】图层上单击鼠标右键，从弹出的快捷菜单中选择【粘贴图层样式】命令，如图8.25所示。

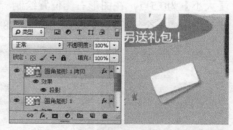

图8.25 复制并粘贴图层样式

⑦ 同时选中【圆角矩形1 拷贝】及【圆角矩形1】图层按Ctrl+G组合键将图层编组，此时将生成一个【组1】组，选中【组1】组，单击面板底部的【添加图层蒙版】 ▣ 按钮，为其添加图层蒙版，如图8.26所示。

图8.26 将图层编组并添加图层蒙版

08 选择工具箱中的【椭圆选区】◯，在图形右侧位置按住Shift键绘制一个正圆选区，单击【组1】蒙版缩览图，将选区填充为黑色将部分图形隐藏，完成之后按Ctrl+D组合键将选区取消，如图8.27所示。

图8.27 绘制选区并隐藏图形

8.4.2 添加文字

01 选择工具箱中的【钢笔工具】✎，在选项栏中单击【选择工具模式】 路径 ⏷ 按钮，在弹出的选项中选择【形状】，将【填充】更改为无，【描边】更改为深黄色（R：127，G：102，B：34），【大小】为0.5点，在图形右侧位置绘制一条曲线，此时将生成一个【形状1】图层，如图8.28所示。

图8.28 绘制图形

02 在【图层】面板中，选中【形状1】图层，单击面板底部的【添加图层蒙版】◙按钮，为其图层添加图层蒙版，如图8.29所示。

03 选择工具箱中的【画笔工具】🖌，在画布中单击鼠标右键，在弹出的面板中选择一种圆角笔触，将【大小】更改为10像素，【硬度】更改为100%，如图8.30所示。

 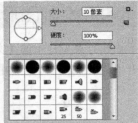

图8.29 添加图层蒙版　　　图8.30 设置笔触

04 将前景色更改为黑色，单击【形状1】图层蒙版缩览图，在其图层上部分区域涂抹将其隐藏，如图8.31所示。

图8.31 隐藏图像

05 选择工具箱中的【横排文字工具】T，在画布适当位置添加文字，这样就完成了效果制作，最终效果如图8.32所示。

图8.32 添加文字及最终效果

8.5 投影标签

素材位置　素材文件\第8章\投影标签
案例位置　案例文件\第8章\投影标签.psd
视频位置　多媒体教学\第8章\8.5.avi
难易指数　★★★☆☆

本例讲解投影标签，投影标签的最大特点是具有真实的投影效果，它可以很好地突出标签的信息，使人们的注意力集中到标签信息，在制作上比较简单，最终效果如图8.33所示。

图8.33 最终效果

8.5.1 绘制矩形

01 执行菜单栏中的【文件】|【打开】命令，打开"背景.jpg"文件，选择工具箱中的【矩形工具】，在选项栏中将【填充】更改为浅红色（R：255，G：150，B：200），【描边】为无，在文字下方位置绘制一个矩形，此时将生成一个【矩形1】图层，如图8.34所示。

图8.34 打开素材并绘制图形

02 在【图层】面板中，选中【矩形1】图层，将其拖至面板底部的【创建新图层】按钮上，复制1个【矩形1 拷贝】及【矩形1 拷贝2】图层，如图8.35所示。

03 选中【矩形1 拷贝2】图层，将其【填充】更改为无，【描边】更改为白色，【大小】更改为1点，单击【设置形状描边类型】按钮，在弹出的选项中选择第2种描边类型，再按Ctrl+T组合键对其执行【自由变换】命令，分别将图形宽度和高度等比缩小，完成之后按Enter键确认，如图8.36所示。

图8.35 复制图层

图8.36 变换图形

8.5.2 制作阴影

01 选中【矩形1】图层将其颜色更改为黑色，按Ctrl+T组合键对其执行【自由变换】命令，分别将图形高度和宽度适当缩小，再单击鼠标右键，从弹出的快捷菜单中选择【变形】命令，拖动控制点将图形变形，完成之后按Enter键确认，如图8.37所示。

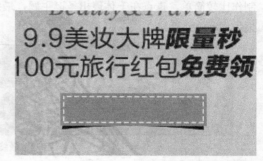

图8.37 将图形变形

02 选中【矩形1】图层，执行菜单栏中的【滤镜】|【模糊】|【高斯模糊】命令，在弹出的对话框中将【半径】更改为1像素，完成之后单击【确定】按钮，再将其图层【不透明度】更改为35%，如图8.38所示。

图8.38 设置高斯模糊

03 选择工具箱中的【横排文字工具】T，在刚才绘制的图形位置添加文字，这样就完成了效果制作，最终效果如图8.39所示。

图8.39 添加文字及最终效果

8.6 可爱主题标签

素材位置　素材文件\第8章\可爱主题标签
案例位置　案例文件\第8章\可爱主题标签.psd
视频位置　多媒体教学\第8章\8.6.avi
难易指数　★★★☆☆

本例讲解可爱主题标签的制作，此款标签的制作比较简单，重点在于体现出圣诞主题，最终效果如图8.40所示。

图8.40 最终效果

8.6.1 绘制不规则图形

01 执行菜单栏中的【文件】|【打开】命令，打开"背景.jpg"文件，如图8.41所示。

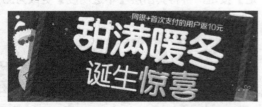

图8.41 打开素材

02 选择工具箱中的【钢笔工具】，在选项栏中单击【选择工具模式】 路径 按钮，在弹出的选项中选择【形状】，将【填充】更改为黄色（R：255，G：178，B：0），【描边】更改为无，在背景左下角位置绘制一个不规则图形，此时将生成一个【形状1】图层，如图8.42所示。

图8.42 绘制图形

03 在【图层】面板中，选中【形状1】图层，将其拖曳至面板底部的【创建新图层】 按钮上，复制1个【形状1 拷贝】图层，如图8.43所示。

04 选中【形状1】图层，将其图形颜色更改为黑色，【不透明度】更改为30%，按Ctrl+T组合键对其执行【自由变换】命令，单击鼠标右键，从弹出的快捷菜单中选择【扭曲】命令，拖动控制点将图形变形，完成之后按Enter键确认，如图8.44所示。

图8.43 复制图层　　　　图8.44 将图形变形

8.6.2 添加样式及文字

01 选择工具箱中的【钢笔工具】，在选项栏中单击【选择工具模式】 路径 按钮，在弹出的选项中选择【形状】，将【填充】更改为黄色（R：255，G：178，B：0），【描边】更改为无，在背景左下角位置绘制一个不规则图形，此时将生成一个【形状1】图层，如图8.45所示。

图8.45 绘制图形

02 在【图层】面板中，选中【形状1】图层，单击面板底部的【添加图层样式】*fx*按钮，在菜单中选择【渐变叠加】命令，在弹出的对话框中将【渐变】更改为浅蓝色（R：217，G：246，B：252）到白色，将2个色标位置更改为50%，如图8.46所示。

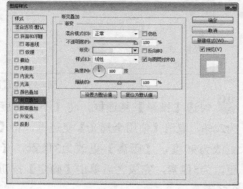

图8.46 设置渐变叠加

03 勾选【投影】复选框，将【不透明度】更改为30%，【距离】更改为2像素，【大小】更改为2像素，完成之后单击【确定】按钮，如图8.47所示。

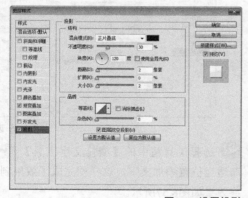

图8.47 设置投影

04 选择工具箱中的【横排文字工具】**T**，在画布适当位置添加文字，这样就完成了效果制作，最终效果如图8.48所示。

图8.48 添加文字及最终效果

8.7 圣诞元素标签

素材位置 素材文件\第8章\圣诞元素标签
案例位置 案例文件\第8章\圣诞元素标签.psd
视频位置 多媒体教学\第8章\8.7.avi
难易指数 ★★☆☆☆

本例讲解圣诞元素标签制作，此类标签的制作比较简单，整个制作过程围绕广告的主题进行，以体现出圣诞节的特点为重点，最终效果如图8.49所示。

图8.49 最终效果

8.7.1 打开素材

01 执行菜单栏中的【文件】|【打开】命令，打开"背景.jpg"文件，如图8.50所示。

图8.50 打开素材

02 选择工具箱中的【圆角矩形工具】，在选项栏中将【填充】更改为任意颜色，【描边】更改为无，【半径】更改为10像素，在画布中绘制一个圆角矩形，此时将生成一个【圆角矩形1】图层，如图8.51所示。

图8.51 绘制图形

(03) 选择工具箱中的【删除锚点工具】 ，分别单击圆角矩形左下角和右下角的锚点将其删除，如图8.52所示。

(04) 选择工具箱中的【直接选择工具】 ，拖动控制杆将底部变形成水平形状，如图8.53所示。

图8.52 删除锚点　　　　图8.53 将图形变形

8.7.2 绘制图形

(01) 选择工具箱中的【钢笔工具】 ，在选项栏中单击【选择工具模式】 路径 按钮，在弹出的选项中选择【形状】，将【填充】更改为与圆角矩形相同的颜色，【描边】更改为无，在图形底部位置绘制一个不规则图形，此时将生成一个【形状1】图层，同时选中【形状1】及【圆角矩形1】图层，按Ctrl+E组合键将其合并，此时将生成一个【形状1】图层，如图8.54所示。

图8.54 绘制图形

(02) 在【图层】面板中，选中【形状1】图层，单击面板底部的【添加图层样式】 fx 按钮，在菜单中选择【渐变叠加】命令，在弹出的对话框中将【渐变】更改为白色到浅灰色（R：235，G：243，B：255），如图8.55所示。

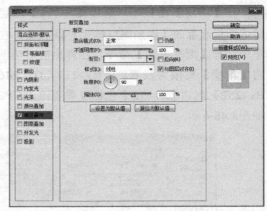

图8.55 设置渐变叠加

(03) 勾选【投影】复选框，将【不透明度】更改为20%，取消【使用全局光】复选框，将【角度】更改为90度，【距离】更改为3像素，【大小】更改为5像素，完成之后单击【确定】按钮，如图8.56所示。

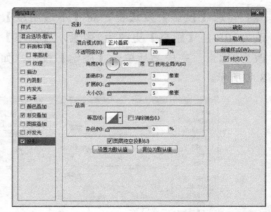

图8.56 设置投影

(04) 选择工具箱中的【横排文字工具】 T ，在画布适当位置添加文字，这样就完成了效果制作，最终效果如图8.57所示。

图8.57 添加文字及最终效果

8.8 水滴标签

素材位置 素材文件\第8章\水滴标签
案例位置 案例文件\第8章\水滴标签.psd
视频位置 多媒体教学\第8章\8.8.avi
难易指数 ★★★☆☆

本例讲解水滴标签，本例中的标签在绘制过程中以形象的拟物手法进行绘制，水滴样式图像十分漂亮，最终效果如图8.58所示。

图8.58 最终效果

8.8.1 绘制水滴

01 执行菜单栏中的【文件】|【打开】命令，打开"背景.jpg"文件，如图8.59所示。

图8.59 打开素材

02 选择工具箱中的【矩形工具】，在选项栏中将【填充】更改为白色，【描边】为无，在画布右上角位置绘制一个矩形，此时将生成一个【矩形1】图层，如图8.60所示。

图8.60 绘制图形

03 在【图层】面板中，选中【矩形1】图层，单击面板底部的【添加图层样式】fx按钮，在菜单中选择【渐变叠加】命令，在弹出的对话框中将【渐变】更改为绿色（R：117，G：210，B：0）到绿色（R：70，G：154，B：4），【角度】更改为0，完成之后单击【确定】按钮，如图8.61所示。

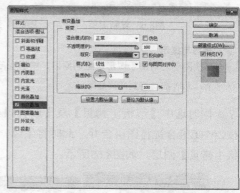

图8.61 设置渐变叠加

04 选择工具箱中的【钢笔工具】，在选项栏中单击【选择工具模式】路径按钮，在弹出的选项中选择【形状】，将【填充】更改为白色，【描边】更改为无，在画布左上角位置绘制一个不规则图形，此时将生成一个【形状1】图层，如图8.62所示。

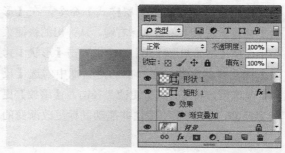

图8.62 绘制图形

05 在【图层】面板中，选中【形状1】图层，将其拖至面板底部的【创建新图层】按钮上，复制1个【形状1拷贝】图层，如图8.63所示。

06 选中【形状1拷贝】图层，按Ctrl+T组合键对其执行【自由变换】命令，单击鼠标右键，从弹出的快捷菜单中选择【水平翻转】命令，完成之后按Enter键确认，再将图形与原图形对齐，如图8.64所示。

图8.63 复制图层

图8.64 变换图形

技巧与提示

变换图形之后由于图形边缘的原因,图形底部可能无法平滑,此时拖动控制杆调整即可。

07 同时选中【形状 1 拷贝】及【形状1】图层,按Ctrl+E组合键将图层合并,此时将生成一个【形状 1 拷贝】图层,如图8.65所示。

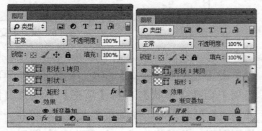

图8.65 合并图层

08 在【矩形1】图层上单击鼠标右键,从弹出的快捷菜单中选择【拷贝图层样式】命令,在【形状 1 拷贝】图层上单击鼠标右键,从弹出的快捷菜单中选择【粘贴图层样式】命令,双击【形状 1 拷贝】图层样式名称,在弹出的对话框中勾选【反向】复选框,将【样式】更改为径向,【缩放】更改为130%,在画布中按住并拖动鼠标更改渐变的位置,如图8.66所示。

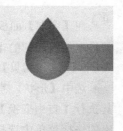

图8.66 复制并粘贴图层样式

8.8.2 添加高光

01 选择工具箱中的【钢笔工具】 ⌀,在选项栏中单击【选择工具模式】 路径 ⬦ 按钮,在弹出的选项中选择【形状】,将【填充】更改为白色,【描边】更改为无,在绘制的"水滴"图像左侧靠边缘位置绘制一个不规则图形,此时将生成一个【形状1】图层,如图8.67所示。

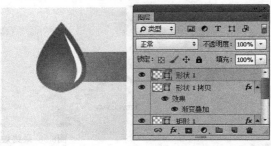

图8.67 绘制图形

02 选中【形状1】图层,执行菜单栏中的【滤镜】|【模糊】|【高斯模糊】命令,在弹出的对话框中将【半径】更改为2像素,完成之后单击【确定】按钮,如图8.68所示。

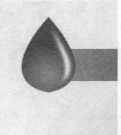

图8.68 设置高斯模糊

03 在【图层】面板中,选中【形状1】图层,将其图层混合模式设置为【叠加】,【不透明度】更改为80%,如图8.69所示。

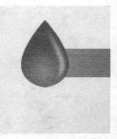

图8.69 设置图层混合模式

④ 以同样的方法在水滴图像左侧位置绘制一个稍小的图形，并添加高斯模糊效果，然后设置图层混合模式，添加高光效果，如图8.70所示。

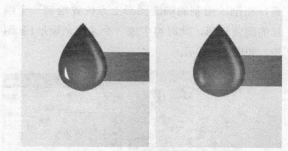

图8.70 绘制图形添加高光效果

⑤ 选择工具箱中的【画笔工具】✎，在画布中单击鼠标右键，在弹出的面板中选择一种圆角笔触，将【大小】更改为15像素，【硬度】更改为0%，如图8.71所示。

⑥ 单击面板底部的【创建新图层】◻ 按钮，新建一个【图层1】图层，如图8.72所示。

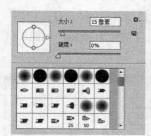

图8.71 设置笔触　　　　图8.72 新建图层

⑦ 选中【图层1】图层，将前景色更改为白色，在水滴图像左上角位置单击，如图8.73所示。

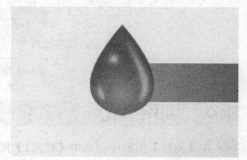

图8.73 添加图像

⑧ 选择工具箱中的【画笔工具】✎，在画布中单击鼠标右键，在弹出的面板中单击右上角图标，在弹出的菜单中选择混合画笔，在弹出的对话框中单击【确定】按钮，在面板中选择交叉排线笔触，

将【大小】更改为30像素，如图8.74所示。

⑨ 选中【图层1】图层，将前景色更改为白色，在刚才添加的图像位置单击添加星光图像，如图8.75所示。

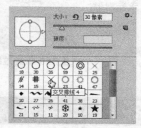 

图8.74 设置画笔　　　　图8.75 添加图像

⑩ 在【图层】面板中，选中【矩形1】图层，单击面板底部的【添加图层蒙版】◻ 按钮，为其图层添加图层蒙版，如图8.76所示。

⑪ 按住Ctrl键单击【形状1 拷贝】图层缩览图，将其载入选区，如图8.77所示。

图8.76 添加图层蒙版　　　　图8.77 载入选区

⑫ 执行菜单栏中的【选择】|【修改】|【扩展】命令，在弹出的对话框中将【扩展量】更改为5像素，完成之后单击【确定】按钮，如图8.78所示。

⑬ 单击【形状1 拷贝】图层蒙版缩览图，在画布中将选区填充为黑色将部分图像隐藏，完成之后按Ctrl+D组合键将选区取消，如图8.79所示。

 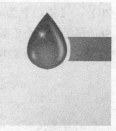

图8.78 扩展选区　　　　图8.79 隐藏图形

⑭ 选择工具箱中的【横排文字工具】T，在刚才绘制的图形位置添加文字，这样就完成了效果制

作，最终效果如图8.80所示。

图8.80 最终效果

8.9 悬吊标签

素材位置	素材文件\第8章\悬吊标签
案例位置	案例文件\第8章\悬吊标签.psd
视频位置	多媒体教学\第8章\8.9.avi
难易指数	★★☆☆☆

本例讲解悬吊标签，悬吊标签的制作以突出悬吊感为主，通常采用拟物的制作手法，绘制形象的绳索及吊牌效果，最终效果如图8.81所示。

图8.81 最终效果

8.9.1 绘制圆形

01 执行菜单栏中的【文件】|【打开】命令，打开"背景.jpg"文件。

02 选择工具箱中的【椭圆工具】 ，在选项栏中将【填充】更改为橙色（R：246，G：132，B：20），【描边】为无，在画布靠左下角位置按住Shift键绘制一个正圆图形，此时将生成一个【椭圆1】图层，如图8.82所示。

图8.82 打开素材并绘制图形

03 选择工具箱中的【圆角矩形工具】 ，在选项栏中将【填充】更改为浅黄色（R：250，G：225，B：176），【描边】为无，【半径】为5像素，在刚才绘制的椭圆图形上方位置绘制一个细长的圆角矩形，此时将生成一个【圆角矩形1】图层，如图8.83所示。

图8.83 绘制图形

04 在【图层】面板中，选中【圆角矩形1】图层，单击面板底部的【添加图层样式】 fx 按钮，在菜单中选择【斜面和浮雕】命令，在弹出的对话框中将【大小】更改为3像素，将【阴影模式】中的【颜色】更改为橙色（R：246，G：132，B：20），完成之后单击【确定】按钮，如图8.84所示。

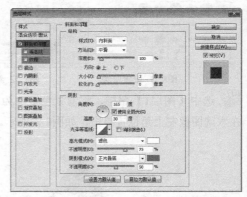

图8.84 设置内发光

8.9.2 制作小孔

01 在【图层】面板中，选中【椭圆1】图层，单击面板底部的【添加图层蒙版】 按钮，为其图层添加图层蒙版，如图8.85所示。

02 选择工具箱中的【椭圆选区工具】 ，在刚才绘制的圆角矩形底部位置按住Shift键绘制一个选区，如图8.86所示。

图8.85 添加图层蒙版

图8.86 绘制选区

03 将选区填充为黑色将部分图像隐藏，完成之后按Ctrl+D组合键将选区取消，如图8.87所示。

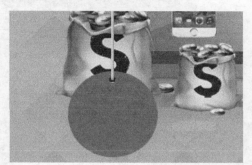

图8.87 隐藏图形

04 在【图层】面板中，选中【椭圆1】图层，单击面板底部的【添加图层样式】 *fx* 按钮，在菜单中选择【斜面和浮雕】命令，在弹出的对话框中将【大小】更改为2像素，取消【使用全局光】复选框，【角度】更改为90度，【高光模式】中的【不透明度】更改为50%，【阴影模式】中的【不透明度】更改为20%，如图8.88所示。

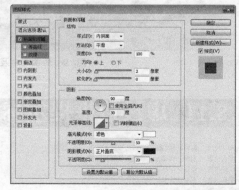

图8.88 设置斜面和浮雕

05 勾选【投影】复选框，将【不透明度】更改为15%，【距离】更改为20像素，【大小】更改为15像素，完成之后单击【确定】按钮，如图8.89所示。

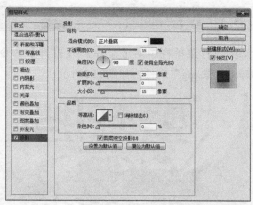

图8.89 设置投影

06 选择工具箱中的【横排文字工具】 **T**，在刚才绘制的图形位置添加文字，这样就完成了效果制作，最终效果如图8.90所示。

图8.90 最终效果

8.10 提示标签

素材位置　素材文件\第8章\提示标签
案例位置　案例文件\第8章\提示标签.psd
视频位置　多媒体教学\第8章\8.10.avi
难易指数　★★☆☆☆

本例讲解提示标签，此类标签主要用作提示之用，也可用在促销类banner及相关广告中，其制作方法比较简单，但却十分实用，最终效果如图8.91所示。

图8.91 最终效果

8.10.1 绘制图形

01 执行菜单栏中的【文件】|【打开】命令，打开"背景.jpg"文件，如图8.92所示。

图8.92 打开素材

02 选择工具箱中的【椭圆工具】 ⬭ ，在选项栏中将【填充】更改为白色，【描边】为无，在画布靠右下角位置按住Shift键绘制一个正圆图形，此时将生成一个【椭圆1】图层，如图8.93所示。

图8.93 绘制图形

03 选择工具箱中的【钢笔工具】 ✎ ，在选项栏中单击【选择工具模式】 路径 ⬍ 按钮，在弹出的选项中选择【形状】，将【填充】更改为白色，【描边】更改为无，在选项栏中单击【路径操作】按钮，在弹出的选项中选择【合并形状】，在椭圆图形左下角位置绘制1个不规则图形，如图8.94所示。

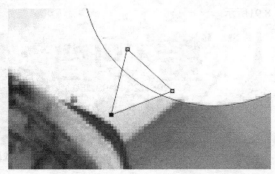

图8.94 绘制图形

8.10.2 添加渐变

01 在【图层】面板中，选中【椭圆1】图层，单击面板底部的【添加图层样式】 fx 按钮，在菜单中选择【渐变叠加】命令，在弹出的对话框中将【渐变】更改为红色（R：250，G：60，B：0）到红色（R：204，G：14，B：2），【样式】更改为径向，完成之后单击【确定】按钮，如图8.95所示。

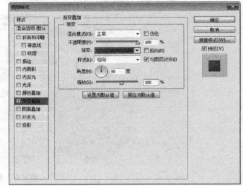

图8.95 设置渐变叠加

02 选择工具箱中的【横排文字工具】 T ，在绘制的图形位置添加文字，这样就完成了效果制作，最终效果如图8.96所示。

图8.96 添加文字及最终效果

8.11 虚线边框提示标签

素材位置　素材文件\第8章\虚线边框提示标签
案例位置　案例文件\第8章\虚线边框提示标签.psd
视频位置　多媒体教学\第8章\8.11.avi
难易指数　★★☆☆☆

本例讲解虚线边框提示标签的制作，此款标签比单一的提示标签多了虚线效果，令标签整体的视觉效果更加完美，同时在制作上注意细节图形的变换，最终效果如图8.97所示。

图8.97 最终效果

8.11.1 绘制标签

01 执行菜单栏中的【文件】|【打开】命令，打开"背景.jpg"文件，如图8.98所示。

图8.98 打开素材

02 选择工具箱中的【圆角矩形工具】 ，在选项栏中将【填充】更改为黄色（R：255，G：216，B：92），【描边】更改为无，【半径】更改为5像素，在画布左上角位置绘制一个圆角矩形，此时将生成一个【圆角矩形1】图层，如图8.99所示。

图8.99 绘制圆角矩形

8.11.2 将图形变形

01 选择工具箱中的【添加锚点工具】 ，在圆角矩形的右下角位置单击添加锚点，如图8.100所示。

02 选择工具箱中的【转换点工具】 ，单击左

下角的锚点，如图8.101所示。

图8.100 添加锚点　　图8.101 转换锚点

03 选择工具箱中的【直接选择工具】 ，选中转换的锚点将其向左下角方向拖动，如图8.102所示。

图8.102 拖动锚点

04 在【图层】面板中，选中【圆角矩形1】图层，将其拖至面板底部的【创建新图层】 按钮上，复制1个【圆角矩形1 拷贝】图层，如图8.103所示。

05 选中【圆角矩形1 拷贝】图层，在选项栏中将【填充】更改为无，【描边】更改为深黄色（R：110，G：52，B：14），【大小】更改为0.5点，再将图形缩小，如图8.104所示。

图8.103 复制图层　　图8.104 变换图形

06 选择工具箱中的【横排文字工具】 ，在圆角矩形位置添加文字，这样就完成了效果制作，最终效果如图8.105所示。

图8.105 添加文字及最终效果

8.12 盛典标签

素材位置　素材文件\第8章\盛典标签
案例位置　案例文件\第8章\盛典标签.psd
视频位置　多媒体教学\第8章\8.12.avi
难易指数　★★★☆☆

　　本例讲解盛典标签，本例的制作比较简单，只需将图形组合并添加文字信息即可，最终效果如图8.106所示。

图8.106 最终效果

8.12.1 绘制变换图形

01 执行菜单栏中的【文件】|【打开】命令，打开"背景.jpg"文件，如图8.107所示。

图8.107 打开素材

02 选择工具箱中的【矩形工具】■，在选项栏中将【填充】更改为白色，【描边】为无，在画布左上角位置绘制一个矩形，此时将生成一个【矩形1】图层，如图8.108所示。

图8.108 绘制图形

03 在【图层】面板中，选中【矩形1】图层，单击面板底部的【添加图层样式】 fx 按钮，在菜单中选择【渐变叠加】命令，在弹出的对话框中将【渐变】更改为紫色（R：94，G：10，B：143）到紫色（R：32，G：4，B：114），【样式】更改为径向，【角度】更改为120度，【缩放】更改为130%，完成之后单击【确定】按钮，如图8.109所示。

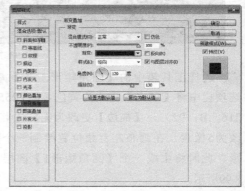

图8.109 设置渐变叠加

04 选择工具箱中的【矩形工具】■，在选项栏中将【填充】更改为无，【描边】为白色，【大小】更改为0.5点，在刚才绘制的矩形位置再次绘制一个矩形，此时将生成一个【矩形2】图层，如图8.110所示。

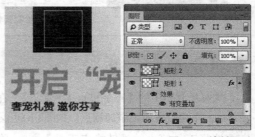

图8.110 绘制图形

05 选中【矩形2】图层，按Ctrl+T组合键对其执行【自由变换】命令，当出现变形框以后在选项栏中【旋转】后方文本框中输入45，完成之后按Enter键确认，如图8.111所示。

图8.111 旋转图形

06 选择工具箱中的【删除锚点工具】 ，单击刚才绘制的矩形底部锚点将其删除，如图8.112所示。

07 选中【矩形2】图层，按Ctrl+T组合键对其执行【自由变换】命令，将图形宽度缩小高度增加，完成之后按Enter键确认，如图8.113所示。

图8.112 删除锚点　　　　图8.113 将图形变形

08 在【图层】面板中，选中【矩形2】图层，将其拖至面板底部的【创建新图层】 按钮上，复制1个【矩形2拷贝】图层，如图8.114所示。

09 选中【矩形2 拷贝】图层，按Ctrl+T组合键对其执行【自由变换】命令，将图层等比缩小，完成之后按Enter键确认，如图8.115所示。

图8.114 复制图层　　　　图8.115 缩小图形

8.12.2 添加文字

01 选择工具箱中的【横排文字工具】 T ，在画布适当位置添加文字，如图8.116所示。

02 在【图层】面板中，选中【矩形2】图层，将其拖至面板底部的【创建新图层】 按钮上，复制1个【矩形2 拷贝】图层，如图8.117所示。

图8.116 添加文字　　　　图8.117 复制图层

03 选中【矩形2 拷贝】及【矩形2】图层，按Ctrl+G组合键将图层编组，选中【组1】组，单击面板底部的【添加图层蒙版】 按钮，为其图层添加图层蒙版，如图8.118所示。

04 选择工具箱中的【多边形套索工具】 ，在文字周围位置绘制一个不规则选区，如图8.119所示。

图8.118 添加图层蒙版　　　　图8.119 绘制选区

05 将选区填充为黑色，将部分图形隐藏，完成之后按Ctrl+D组合键将选区取消，这样就完成了效果制作，最终效果如图8.120所示。

图8.120 隐藏图形及最终效果

8.13 秒杀标识

素材位置 素材文件\第8章\秒杀标识
案例位置 案例文件\第8章\秒杀标识.psd
视频位置 多媒体教学\第8章\8.13.avi
难易指数 ★★★☆☆

本例讲解秒杀标识制作,秒杀标识的制作以体现商品的促销主题为主,它可以很完美地突出标识的特点,使人过目不忘,最终效果如图8.121所示。

图8.121 最终效果

8.13.1 制作底部图形

01 执行菜单栏中的【文件】|【打开】命令,搭配"背景.jpg"文件,选择工具箱中的【矩形工具】 ,在选项栏中将【填充】更改为白色,【描边】为无,在画布左侧位置绘制一个矩形,此时将生成一个【矩形1】图层,如图8.122所示。

图8.122 打开素材并绘制图形

02 选择工具箱中的【添加锚点工具】 ,在图形顶部中间位置单击添加锚点,如图8.123所示。

03 选择工具箱中的【直接选择工具】 ,选中锚点向下拖动将图形变形,如图8.124所示。

图8.123 添加锚点

图8.124 将图形变形

04 以同样的方法分别在其他几个边添加锚点并将图形变形,如图8.125所示。

05 在【图层】面板中,选中【矩形1】图层,将其拖至面板底部的【创建新图层】 按钮上,复制2个【拷贝】图层,如图8.126所示。

图8.125 将图形变形

图8.126 复制图层

06 在【图层】面板中,选中【矩形1】图层,单击面板底部的【添加图层样式】 fx 按钮,在菜单中选择【渐变叠加】命令,在弹出的对话框中将【渐变】更改为红色(R:225,G:0,B:25)到红色(R:255,G:110,B:110),【角度】更改为0度,完成之后单击【确定】按钮,如图8.127所示。

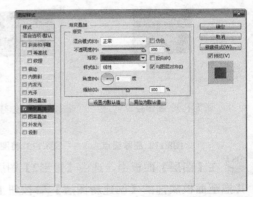

图8.127 设置渐变叠加

07 选中【矩形 1 拷贝 2】图层,按Ctrl+T组合键对其执行【自由变换】命令,将图形等比缩小,完成之后按Enter键确认,再将图形颜色更改为黄色(R:255,G:245,B:0),如图8.128所示。

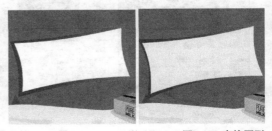

图8.128 变换图形

技巧与提示

将图形缩小之后可利用【直接选择工具】拖动锚点将图形稍微变形。

08 选中【矩形1】图层，将图形颜色更改为白色，图层【不透明度】更改为60%，在画布中将其向右下角方向稍微移动，如图8.129所示。

图8.129 更改图形颜色及不透明度

8.13.2 添加文字

01 选择工具箱中的【横排文字工具】，在画布适当位置添加文字，如图8.130所示。

02 在【秒杀】图层名称上单击鼠标右键，从弹出的快捷菜单中选择【转换为形状】命令，如图8.131所示。

图8.130 添加文字　　　　图8.131 转换形状

03 选择工具箱中的【直接选择工具】，选中字体部分锚点按Delete键将其删除，再拖动部分锚点将其变形，如图8.132所示。

图8.132 删除锚点并变形

04 选择工具箱中的【横排文字工具】，在画布适当位置添加文字，如图8.133所示。

05 选择工具箱中的【钢笔工具】，在选项栏中单击【选择工具模式】按钮，在弹出的选项中选择【形状】，将【填充】更改为白色，【描边】更改为无，在文字底部位置绘制2个不规则图形，此时将生成【形状1】及【形状2】2个图层，如图8.134所示。

图8.133 添加文字　　　　图8.134 绘制图形

06 同时选中【健康生活 欢乐促】、【形状2】、【形状1】、【折】、【3】及【秒杀】图层，按Ctrl+G组合键将其编组，此时将生成一个【组1】组，如图8.135所示。

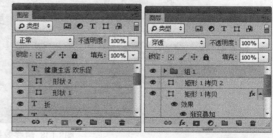

图8.135 将图层编组

07 在【矩形1 拷贝】图层上单击鼠标右键，从弹出的快捷菜单中选择【拷贝图层样式】命令，在【组1】组上单击鼠标右键，从弹出的快捷菜单中选择【粘贴图层样式】命令，如图8.136所示。

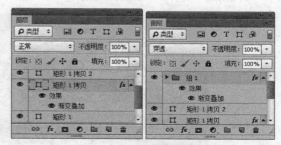

图8.136 复制并粘贴图层样式

08 双击【组1】组图层样式名称，当弹出对话框以后在画布中拖动鼠标更改渐变颜色位置，这样就完成了效果制作，最终效果如图8.137所示。

图8.137 调整渐变及最终效果

8.14 多边形组合标签

素材位置	素材文件\第8章\多边形组合标签
案例位置	案例文件\第8章\多边形组合标签.psd
视频位置	多媒体教学\第8章\8.14.avi
难易指数	★★★☆☆

本例讲解多边形组合标签制作，多边形组合标签的特点是结构丰富，没有单调感，它通常用于大型促销相关的广告制作中，最终效果如图8.138所示。

图8.138 最终效果

8.14.1 绘制星形

01 执行菜单栏中的【文件】|【打开】命令，打开"背景.jpg"文件，如图8.139所示。

图8.139 打开素材

02 选择工具箱中的【多边形工具】，在选项栏中将【填充】更改为黄色（R：255，G：238，B：48），单击 图标，在弹出的面板中勾选【星形】复选框，将【缩进边依据】更改为10%，【边】更改为30，在图像右下角位置按住Shift键绘制一个多边形，此时将生成一个【多边形1】图层，如图8.140所示。

图8.140 绘制图形

03 在【图层】面板中，选中【多边形1】图层，单击面板底部的【添加图层样式】 *fx* 按钮，在菜单中选择【外发光】命令，在弹出的对话框中将【混合模式】更改为正常，【不透明度】更改为20%，【颜色】更改为黑色，【大小】更改为10像素，完成之后单击【确定】按钮，如图8.141所示。

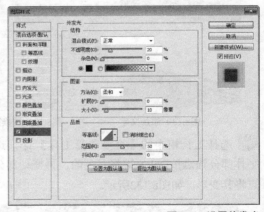

图8.141 设置外发光

04 选择工具箱中的【椭圆工具】，在选项栏中将【填充】更改为白色，【描边】为无，在刚才绘制的多边形图形上按住Shift键绘制一个正圆图形，此时将生成一个【椭圆1】图层，如图8.142所示。

图8.142　绘制图形

图8.147　隐藏图形

05 在【图层】面板中，选中【椭圆1】图层，将其拖至面板底部的【创建新图层】□按钮上，复制1个【椭圆1拷贝】图层，如图8.143所示。

06 选中【椭圆1拷贝】图层，在选项栏中将其【填充】更改为无，【描边】更改为红色（R：240，G：22，B：65），【大小】更改为3点，再按Ctrl+T组合键对其执行【自由变换】命令，将图形等比缩小，完成之后按Enter键确认，如图8.144所示。

8.14.2　添加文字

01 选择工具箱中的【横排文字工具】T，在刚才绘制的椭圆位置添加文字，如图8.148所示。

02 同时选中【即领 优惠券】及【椭圆 1 拷贝】图层，在画布中按Ctrl+T组合键对其执行【自由变换】命令，将图形及文字顺时针适当旋转，完成之后按Enter键确认，如图8.149所示。

图8.143　复制图层　　　　　图8.144　变换图形

07 在【图层】面板中，选中【椭圆1 拷贝】图层，单击面板底部的【添加图层蒙版】□按钮，为其图层添加图层蒙版，如图8.145所示。

08 选择工具箱中的【矩形选框工具】□，在画布中椭圆图形位置绘制一个矩形选区，如图8.146所示。

图8.148　添加文字　　　　图8.149　旋转图文

03 同时选中除【背景】之外的所有图层按Ctrl+G组合键将其编组，此时将生成一个【组1】组，选中【组1】组，将其拖至面板底部的【创建新图层】□按钮上，复制1个【组1 拷贝】组，如图8.150所示。

04 选中【组1 拷贝】组，按Ctrl+E组合键将其合并，此时将生成一个【组1 拷贝】图层，如图8.151所示。

图8.145　添加图层蒙版　　　图8.146　绘制选区

09 在画布中将选区填充为黑色将部分图形隐藏，完成之后按Ctrl+D组合键将选区取消，如图8.147所示。

图8.150　将图层编组复制组　　　图8.151　合并组

05 在【图层】面板中，选中【组 1 拷贝】图层，将其图层混合模式设置为【正片叠底】，如图8.152所示。

06 选择工具箱中的【多边形套索工具】，在标签位置绘制一个不规则选区，如图8.153所示。

图8.152 设置图层混合模式

图8.153 绘制选区

07 选中【组 1 拷贝】图层，将选区中图像删除，完成之后按Ctrl+D组合键将选区取消，这样就完成了效果制作，最终效果如图8.154所示。

图8.154 删除图像及最终效果

8.15 醒目特征标签

素材位置 素材文件\第8章\醒目特征标签
案例位置 案例文件\第8章\醒目特征标签.psd
视频位置 多媒体教学\第8章\8.15.avi
难易指数 ★★☆☆☆

本例讲解醒目特征标签绘制，本例讲解的是一款新鲜水果上市banner，整个标签画布感很强，突出了水果的新鲜特征，在标签的绘制上以不规则组合的方式绘制，与画布的整体十分搭配，最终效果如图8.155所示。

图8.155 最终效果

8.15.1 绘制标签

01 执行菜单栏中的【文件】|【打开】命令，打开"背景.jpg"文件，如图8.156所示。

图8.156 打开素材

02 选择工具箱中的【矩形工具】，在选项栏中将【填充】更改为橙色（R：255，G：88，B：0），【描边】为无，在画布中绘制一个矩形，此时将生成一个【矩形1】图层，如图8.157所示。

图8.157 绘制图形

03 选择工具箱中的【添加锚点工具】，在矩形图形顶部边缘单击添加锚点，选择工具箱中的【转换点工具】单击添加锚点，如图8.158所示。

04 选择工具箱中的【直接选择工具】，选中添加锚点向下拖动将图形变形，如图8.159所示。

图8.158 添加锚点　　图8.159 将图形变形

05 以同样的方法在图形底部添加锚点并将图形变形，如图8.160所示。

图8.160 添加锚点将图形变形

06 以同样的方法在图形左侧及右侧位置添加锚点并将其变形，如图8.161所示。

图8.161 添加锚点并将图形变形

07 选择工具箱中的【钢笔工具】，在选项栏中单击【选择工具模式】路径按钮，在弹出的选项中选择【形状】，将【填充】更改为橙色（R：255，G：88，B：0），【描边】更改为无，在刚才绘制的图形左上角位置绘制一个不规则图形，此时将生成一个【形状1】图层，如图8.162所示。

图8.162 绘制图形

08 以同样的方法在图形其他3个角位置绘制相似图形，如图8.163所示。

图8.163 绘制图形

8.15.2 添加阴影

01 在【图层】面板中，选中【矩形1】图层，将其拖至面板底部的【创建新图层】按钮上，复制1个【矩形1 拷贝】图层，如图8.164所示。

02 选中【矩形1】图层，将其图形颜色更改为黑色，如图8.165所示。

图8.164 复制图层　图8.165 更改图形颜色

03 选中【矩形1】图层，执行菜单栏中的【滤镜】|【模糊】|【高斯模糊】命令，在弹出的对话框中将【半径】更改为3像素，完成之后单击【确定】按钮，如图8.166所示。

图8.166 设置高斯模糊

04 在【图层】面板中，选中【矩形1】图层，单击面板底部的【添加图层蒙版】按钮，为其图层添加图层蒙版，如图8.167所示。

05 选择工具箱中的【画笔工具】，在画布中单击鼠标右键，在弹出的面板中选择一种圆角笔触，将【大小】更改为100像素，【硬度】更改为0%，如图8.168所示。

图8.167 添加图层蒙版　图8.168 设置笔触

241

06 将前景色更改为黑色，在其图像上部分区域涂抹将其隐藏，这样就完成了效果制作，最终效果如图8.169所示。

图8.169 隐藏图像及最终效果

8.16 冬日元素标签

素材位置	素材文件\第8章\冬日元素标签
案例位置	案例文件\第8章\冬日元素标签.psd
视频位置	多媒体教学\第8章\8.16.avi
难易指数	★★★☆☆

本例讲解冬日元素标签制作，主题类元素标签的制作根据广告的内容不同而不同，但是对于此类标签始终围绕主题内容制作，最终效果如图8.170所示。

图8.170 最终效果

8.16.1 添加文字

01 执行菜单栏中的【文件】|【打开】命令，打开"背景.jpg"文件，选择工具箱中的【矩形工具】 ，在选项栏中将【填充】更改为白色，【描边】为无，在画布左侧位置绘制一个矩形，此时将生成一个【矩形1】图层，如图8.171所示。

图8.171 打开素材并绘制图形

02 选择工具箱中的【横排文字工具】 T ，在矩形位置添加文字，如图8.171所示。

图8.172 添加文字

8.16.2 绘制图形

01 选择工具箱中的【椭圆工具】 ，在选项栏中将【填充】更改为白色，【描边】为红色（R：255，G：50，B：70），在刚才添加的上方文字位置按住Shift键绘制一个正圆图形，此时将生成一个【椭圆】图层，如图8.173所示。

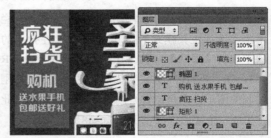

图8.173 绘制图形

02 在【图层】面板中，选中【椭圆1】图层，单击面板底部的【添加图层蒙版】 按钮，为其图层添加图层蒙版，如图8.174所示。

03 按住Ctrl键单击【椭圆1】图层缩览图将其载入选区，如图8.175所示。

图8.174 添加图层蒙版　　图8.175 载入选区

04 执行菜单栏中的【选择】|【修改】|【扩展】命令，在弹出的对话框中将【扩展量】更改为2像素，

完成之后单击【确定】按钮，如图8.176所示。

05 将选区填充为黑色，完成之后按Ctrl+D组合键将选区取消，如图8.177所示。

图8.176 扩展选区　　　图8.177 隐藏图形

06 选择工具箱中的【横排文字工具】T，在绘制的椭圆位置添加文字，如图8.178所示。

图8.178 添加文字

07 同时选中除【背景】图层之外的所有图层，按Ctrl+G组合键将其合并，此时将生成一个【组1】组，选中【组1】组，将其拖至面板底部的【创建新图层】按钮上，复制1个【组1 拷贝】组，选中【组1 拷贝】组按Ctrl+E组合键将其合并，再将【组1】组隐藏，如图8.179所示。

图8.179 将图层编组复制及合并组

8.16.3 添加波浪

01 选中【组1 拷贝】图层，执行菜单栏中的【滤镜】|【扭曲】|【波浪】命令，在弹出的对话框中将【生成器数】更改为1，【波长】中的【最小】

更改为63，【最大】更改为64，【波幅】中的【最小】更改为1，【最大】更改为5，完成之后单击【确定】按钮，如图8.180所示。

图8.180 设置波浪

02 选择工具箱中的【钢笔工具】，在选项栏中单击【选择工具模式】路径按钮，在弹出的选项中选择【形状】，将【填充】更改为白色，【描边】更改为无，在标签底部位置绘制一个积雪形状的图形，此时将生成一个【形状1】图层，如图8.181所示。

图8.181 绘制图形

03 在【图层】面板中，选中【形状1】图层，单击面板底部的【添加图层样式】fx按钮，在菜单中选择【斜面和浮雕】命令，在弹出的对话框中将【大小】更改为10像素，【角度】更改为30度，【高度】更改为30度，【阴影模式】中的【不透明度】更改为30%，完成之后单击【确定】按钮，如图8.182所示。

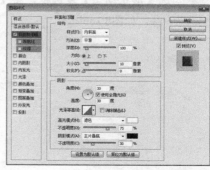

图8.182 设置斜面和浮雕

04 同时选中【形状1】及【组1拷贝】图层，按Ctrl+E组合键将其编组，此时将生成一个【组2】组，如图8.183所示。

图8.183 将图层编组

05 在【图层】面板中，选中【组2】组，单击面板底部的【添加图层样式】 _fx_ 按钮，在菜单中选择【投影】命令，在弹出的对话框中将【不透明度】更改为30%，取消【使用全局度】复选框，【距离】更改为10像素，【大小】更改为5像素，完成之后单击【确定】按钮，如图8.184所示。

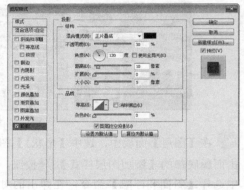

图8.184 设置投影

06 在【画笔】面板中选择一个圆角笔触，将【大小】更改为10像素，【间距】更改为1000%，如图8.185所示。

07 勾选【形状动态】复选框，将【大小抖动】更改为60%，如图8.186所示。

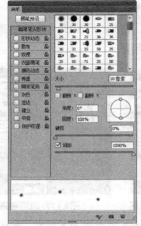

图8.185 设置画笔笔尖形状　　**图8.186 设置形状动态**

08 勾选【散布】复选框，将【散布】更改为1000%，如图8.187所示。

09 勾选【平滑】复选框，如图8.188所示。

图8.187 设置散布　　**图8.188 勾选平滑**

10 单击面板底部的【创建新图层】 按钮，新建一个【图层1】图层，将前景色更改为白色，选中【图层1】图层，在画布中拖动鼠标添加图像，如图8.189所示。

图8.189 添加图像

8.17　镂空组合标签

素材位置　素材文件\第8章\镂空组合标签
案例位置　案例文件\第8章\镂空组合标签.psd
视频位置　多媒体教学\第8章\8.17.avi
难易指数　★★☆☆☆

本例讲解镂空标签制作，此款标签在视觉上具有一定层次感，相比较传统单一的标签，利用组合镂空的手法打造的标签更容易引人注目，最终效果如图8.190所示。

图8.190　最终效果

8.17.1　绘制星形

01 执行菜单栏中的【文件】|【打开】命令，打开"背景.jpg"文件，如图8.191所示。

图8.191　打开素材

02 选择工具箱中的【多边形工具】，在选项栏中单击❀图标，在弹出的面板中勾选【星形】复选框，将【缩进边依据】更改为5%，【边】更改为40，将【填充】更改为紫色（R：207，G：40，B：127），在背景左下角位置绘制一个多边形，此时将生成一个【多边形1】图层，如图8.192所示。

图8.192　绘制图形

03 选择工具箱中的【椭圆工具】，在选项栏中将【填充】更改为紫色（R：207，G：40，B：127），【描边】为无，在刚才绘制的多边形位置按住Shift键绘制一个正圆图形，此时将生成一个【椭圆1】图层，如图8.193所示。

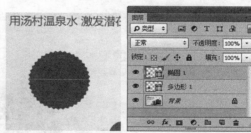

图8.193　绘制图形

04 在【图层】面板中，选中【多边形1】图层，单击面板底部的【添加图层蒙版】按钮，为其图层添加图层蒙版，如图8.194所示。

05 按住Ctrl键单击【椭圆1】图层缩览图将其载入选区，如图8.195所示。

图8.194　添加图层蒙版　　　　图8.195　载入选区

8.17.2　隐藏图形

01 执行菜单栏中的【选择】|【修改】|【扩展】命令，在弹出的对话框中将【扩展量】更改为3像素，完成之后单击【确定】按钮，如图8.196所示。

02 单击【多边形1】图层蒙版缩览图，在画布中将选区填充为黑色将部分图形隐藏，完成之后按Ctrl+D组合键将选区取消，再将其图层【不透明度】更改为80%，如图8.197所示。

图8.196 扩展选区　　　　图8.197 隐藏图形

03 选择工具箱中的【横排文字工具】 T ，在画布中适当位置添加文字这样就完成了效果制作，最终效果如图8.198所示。

图8.198 添加文字及最终效果

8.18　日历标签

素材位置　素材文件\第8章\日历标签
案例位置　案例文件\第8章\日历标签.psd
视频位置　多媒体教学\第8章\8.18.avi
难易指数　★★★☆☆

　　本例讲解日历标签制作，日历标签的特点是时效性十分明确，标签与广告信息十分贴切，以标签为提示体现出广告所表现的主题，最终效果如图8.199所示。

图8.199 最终效果

8.18.1 绘制矩形

01 执行菜单栏中的【文件】|【打开】命令，打开"背景.jpg"文件，如图8.200所示。

图8.200 打开素材

02 选择工具箱中的【矩形工具】 ，在选项栏中将【填充】更改为白色，【描边】为无，在背景文字上方位置绘制一个矩形，此时将生成一个【矩形1】图层，如图8.201所示。

03 在【图层】面板中，选中【矩形1】图层，将其拖至面板底部的【创建新图层】 按钮上，复制1个【矩形1 拷贝】图层，如图8.202所示。

图8.201 绘制图形　　　　图8.202 复制图层

04 在【图层】面板中，选中【矩形1】图层，单击面板底部的【添加图层样式】 fx 按钮，在菜单中选择【渐变叠加】命令，在弹出的对话框中将【渐变】更改为灰色（R：54，G：54，B：54）到灰色（R：36，G：36，B：34），【角度】更改为180度，如图8.203所示。

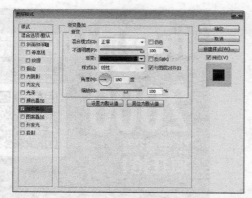

图8.203 设置渐变叠加

⑤ 勾选【投影】复选框，将【不透明度】更改为30%，取消【使用全局光】复选框，【角度】更改为90度，【距离】更改为3像素，【大小】更改为3像素，完成之后单击【确定】按钮，如图8.204所示。

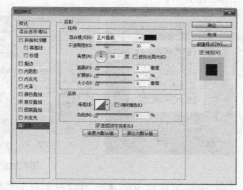

图8.204 设置投影

技巧与提示
为【矩形1】图层中图形添加图层样式的时候可以先将【矩形1 拷贝】图层暂时隐藏，这样可以更加方便地观察添加的图层样式效果。

⑥ 选中【矩形1 拷贝】图层，将图形颜色更改为蓝色（R：0，G：182，B：255），再缩小图形高度，如图8.205所示。

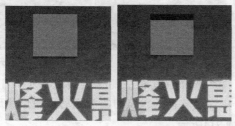

图8.205 变换图形

8.18.2 绘制连接线

① 选择工具箱中的【椭圆工具】 ⬭ ，在选项栏中将【填充】更改为白色，【描边】为无，在【矩形1 拷贝】图层中图形左上角位置绘制一个稍小的椭圆图形，此时将生成一个【椭圆1】图层，如图8.206所示。

图8.206 绘制图形

② 在【图层】面板中，选中【椭圆1】图层，单击面板底部的【添加图层样式】 fx 按钮，在菜单中选择【渐变叠加】命令，在弹出的对话框中将【不透明度】更改为60%，完成之后单击【确定】按钮，如图8.207所示。

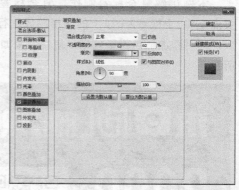

图8.207 设置渐变叠加

③ 选中【椭圆1】图层，在画布中按住Alt+Shift组合键向右侧拖动将图形复制多份，如图8.208所示。

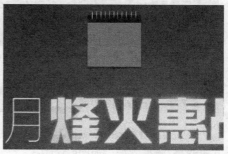

图8.208 复制图形

04 选择工具箱中的【横排文字工具】 T ，在画布适当位置添加文字，这样就完成了效果制作，最终效果如图8.209所示。

图8.209 添加文字及最终效果

8.19 复合标签

素材位置	素材文件\第8章\复合标签
案例位置	案例文件\第8章\复合标签.psd
视频位置	多媒体教学\第8章\8.19.avi
难易指数	★★☆☆☆

本例讲解复合标签制作，复合标签的制作要点是将2个或者2个以上的图形图像进行重叠摆放，同时添加适当投影效果，最终效果如图8.210所示。

图8.210 最终效果

8.19.1 绘制图形

01 执行菜单栏中的【文件】|【打开】命令，打开"背景.jpg"文件，如图8.211所示。

图8.211 打开素材

02 选择工具箱中的【矩形工具】 ，在选项栏中将【填充】更改为红色（R：90，G：30，B：27），【描边】为无，在二维码图像右下角位置绘制一个矩形，此时将生成一个【矩形1】图层，如图8.212所示。

图8.212 绘制图形

03 选择工具箱中的【添加锚点工具】 ，在绘制的矩形左侧中间位置单击添加锚点，选择工具箱中的【转换点工具】 单击添加的锚点，如图8.213所示。

图8.213 添加并转换锚点

04 选择工具箱中的【直接选择工具】 ，选中经过转换的锚点向左侧拖动将图形变形，如图8.214所示。

图8.214　将图形变形

05 在【图层】面板中，选中【矩形1】图层，单击面板底部的【添加图层样式】 *fx* 按钮，在菜单中选择【投影】命令，在弹出的对话框中将【不透明度】更改为50%，【距离】更改为3像素，【大小】更改为3像素，完成之后单击【确定】按钮，如图8.215所示。

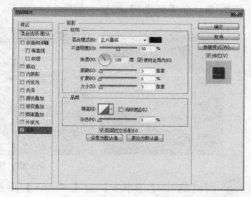

图8.215　设置投影

8.19.2　完善细节

01 选择工具箱中的【钢笔工具】 ，在选项栏中单击【选择工具模式】 路径 按钮，在弹出的选项中选择【形状】，将【填充】更改为红色（R：140，G：53，B：50），【描边】更改为无，在矩形右上角位置绘制1个不规则图形，此时将生成一个【形状1】图层，如图8.216所示。

图8.216　绘制图形

02 选择工具箱中的【横排文字工具】 T ，在矩形位置添加文字，这样就完成了效果制作，最终效果如图8.217所示。

图8.217　添加文字及最终效果

8.20　弧形燕尾标签

素材位置　素材文件\第8章\弧形燕尾标签
案例位置　案例文件\第8章\弧形燕尾标签.psd
视频位置　多媒体教学\第8章\8.20.avi
难易指数　★★★☆☆

本例讲解弧形燕尾标签，弧形燕尾标签相比较传统燕尾标签在视觉上更加柔和，它能十分形象地展示出页面中的提示信息，最终效果如图8.218所示。

图8.218　最终效果

8.20.1　绘制燕尾

01 执行菜单栏中的【文件】|【打开】命令，打开"背景.jpg"文件，如图8.219所示。

图8.219 打开素材

02 选择工具箱中的【矩形工具】▭，在选项栏中将【填充】更改为黄色（R：255，G：255，B：173），【描边】为无，在背景适当位置绘制一个矩形，此时将生成一个【矩形1】图层，如图8.220所示。

图8.220 绘制图形

03 在【图层】面板中，选中【矩形1】图层，将其拖至面板底部的【创建新图层】▣ 按钮上，复制1个【矩形1 拷贝】图层，如图8.221所示。

04 选中【矩形1】图层，将其图形颜色更改为稍深的黄色（R：255，G：195，B：45），再缩短其宽度并向左侧移动，如图8.222所示。

图8.221 复制图层　　　　图8.222 变换图形

05 选择工具箱中的【添加锚点工具】✒️，在【矩形1 拷贝】图层中图形左侧中间位置单击添加锚点，如图8.223所示。

06 选择工具箱中的【转换点工具】ト，单击刚才添加的锚点，选择工具箱中的【直接选择工具】ト，选中添加的锚点向右侧拖动将图形变形，再

将图形向下稍微移动，如图8.224所示。

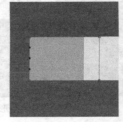

图8.223 添加锚点　　　　图8.224 拖动锚点

07 选择工具箱中的【钢笔工具】✒️，在选项栏中单击【选择工具模式】路径 ▾按钮，在弹出的选项中选择【形状】，将【填充】更改为深黄色（R：148，G：90，B：0），【描边】更改为无，在2个图形交叉的位置绘制一个不规则图形，此时将生成一个【形状1】图层，如图8.225所示。

图8.225 绘制图形

08 同时选中【形状1】及【矩形1】图层，在画布中按住Alt+Shift组合键向右侧拖曳将图形复制，再按Ctrl+T组合键对其执行【自由变换】命令，单击鼠标右键，从弹出的快捷菜单中选择【水平翻转】命令，完成之后按Enter键确认，如图8.226所示。

图8.226 复制及变换图形

8.20.2 添加文字

01 选择工具箱中的【横排文字工具】T，在刚才绘制的图形位置添加文字，如图8.227所示。

02 同时选中除【背景】之外的所有图层按Ctrl+E组合键将图层合并，将生成的图层名称更改为【标签】，如图8.228所示。

图8.227 添加文字 图8.228 合并图层

03 选中【标签】图层，按Ctrl+T组合键对其执行【自由变换】命令，将其适当旋转，再单击鼠标右键，从弹出的快捷菜单中选择【变形】命令，将其变形完成之后按Enter键确认，如图8.229所示。

图8.229 将图像变形

04 选择工具箱中的【椭圆工具】，在选项栏中将【填充】更改为黑色，【描边】为无，在标签图像底部位置绘制一个椭圆图形，此时将生成一个【椭圆1】图层，将【椭圆1】图层移至【标签】图层下方，如图8.230所示。

图8.230 绘制图形

05 选中【椭圆1】图层，执行菜单栏中的【滤镜】|【模糊】|【高斯模糊】命令，在弹出的对话框中将【半径】更改为5像素，完成之后单击【确定】按钮，如图8.231所示。

图8.231 设置高斯模糊

06 选中【椭圆1】图层，将其图层【不透明度】更改为80%，这样就完成了效果制作，最终效果如图8.232所示。

图8.232 更改图层不透明度及最终效果

8.21 立体指向标签

素材位置	素材文件\第8章\立体指向标签
案例位置	案例文件\第8章\立体指向标签.psd
视频位置	多媒体教学\第8章\8.21.avi
难易指数	★★★☆☆

本例讲解立体指向标签，立体指向标签在视觉上具有明显的立体效果，折叠的图形与添加的阴影组合成一个十分出色的立体指向标签，最终效果如图8.233所示。

图8.233 最终效果

8.21.1 绘制折纸

01 执行菜单栏中的【文件】|【打开】命令，打开 "背景.jpg" 文件，如图8.234所示。

图8.234 打开素材

02 选择工具箱中的【钢笔工具】 ，在选项栏中单击【选择工具模式】 路径 按钮，在弹出的选项中选择【形状】，将【填充】更改为白色，【描边】更改为无，在背景适当位置绘制一个不规则图形，此时将生成一个【形状1】图层，如图8.235所示。

图8.235 绘制图形

03 在【图层】面板中，选中【形状1】图层，单击面板底部的【添加图层样式】 fx 按钮，在菜单中选择【渐变叠加】命令，在弹出的对话框中将【渐变】更改为绿色（R：94，G：175，B：80）到绿色（R：50，G：120，B：57），【角度】更改为180度，完成之后单击【确定】按钮，如图8.236所示。

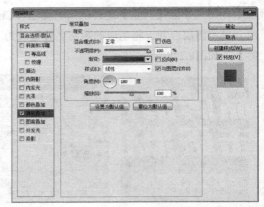

图8.236 设置渐变叠加

04 以同样的方法在刚才绘制的图形左下角靠下位置绘制一个稍小的不规则图形，此时将生成一个【形状2】图层，将【形状2】移至【形状1】图层下方，如图8.237所示。

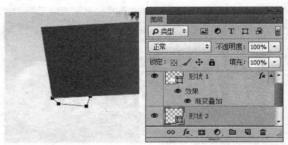

图8.237 绘制图形

05 在【形状1】图层上单击鼠标右键，从弹出的快捷菜单中选择【拷贝图层样式】命令，在【形状2】图层上单击鼠标右键，从弹出的快捷菜单中选择【粘贴图层样式】命令，双击【形状2】图层样式名称，在弹出的对话框中勾选【反向】复选框，完成之后单击【确定】按钮，如图8.238所示。

图8.238 复制并粘贴图层样式

8.21.2 添加文字

01 以同样的方法在刚才绘制的图形下方位置继续绘制图形并组合成一个折叠样式的立体图像效果，如图8.239所示。

02 选择工具箱中的【横排文字工具】 T ，在绘制的图形位置添加文字，如图8.240所示。

图8.239 绘制图形　　　图8.240 添加文字

 技巧与提示
在绘制稍小图形的时候可以不用添加渐变叠加效果。

03 选择工具箱中的【钢笔工具】 ，在选项栏中单击【选择工具模式】 路径 按钮，在弹出的选项中选择【形状】，将【填充】更改为白色，【描边】更改为无，在添加的文字旁边位置绘制一个不规则图形，用同样的方法在文字旁边的其他位置绘制相似图形，如图8.241所示。

图8.241 绘制图形

8.21.3 添加阴影

01 选择工具箱中的【椭圆工具】 ，在选项栏中将【填充】更改为黑色，【描边】为无，在标签图形底部位置绘制一个椭圆图形，此时将生成一个【椭圆1】图层，将【椭圆1】图层移至所有图层下方，如图8.242所示。

图8.242 绘制图形

02 选中【椭圆1】图层，执行菜单栏中的【滤镜】|【模糊】|【高斯模糊】命令，在弹出的对话框中将【半径】更改为5像素，完成之后单击【确定】按钮，如图8.243所示。

图8.243 设置高斯模糊

03 选中【椭圆1】图层，将其图层【不透明度】更改为30%，这样就完成了效果制作，最终效果如图8.244所示。

图8.244 更改图层不透明度及最终效果

8.22 象形标签

素材位置	素材文件\第8章\象形标签
案例位置	案例文件\第8章\象形标签.psd
视频位置	多媒体教学\第8章\8.22.avi
难易指数	★★★☆☆

本例讲解象形标签的制作以突出标签本身的

特征为主，通常与广告页面整体相呼应，制作思路以主题思想为主，最终效果如图8.245所示。

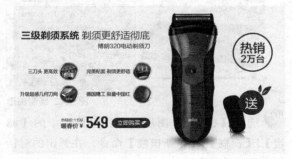

图8.245 最终效果

8.22.1 绘制图形

01 执行菜单栏中的【文件】|【打开】命令，打开"背景.jpg"文件，如图8.246所示。

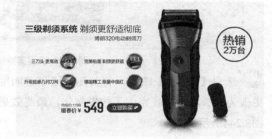

图8.246 打开素材

02 选择工具箱中的【椭圆工具】 ⬭ ，在选项栏中将【填充】更改为绿色（R：45，G：102，B：10），【描边】为无，在背景靠右侧位置按住Shift键绘制一个正圆图形，此时将生成一个【椭圆1】图层，如图8.247所示。

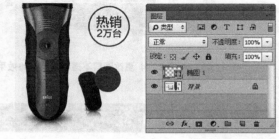

图8.247 绘制图形

03 选择工具箱中的【钢笔工具】 ✐ ，在选项栏中单击【选择工具模式】 路径 ✦ 按钮，在弹出的选项中选择【形状】，将【填充】更改为绿色

（R：45，G：102，B：10），【描边】更改为无，在椭圆图形右上角位置绘制1个不规则图形，此时将生成一个【形状1】图层，如图8.248所示。

图8.248 绘制图形

8.22.2 减去图形

01 单击选项栏中的【路径操作】 ▣ 图标，在弹出的选项中选择【减去顶层形状】，在刚才绘制的不规则图形位置再次绘制一个细长的图形将部分图形减去，如图8.249所示。

02 在【图层】面板中，选中【形状1】图层，将其拖至面板底部的【创建新图层】 🗋 按钮上，复制得到【形状1拷贝】图层，如图8.250所示。

图8.249 减去图形　　图8.250 复制图层

03 选中【形状1 拷贝】图层，按Ctrl+T组合键对其执行【自由变换】命令，将图像等比缩小，再适当旋转，完成之后按Enter键确认，如图8.251所示。

图8.251 变换图形

04 选择工具箱中的【横排文字工具】 T ，在画

布适当位置添加文字，这样就完成了效果制作，最终效果如图8.252所示。

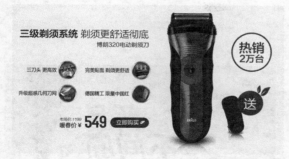

图8.252 添加文字及最终效果

8.23 本章小结

本章讲解标识标签的制作，标签的主要作用用于广告的商品提示，很多时候广告中的图文信息不一定足够清晰明了，而此时贴心标签的加入可以起到画龙点睛的作用，通过对本章的学习可以熟练掌握贴心标签的绘制手法，同时针对不同的广告类型绘制标签时有自己的独特思路。

8.24 课后习题

本章安排了4个课后习题，并将这些习题进行了分类，让读者可以全方位地练习标识标签的制作，通过本章实例的练习可以达到对标识有一个深层次的理解。

8.24.1 课后习题1——立体矩形标签

素材位置 素材文件\第8章\立体矩形标签
案例位置 案例文件\第8章\立体矩形标签.psd
视频位置 多媒体教学\8.24.1 课后习题1.avi
难易指数 ★★☆☆☆

立体矩形标签给人一种立体视觉效果，通过绘制的组合图形体特别说明文字信息，并且使整个画布富有立体感，最终效果如图8.253所示。

图8.253 最终效果

步骤分解如图8.254所示。

图8.254 步骤分解图

8.24.2 课后习题2——指向性标签

素材位置　素材文件\第8章\指向性标签
案例位置　案例文件\第8章\指向性标签.psd
视频位置　多媒体教学\8.24.2 课后习题2.avi
难易指数　★★☆☆☆

　　打开素材，分别绘制椭圆及矩形图形组合成指
向性标签，添加文字信息完成效果制作，指向性标
签的制作方法十分简单，在绘制过程中只需将图形
以适当的方法合并即可，最终效果如图8.255所示。

图8.255 最终效果

　　步骤分解如图8.256所示。

图8.256 步骤分解图

8.24.3 课后习题3——投影标签

素材位置　素材文件\第8章\投影标签
案例位置　案例文件\第8章\投影标签.psd
视频位置　多媒体教学\8.24.3 课后习题3.avi
难易指数　★★☆☆☆

　　打开素材，绘制图形并为其制作虚线描边装
饰及投影效果后添加文字信息完成最终效果制作，
投影标签的制作重点在于投影效果的制作，在本
例制作过程中需要注意图像的变形，最终效果如图
8.257所示。

图8.257 最终效果

　　步骤分解如图8.258所示。

图8.258 步骤分解图

8.24.4 课后习题4——花形标签

素材位置　素材文件\第8章\花形标签
案例位置　案例文件\第8章\花形标签.psd
视频位置　多媒体教学\8.24.4 课后习题4.avi
难易指数　★★☆☆☆

　　打开素材，绘制图形并添加文字信息再添加装
饰图像完成效果制作，最终效果如图8.259所示。

图8.259 最终效果

　　步骤分解如图8.260所示。

图8.260 步骤分解图

第9章

精品网店硬广设计

本章讲解网店硬广制作，网店硬广是以全新的图片+文字的形式充分展示商品及促销信息，它是为卖家量身定制的，实现宝贝的精准推广、直通车推广，在给宝贝带来曝光量的同时，精准的搜索匹配也给宝贝带来了精准的潜在买家，而此类商品的展示以体现简洁、有效的信息为主，通过本章的学习可以掌握网店硬广的要点。

学习目标

学会护眼台灯的页面设计
了解时尚类服饰的制作要点
学习家居及电器类页面的制作

9.1　精品护眼台灯硬广设计

素材位置　素材文件\第9章\精品护眼台灯
案例位置　案例文件\第9章\精品护眼台灯.psd
视频位置　多媒体教学\第9章\9.1.avi
难易指数　★★☆☆☆

　　本例讲解精品护眼台灯硬广设计，本例采用家居图像作为背景，与台灯相呼应，同时在色彩上采用与台灯图像相似的颜色，在整个视觉上实现了完美统一，最终效果如图9.1所示。

图9.1　最终效果

9.1.1　制作投影

01　执行菜单栏中的【文件】|【新建】命令，在弹出的对话框中设置【宽度】为600像素，【高度】为600像素，【分辨率】为72像素/英寸，新建一个空白画布。

02　执行菜单栏中的【文件】|【打开】命令，打开"背景.jpg""台灯.psd"文件，将打开的素材图像拖入画布中并缩小，如图9.2所示。

图9.2　新建画布并添加素材

03　选择工具箱中的【椭圆工具】 ，在选项栏

中将【填充】更改为黑色，【描边】为无，在台灯底座底部绘制一个椭圆图形，此时将生成一个【椭圆1】图层，将【椭圆1】图层移至【台灯】图层下方，如图9.3所示。

图9.3　绘制图形

04　选中【椭圆1】图层，执行菜单栏中的【滤镜】|【模糊】|【高斯模糊】命令，在弹出的对话框中将【半径】更改为2.5像素，完成之后单击【确定】按钮，如图9.4所示。

图9.4　设置高斯模糊

05　在【图层】面板中，选中【椭圆1】图层，单击面板底部的【添加图层蒙版】 按钮，为其图层添加图层蒙版，如图9.5所示。

06　选择工具箱中的【画笔工具】 ，在画布中单击鼠标右键，在弹出的面板中选择一种圆角笔触，将【大小】更改为100像素，【硬度】更改为0%，如图9.6所示。

　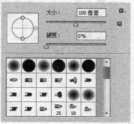

图9.5　添加图层蒙版　　　　　图9.6　设置笔触

07　将前景色更改为黑色，在其图像上部分区域涂抹将其隐藏，如图9.7所示。

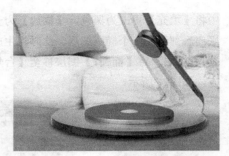

图9.7 隐藏图像

9.1.2 绘制图形并添加文字

01 选择工具箱中的【矩形工具】 ，在选项栏中将【填充】更改为紫色（R：203，G：47，B：136），【描边】为无，在画布左侧位置绘制一个矩形，此时将生成一个【矩形1】图层，将图层【不透明度】更改为40%，如图9.8所示。

图9.8 绘制图形

02 在【画笔】面板中，选择一个圆角笔触，将【大小】更改为8像素，【硬度】更改为100%，如图9.9所示。

03 勾选【平滑】复选框，如图9.10所示。

图9.9 设置画笔笔尖形状   图9.10 勾选平滑

04 单击面板底部的【创建新图层】 按钮，新建一个【图层2】图层，如图9.11所示。

05 将前景色更改为黑色，选中【图层2】图层，在画布中矩形顶部边缘按住Shift键绘制图像，如图9.12所示。

图9.11 新建图层   图9.12 绘制图形

06 在【图层】面板中，选中【矩形1】图层，单击面板底部的【添加图层蒙版】 按钮，为其图层添加图层蒙版，如图9.13所示。

07 按住Ctrl键单击【图层2】图层缩览图将其载入选区，将选区填充为黑色将部分图像隐藏，完成之后按Ctrl+D组合键将选区取消，如图9.14所示。

图9.13 添加图层蒙版   图9.14 隐藏图形

08 以同样的方法在矩形的其他几个边缘隐藏，如图9.15所示。

09 选择工具箱中的【椭圆工具】 ，在选项栏中将【填充】更改为白色，【描边】为无，在画布靠左侧位置按住Shift键绘制一个正圆图形，此时将生成一个【椭圆1】图层，如图9.16所示。

图9.15 隐藏图形   图9.16 绘制图形

⑩ 在【图层】面板中，选中【椭圆1】图层，单击面板底部的【添加图层样式】fx按钮，在菜单中选择【渐变叠加】命令，在弹出的对话框中将【渐变】更改为黄色（R：253，G：220，B：117）到黄色（R：255，G：190，B：0），完成之后单击【确定】按钮，如图9.17所示。

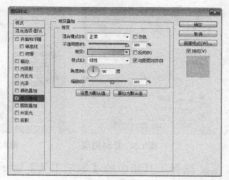

图9.17 设置渐变叠加

⑪ 选择工具箱中的【横排文字工具】T，在画布适当位置添加文字，这样就完成了效果制作，最终效果如图9.18所示。

图9.18 添加文字及最终效果

9.2 修身绒衣硬广设计

素材位置	素材文件\第9章\修身绒衣
案例位置	案例文件\第9章\修身绒衣.psd
视频位置	多媒体教学\第9章\9.2.avi
难易指数	★★☆☆☆

本例讲解修身绒衣硬广设计，在制作过程中选用了与主题相呼应的模特，以模特图像为依托，简单的文字信息也易懂，最终效果如图9.19所示。

图9.19 最终效果

9.2.1 制作背景图像

① 执行菜单栏中的【文件】|【新建】命令，在弹出的对话框中设置【宽度】为500像素，【高度】为500像素，【分辨率】为72像素/英寸，新建一个空白画布。

② 选择工具箱中的【渐变工具】，编辑黄色（R：223，G：205，B：196）到黄色（R：188，G：154，B：136）的渐变，单击选项栏中的【径向渐变】按钮，在画布中从中间向右下角方向拖动填充渐变，如图9.20所示。

图9.20 新建画布并填充渐变

③ 执行菜单栏中的【文件】|【打开】命令，打开"人物.psd""装饰.jpg"文件，将打开的素材拖入画布中适当位置并缩小，如图9.21所示。

图9.21 添加素材

④ 在【图层】面板中，选中【人物】图层，单击面板底部的【添加图层样式】*fx*按钮，在菜单中选择【渐变叠加】命令，在弹出的对话框中将【不透明度】更改为30%，【角度】更改为67，【距离】更改为25像素，【大小】更改为5像素，完成之后单击【确定】按钮，如图9.22所示。

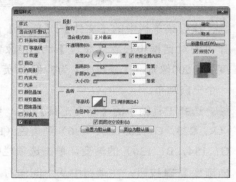

图9.22 设置投影

9.2.2 添加图形及文字

① 选择工具箱中的【矩形工具】█，在选项栏中将【填充】更改为白色，【描边】为无，在画布左侧位置绘制一个矩形，此时将生成一个【矩形1】图层，如图9.23所示。

图9.23 绘制图形

② 在【图层】面板中，选中【矩形1】图层，将其拖至面板底部的【创建新图层】█按钮上，复制1个【矩形1拷贝】图层，如图9.24所示。

③ 选中【矩形1拷贝】图层，将其图形颜色更改为深红色（R：108，G：55，B：64），再缩短其宽度，如图9.25所示。

图9.24 复制图层　　　　　图9.25 变换图形

④ 选择工具箱中的【钢笔工具】⌀，在选项栏中单击【选择工具模式】 路径 按钮，在弹出的选项中选择【形状】，将【填充】更改为深红色（R：108，G：55，B：64），【描边】更改为无，在矩形右侧位置绘制1个三角形图形，如图9.26所示。

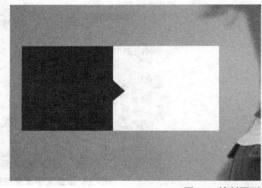

图9.26 绘制图形

⑤ 在【图层】面板中，选中【矩形1】图层，单击面板底部的【添加图层样式】*fx*按钮，在菜单中选择【摄影】命令，在弹出的对话框中将【不透明度】更改为20%，取消【使用全局光】复选框，【角度】更改为70度，【距离】更改为2像素，【扩展】更改为100%，【大小】更改为2像素，完成之后单击【确定】按钮，如图9.27所示。

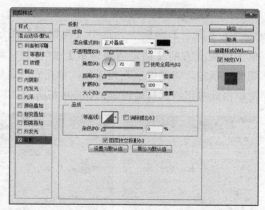

图9.27 设置投影

图9.29 最终效果

06　选择工具箱中的【横排文字工具】T，在画布适当位置添加文字，这样就完成了效果制作，最终效果如图9.28所示。

图9.28 添加文字及最终效果

9.3　精品电饭煲硬广设计

素材位置　素材文件\第9章\精品电饭煲
案例位置　案例文件\第9章\精品电饭煲.psd
视频位置　多媒体教学\第9章\9.3.avi
难易指数　★★☆☆☆

本例讲解精品电饭煲硬广设计，直观简洁的信息是本例最大特点，整个页面给人十分直观的浏览体验，最终效果如图9.29所示。

9.3.1　制作主体背景

01　执行菜单栏中的【文件】|【新建】命令，在弹出的对话框中设置【宽度】为600像素，【高度】为600像素，【分辨率】为72像素/英寸，新建一个空白画布。

02　执行菜单栏中的【文件】|【打开】命令，打开"背景.jpg"文件，将打开的素材图像拖入画布中并缩小，如图9.30所示。

图9.30 打开素材

03　选择工具箱中的【矩形工具】，在选项栏中将【填充】更改为白色，【描边】为无，在背景下方位置绘制一个与其宽度相同的矩形，此时将生成一个【矩形1】图层，如图9.31所示。

图9.31 绘制图形

04 在【图层】面板中，选中【矩形1】图层，单击面板底部的【添加图层蒙版】 ⬛ 按钮，为其添加图层蒙版，如图9.32所示。

05 选择工具箱中的【渐变工具】 ⬛，编辑黑色到白色的渐变，单击选项栏中的【线性渐变】 ⬛ 按钮，在其图形上拖动将部分图形隐藏，如图9.33所示。

图9.32 添加图层蒙版　图9.33 设置渐变并隐藏图形

06 执行菜单栏中的【文件】|【打开】命令，打开"素材.psd"文件，将打开的素材拖入画布中并适当缩小，如图9.34所示。

图9.34 添加素材

9.3.2 制作阴影

01 在【图层】面板中，选中【电饭煲】图层，将其拖至面板底部的【创建新图层】 ⬛ 按钮上，

复制1个【电饭煲 拷贝】图层，如图9.35所示。

02 在【图层】面板中，选中【电饭煲】图层，单击面板上方的【锁定透明像素】 ⬛ 按钮，将透明像素锁定，将图像填充为黑色，填充完成之后再次单击此按钮将其解除锁定，如图9.36所示。

图9.35 复制图层　图9.36 锁定透明像素并填充颜色

03 选中【电饭煲】图层，执行菜单栏中的【滤镜】|【模糊】|【高斯模糊】命令，在弹出的对话框中将【半径】更改为10像素，完成之后单击【确定】按钮，如图9.37所示。

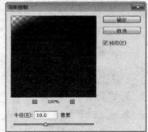 

图9.37 设置高斯模糊

04 在【图层】面板中，选中【电饭煲】图层，单击面板底部的【添加图层蒙版】 ⬛ 按钮，为其图层添加图层蒙版，如图9.38所示。

05 选择工具箱中的【画笔工具】 ✏，在画布中单击鼠标右键，在弹出的面板中选择一种圆角笔触，将【大小】更改为180像素，【硬度】更改为0%，如图9.39所示。

 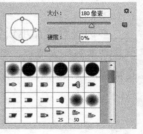

图9.38 添加图层蒙版　图9.39 设置笔触

06 将前景色更改为黑色，在其图像上部分区域涂抹将其隐藏，如图9.40所示。

图9.40 隐藏图像

07 在【图层】面板中，选中【饭】图层，将其拖至面板底部的【创建新图层】按钮上，复制1个【饭 拷贝】图层，如图9.41所示。

08 选中【饭】图层，按Ctrl+T组合键对其执行【自由变换】命令，单击鼠标右键，从弹出的快捷菜单中选择【垂直翻转】命令，完成之后按Enter键确认，将图像向下移动，如图9.42所示。

图9.41 复制图层　　　图9.42 变换图像

09 在【图层】面板中，选中【饭】图层，单击面板底部的【添加图层蒙版】按钮，为其添加图层蒙版，如图9.43所示。

10 选择工具箱中的【渐变工具】，编辑黑色到白色的渐变，单击选项栏中的【线性渐变】按钮，在其图像上拖动将部分图像隐藏，如图9.44所示。

图9.43 添加图层蒙版　　　图9.44 隐藏图像

9.3.3 绘制标签图形

01 选择工具箱中的【多边形工具】，单击选项栏中图标，在弹出的面板中勾选星形复选框，将【缩进边依据】更改为5%，【边】更改为30，在背景左下角位置按住Shift键绘制一个多边形，如图9.45所示。

图9.45 绘制图形

02 选择工具箱中的【横排文字工具】T，在画布适当位置添加文字，这样就完成了效果制作，最终效果如图9.46所示。

图9.46 添加文字及最终效果

9.4　美丽雪纺裙硬广设计

素材位置	素材文件\第9章\美丽雪纺裙
案例位置	案例文件\第9章\美丽雪纺裙.psd
视频位置	多媒体教学\第9章\9.4.avi
难易指数	★★★☆☆

本例讲解美丽雪纺裙硬广设计，本例的制作

比较简单，以经典的双色调与美丽的裙子组成一个十分完美的直通车页面，最终效果如图9.47所示。

图9.47 最终效果

9.4.1 处理背景

01 执行菜单栏中的【文件】|【新建】命令，在弹出的对话框中设置【宽度】为600像素，【高度】为600像素，【分辨率】为72像素/英寸，新建一个空白画布，将画布填充为浅蓝色（R：214，G：214，B：244）。

02 执行菜单栏中的【文件】|【打开】命令，打开"人物.jpg"文件，将打开的素材图像拖入画布中并缩小，如图9.48所示。

图9.48 新建画布并添加素材

03 在【图层】面板中，选中【人物】图层，将其拖至面板底部的【创建新图层】按钮上，复制1个【人物 拷贝】图层，如图9.49所示。

04 在【图层】面板中，选中【人物】图层，单击面板上方的【锁定透明像素】按钮，将透明像素锁定，将图像填充为深紫色（R：95，G：77，B：138），填充完成之后再次单击此按钮将其解除锁定，如图9.50所示。

图9.49 复制图层   图9.50 锁定透明像素并填充颜色

05 选中【人物】图层，执行菜单栏中的【滤镜】|【模糊】|【高斯模糊】命令，在弹出的对话框中将【半径】更改为30像素，完成之后单击【确定】按钮，如图9.51所示。

图9.51 设置高斯模糊

06 在【图层】面板中，选中【人物】图层，单击面板底部的【添加图层蒙版】按钮，为其图层添加图层蒙版，如图9.52所示。

07 选择工具箱中的【画笔工具】，在画布中单击鼠标右键，在弹出的面板中选择一种圆角笔触，将【大小】更改为240像素，【硬度】更改为0%，如图9.53所示。

 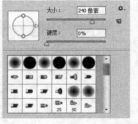

图9.52 添加图层蒙版   图9.53 设置笔触

08 将前景色更改为黑色，在其图像上部分区域涂抹将其隐藏，如图9.54所示。

图9.54 隐藏图像

9.4.2 绘制标签

① 选择工具箱中的【椭圆工具】 ，在选项栏中将【填充】更改为蓝色（R：0，G：126，B：160），【描边】为无，在背景左下角位置按住Shift键绘制一个正圆图形，此时将生成一个【椭圆1】图层，如图9.55所示。

图9.55 绘制图形

② 在【图层】面板中，选中【椭圆1】图层，将其拖至面板底部的【创建新图层】按钮上，复制1个【椭圆1 拷贝】图层，如图9.56所示。

③ 选中【椭圆1 拷贝】图层，将【填充】更改为无，【描边】更改为白色，【大小】更改为1点，按Ctrl+T组合键对其执行【自由变换】命令，将图形等比缩小，完成之后按Enter键确认，在选项栏中单击【设置形状描边类型】按钮，在弹出的面板中单击【更多选项】按钮，在弹出的对话框中将【虚线】更改为6，【间隙】更改为4，完成之后单击【确定】按钮，如图9.57所示。

图9.56 复制图层　　　图9.57 变换图形

④ 在【图层】面板中，选中【椭圆1 拷贝】图层，单击面板底部的【添加图层蒙版】按钮，为其图层添加图层蒙版，如图9.58所示。

⑤ 选择工具箱中的【矩形选框工具】 ，在椭圆图形上半部分位置绘制一个矩形选区，如图9.59所示。

图9.58 添加图层蒙版　　　图9.59 绘制选区

⑥ 将选区填充为黑色将部分图形隐藏，完成之后按Ctrl+D组合键将选区取消，如图9.60所示。

图9.60 隐藏图形

⑦ 同时选中【椭圆1 拷贝】及【椭圆1】图层，按Ctrl+G组合键将图层编组，此时将生成一个【组1】组，再单击面板底部的【添加图层蒙版】按钮，为其图层添加图层蒙版，如图9.61所示。

⑧ 选择工具箱中的【矩形选框工具】 ，在椭圆图形下半部分位置绘制一个矩形选区，如图9.62所示。

图9.61 添加图层蒙版

图9.62 绘制选区

(09) 以刚才同样的方法将选区中图形隐藏，如图9.63所示。

(10) 选择工具箱中的【矩形工具】，在选项栏中将【填充】更改为蓝色（R：0，G：126，B：160），【描边】为无，在椭圆图形底部绘制一个矩形，此时将生成一个【矩形1】图层，如图9.64所示。

图9.63 隐藏图形

图9.64 绘制图形

9.4.3 添加艺术文字

(01) 选择工具箱中的【横排文字工具】T，在画布适当位置添加文字，如图9.65所示。

图9.65 添加文字

(02) 在【图层】面板中，选中【NEW】图层，单击面板底部的【添加图层蒙版】按钮，为其添加图层蒙版，如图9.66所示。

(03) 选择工具箱中的【矩形选框工具】，在【NEW】文字下半部分位置绘制一个矩形选区，如图9.67所示。

图9.66 添加图层蒙版

图9.67 绘制选区

(04) 将选区填充为黑色将部分文字隐藏，完成之后按Ctrl+D组合键将选区取消，这样就完成了效果制作，最终效果如图9.68所示。

图9.68 隐藏文字及最终效果

9.5 布艺沙滩鞋硬广设计

素材位置　素材文件\第9章\布艺沙滩鞋
案例位置　案例文件\第9章\布艺沙滩鞋.psd
视频位置　多媒体教学\第9章\9.5.avi
难易指数　★★★☆☆

本例讲解布艺沙滩鞋硬广设计，页面中整体元素十分协调，以夏日沙滩为背景元素，同时添加棕榈叶令整个页面的元素更加丰富，最终效果如图9.69所示。

图9.69 最终效果

9.5.1 制作主体背景

01 执行菜单栏中的【文件】|【新建】命令，在弹出的对话框中设置【宽度】为500像素，【高度】为500像素，【分辨率】为72像素/英寸，新建一个空白画布。

02 执行菜单栏中的【文件】|【打开】命令，打开"沙滩.jpg""叶.jpg""沙滩鞋.psd"文件，将打开的素材图像拖入画布中并缩小，叶图像所在图层名称将更改为【图层2】，如图9.70所示。

图9.70 新建画布并添加素材

03 在【图层】面板中，选中【图层2】图层，将其图层混合模式设置为【变暗】，如图9.71所示。

图9.71 设置图层混合模式

04 在【图层】面板中，选中【沙滩鞋】图层，单击面板底部的【添加图层样式】 *fx* 按钮，在菜单中选择【投影】命令，在弹出的对话框中将【距离】更改为5像素，【大小】更改为10像素，完成之后单击【确定】按钮，如图9.72所示。

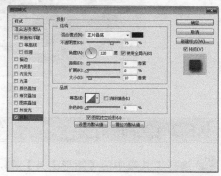

图9.72 设置投影

05 在【图层】面板中的【沙滩鞋】组图层样式名称上右击鼠标，从弹出的快捷菜单中选择【创建图层】命令，此时将生成【"沙滩鞋"的投影】新的图层，如图9.73所示。

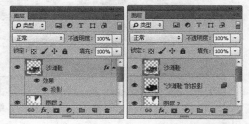

图9.73 创建图层

06 在【图层】面板中，选中【"沙滩鞋"的投影】图层，单击面板底部的【添加图层蒙版】 按钮，为其图层添加图层蒙版，如图9.74所示。

07 选择工具箱中的【画笔工具】 ，在画布中单击鼠标右键，在弹出的面板中选择一种圆角笔触，将【大小】更改为100像素，【硬度】更改为0%，如图9.75所示。

图9.74 添加图层蒙版

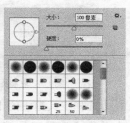

图9.75 设置笔触

08 将前景色更改为黑色，在其图像上部分区域涂抹将其隐藏，如图9.76所示。

图9.76 隐藏图像

9.5.2 绘制图形

01 选择工具箱中的【矩形工具】，在选项栏中将【填充】更改为红色（R：154，G：20，B：4），【描边】为无，在画布靠底部绘制一个矩形，此时将生成一个【矩形1】图层，如图9.77所示。

图9.77 绘制图形

02 在【图层】面板中，选中【矩形1】图层，将其拖至面板底部的【创建新图层】按钮上，复制1个【矩形1拷贝】图层，如图9.78所示。

03 选中【矩形1拷贝】图层，增加其宽度并将其向右侧平移，如图9.79所示。

图9.78 复制图层　　图9.79 变换图形

04 选择工具箱中的【钢笔工具】，在选项栏中单击【选择工具模式】路径按钮，在弹出

的选项中选择【形状】，将【填充】更改为红色（R：100，G：14，B：5），【描边】更改为无，在2个图形之间位置绘制1个不规则图形，如图9.80所示。

图9.80 绘制图形

05 选择工具箱中的【矩形工具】，在选项栏中将【填充】更改为绿色（R：110，G：163，B：7），【描边】为无，在背景左上角位置绘制一个矩形，此时将生成一个【矩形2】图层，如图9.81所示。

图9.81 绘制图形

06 在【图层】面板中，选中【矩形2】图层，将其拖至面板底部的【创建新图层】按钮上，复制1个【矩形2拷贝】图层，如图9.82所示。

07 选中【矩形2拷贝】图层，将其图形颜色更改为白色，再将其适当缩小，如图9.83所示。

图9.82 复制图层　　图9.83 变换图形

9.5.3 添加素材

01 执行菜单栏中的【文件】|【打开】命令，打开"沙滩鞋.psd"文件，将打开的素材拖入画布适当位置，如图9.84所示。

图9.84 添加素材

02 选中【沙滩鞋】图层，执行菜单栏中的【图层】|【创建剪贴蒙版】命令，为当前图层创建剪贴蒙版将部分图像隐藏，再适当移动图像以突出特写，如图9.85所示。

图9.85 创建剪贴蒙版

03 选择工具箱中的【横排文字工具】 T ，在画布适当位置添加文字，这样就完成了效果制作，最终效果如图9.86所示。

图9.86 添加文字及最终效果

9.6 时尚英伦皮鞋硬广设计

素材位置　素材文件\第9章\时尚英伦皮鞋
案例位置　案例文件\第9章\时尚英伦皮鞋.psd
视频位置　多媒体教学\第9章\9.6.avi
难易指数　★★☆☆☆

本例讲解时尚英伦皮鞋硬广设计，本例以英伦风格为背景，深蓝色的鞋子与主题相搭配，制作比较简单，最终效果如图9.87所示。

图9.87 最终效果

9.6.1 制作背景图像

01 执行菜单栏中的【文件】|【新建】命令，在弹出的对话框中设置【宽度】为500像素，【高度】为500像素，【分辨率】为72像素/英寸，新建一个空白画布。

02 执行菜单栏中的【文件】|【打开】命令，打开"背景.jpg"文件，将打开的素材图像拖入画布中并缩小，其图层名称将更改为【图层1】，如图9.88所示。

图9.88 新建画布并添加素材

03 在【图层】面板中，选中【图层1】图层，单击面板底部的【添加图层蒙版】 按钮，为其图层添加图层蒙版，如图9.89所示。

04 选择工具箱中的【画笔工具】 ，在画布中单击鼠标右键，在弹出的面板中选择一种圆角笔触，将【大小】更改为150像素，【硬度】更改为0%，在选项栏中将【不透明度】更改为20%，如图9.90所示。

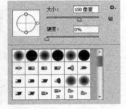

图9.89 添加图层蒙版　　　图9.90 设置笔触

05 将前景色更改为黑色，在其图像上部分区域涂抹将其隐藏，如图9.91所示。

06 执行菜单栏中的【文件】|【打开】命令，打开"鞋子.psd"文件，将打开的素材拖入画布中并适当缩小，如图9.92所示。

图9.91 隐藏图像　　　图9.92 添加素材

9.6.2 为素材制作投影

01 选择工具箱中的【矩形工具】 ，在选项栏中将【填充】更改为白色，【描边】为无，在画布中绘制一个矩形，此时将生成一个【矩形1】图层，如图9.93所示。

图9.93 绘制图形

02 在【图层】面板中，选中【矩形1】图层，单击面板底部的【添加图层蒙版】 按钮，为其图层添加图层蒙版，如图9.94所示。

03 选择工具箱中的【画笔工具】 ，在画布中单击鼠标右键，在弹出的面板中选择一种圆角笔触，将【大小】更改为150像素，【硬度】更改为0%，如图9.95所示。

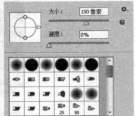

图9.94 添加图层蒙版　　　图9.95 设置笔触

04 将前景色更改为黑色，在其图形上部分区域涂抹将其隐藏，如图9.96所示。

图9.96 隐藏图形

05 在【图层】面板中，选中【鞋子】图层，将其拖至面板底部的【创建新图层】 按钮上，复制1个【鞋子 拷贝】图层，如图9.97所示。

06 在【图层】面板中，选中【鞋子】图层，单击面板上方的【锁定透明像素】 按钮，将透明像素锁定，将图像填充为黑色，填充完成之后再次单击此按钮将其解除锁定，如图9.98所示。

图9.97 复制图层　图9.98 锁定透明像素并填充颜色

07 选中【鞋子】图层，执行菜单栏中的【滤镜】|【模糊】|【高斯模糊】命令，在弹出的对话框中将【半径】更改为5像素，完成之后单击【确定】按钮，如图9.99所示。

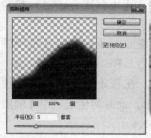

图9.99 设置高斯模糊

08 在【图层】面板中，选中【鞋子】图层，单击面板底部的【添加图层蒙版】按钮，为其图层添加图层蒙版，如图9.100所示。

09 选择工具箱中的【画笔工具】，在画布中单击鼠标右键，在弹出的面板中选择一种圆角笔触，将【大小】更改为150像素，【硬度】更改为0%，如图9.101所示。

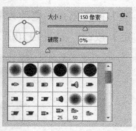

图9.100 添加图层蒙版　　　图9.101 设置笔触

10 将前景色更改为黑色，在其图像上部分区域涂抹将其隐藏，如图9.102所示。

图9.102 隐藏图像

9.6.3 绘制图形并添加文字

01 选择工具箱中的【矩形工具】，在选项栏中将【填充】更改为深红色（R：62，G：30，B：13），【描边】为无，在画布靠顶部绘制一个矩形，此时将生成一个【矩形2】图层，如图9.103所示。

图9.103 绘制图形

02 在【图层】面板中，选中【矩形2】图层，将其拖至面板底部的【创建新图层】按钮上，复制1个【矩形2 拷贝】图层，如图9.104所示。

03 选中【矩形2 拷贝】图层，将其图形颜色更改为红色（R：160，G：0，B：0），再缩小图形宽度，如图9.105所示。

图9.104 复制图层　　　图9.105 变换图形

04 选择工具箱中的【横排文字工具】，在画布适当位置添加文字，如图9.106所示。

图9.106 添加文字

273

05 选中【时尚】图层，将其图层【不透明度】更改为30%，这样就完成了效果制作，最终效果如图9.107所示。

图9.107 更改图层不透明度及最终效果

9.7 精品剃须刀硬广设计

素材位置	素材文件\第9章\精品剃须刀
案例位置	案例文件\第9章\精品剃须刀.psd
视频位置	多媒体教学\第9章\9.7.avi
难易指数	★★★☆☆

　　本例讲解精品剃须刀硬广设计，本例的制作以体现剃须刀的特点为重点，整体色调采用科技蓝，与剃须刀机身颜色相搭配，同时整个页面的视觉效果十分协调，最终效果如图9.108所示。

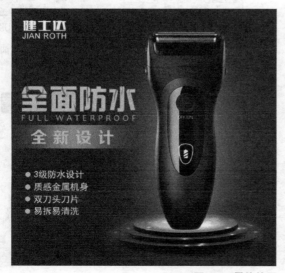

图9.108 最终效果

9.7.1 制作背景并添加素材

01 执行菜单栏中的【文件】|【新建】命令，在弹出的对话框中设置【宽度】为500像素，【高度】为500像素，【分辨率】为72像素/英寸，新建一个空白画布。

02 选择工具箱中的【椭圆工具】，在选项栏中将【填充】更改为青色（R：0，G：187，B：233），【描边】为无，在画布靠左侧位置按住Shift键绘制一个椭圆图形，此时将生成一个【椭圆1】图层，如图9.109所示。

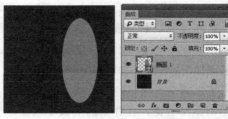

图9.109 新建画布并绘制图形

03 选中【椭圆1】图层，执行菜单栏中的【滤镜】|【模糊】|【高斯模糊】命令，在弹出的对话框中将【半径】更改为40像素，完成之后单击【确定】按钮，如图9.110所示。

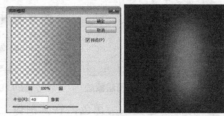

图9.110 设置高斯模糊

04 执行菜单栏中的【文件】|【打开】命令，打开"台子.psd"文件，将打开的素材拖入画布中并适当缩小，其图层名称将更改为【图层1】，如图9.111所示。

图9.111 添加素材

05 在【图层】面板中，选中【图层1】图层，将其图层混合模式设置为【明度】，如图9.112所示。

图9.112 设置图层混合模式

06 在【图层】面板中，选中【图层1】图层，单击面板底部的【添加图层蒙版】■按钮，为其图层添加图层蒙版，如图9.113所示。

07 选择工具箱中的【画笔工具】/，在画布中单击鼠标右键，在弹出的面板中选择一种圆角笔触，将【大小】更改为90像素，【硬度】更改为0%，如图9.114所示。

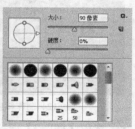

图9.113 添加图层蒙版　　图9.114 设置笔触

08 将前景色更改为黑色，在其图像上部分区域涂抹将其隐藏，如图9.115所示。

09 执行菜单栏中的【文件】|【打开】命令，打开"剃须刀.psd"文件，将打开的素材拖入画布中并适当缩小，如图9.116所示。

图9.115 隐藏图像　　图9.116 添加素材

10 在【图层】面板中，选中【剃须刀】图层，单击面板底部的【添加图层样式】fx按钮，在菜单中

选择【内发光】命令，在弹出的对话框中将【不透明度】更改为45%，【颜色】更改为青色（R：0，G：202，B：255），【大小】更改为10像素，完成之后单击【确定】按钮，如图9.117所示。

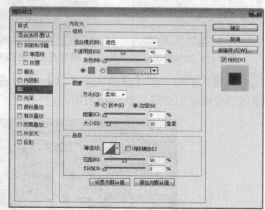

图9.117 设置内发光

9.7.2 绘制图形并添加文字

01 选择工具箱中的【矩形工具】■，在选项栏中将【填充】更改为青色（R：0，G：202，B：255），【描边】为无，在剃须刀图像左侧绘制一个矩形，此时将生成一个【矩形1】图层，如图9.118所示。

图9.118 绘制图形

02 在【图层】面板中，选中【矩形1】图层，单击面板底部的【添加图层蒙版】■按钮，为其添加图层蒙版，如图9.119所示。

03 选择工具箱中的【渐变工具】■，编辑黑色到白色到黑色的渐变，单击选项栏中的【线性渐变】■按钮，在其图形上拖动将部分图形隐藏，如图9.120所示。

图9.119 添加图层蒙版　图9.120 设置渐变并隐藏图形

图9.123 设置图层混合模式并创建剪贴蒙版

04 选择工具箱中的【横排文字工具】**T**，在画布适当位置添加文字，如图9.121所示。

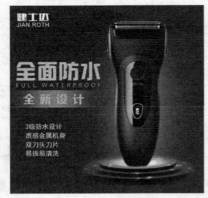

图9.121 添加文字

05 选择工具箱中的【钢笔工具】，在选项栏中单击【选择工具模式】 路径 按钮，在弹出的选项中选择【形状】，将【填充】更改为蓝色（R：0，G：174，B：220），【描边】更改为无，在【全面防水】文字左上角位置绘制1个不规则图形，此时将生成一个【形状1】图层，如图9.122所示。

图9.122 绘制图形

06 在【图层】面板中，选中【形状1】图层，将其图层混合模式设置为【正片叠底】，按Ctrl+Alt+G组合键为其创建剪贴蒙版将部分图形隐藏，如图9.123所示。

07 以同样的方法绘制多个图形制作同样效果，如图9.124所示。

08 选择工具箱中的【椭圆工具】，在选项栏中将【填充】更改为黄色（R：255，G：210，B：0），【描边】为无，在下方的部分文字左侧位置按住Shift键绘制一个正圆图形，此时将生成一个【椭圆2】图层，如图9.125所示。

图9.124 制作特效　　　　　图9.125 绘制图形

09 选中【椭圆2】图层，在画布中按住Alt+Shift组合键向下拖动将图形复制数份，这样就完成了效果制作，最终效果如图9.126所示。

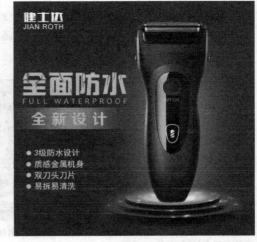

图9.126 复制图形及最终效果

9.8　精工豆浆机硬广设计

素材位置　素材文件\第9章\精工豆浆机
案例位置　案例文件\第9章\精工豆浆机.psd
视频位置　多媒体教学\第9章\9.8.avi
难易指数　★★☆☆☆

　　本例讲解精工豆浆机硬广设计，本例在制作过程中采用热情的红色作为主题颜色，同时与黄色的图形搭配得十分协调，在视觉上体现出传统文化元素，最终效果如图9.127所示。

图9.127　最终效果

9.8.1　制作背景

01 执行菜单栏中的【文件】|【新建】命令，在弹出的对话框中设置【宽度】为500像素，【高度】为500像素，【分辨率】为72像素/英寸，新建一个空白画布，将画布填充为红色（R：160，G：0，B：0），单击面板底部的【创建新图层】 按钮，新建一个【图层1】图层，如图9.128所示。

02 选择工具箱中的【画笔工具】，在画布中单击鼠标右键，在弹出的面板中选择一种圆角笔触，将【大小】更改为250像素，【硬度】更改为0%，如图9.129所示。

图9.128　新建图层　　图9.129　设置笔触

03 将前景色更改为红色（R：247，G：10，B：

8），选中【图层1】图层，在画布中单击添加图像，如图9.130所示。

图9.130　添加图像

04 选中【图层1】图层，执行菜单栏中的【滤镜】|【模糊】|【高斯模糊】命令，在弹出的对话框中将【半径】更改为40像素，完成之后单击【确定】按钮，如图9.131所示。

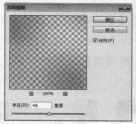

图9.131　设置高斯模糊

9.8.2　添加素材并制作倒影

01 执行菜单栏中的【文件】|【打开】命令，打开"展台.psd""豆浆机.psd"文件，将打开的素材拖入画布中并适当缩小，如图9.132所示。

图9.132　添加素材

02 在【图层】面板中，选中【豆浆机】图层，将其拖至面板底部的【创建新图层】 按钮上，复制1个【豆浆机 拷贝】图层，如图9.133所示。

277

03 选中【豆浆机】图层，按Ctrl+T组合键对其执行【自由变换】命令，单击鼠标右键，从弹出的快捷菜单中选择【垂直翻转】命令，完成之后按Enter键确认，将图像向下垂直移动，如图9.134所示。

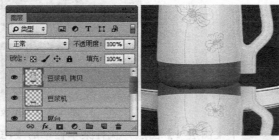

图9.133 复制图层　　　图9.134 变换图像

04 在【图层】面板中，选中【豆浆机】图层，单击面板底部的【添加图层蒙版】按钮，为其添加图层蒙版，如图9.135所示。

05 选择工具箱中的【渐变工具】，编辑黑色到白色的渐变，单击选项栏中的【线性渐变】按钮，在其图像上拖动将部分图像隐藏，如图9.136所示。

图9.135 添加图层蒙版　图9.136 设置渐变并隐藏图像

06 选择工具箱中的【矩形工具】，在选项栏中将【填充】更改为红色（R：140，G：2，B：0），【描边】为无，在画布底部绘制一个与画布相同宽度的矩形，此时将生成一个【矩形1】图层，如图9.137所示。

图9.137 绘制图形

9.8.3 绘制图形并添加文字

01 选择工具箱中的【椭圆工具】，在选项栏中将【填充】更改为黄色（R：255，G：186，B：0），【描边】为无，在画布靠右上角位置按住Shift键绘制一个正圆图形，此时将生成一个【椭圆1】图层，如图9.138所示。

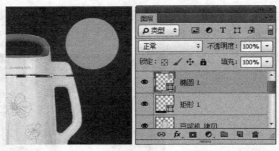

图9.138 绘制图形

02 在【图层】面板中，选中【椭圆1】图层，单击面板底部的【添加图层样式】fx按钮，在菜单中选择【斜面和浮雕】命令，在弹出的对话框中将【大小】更改为135像素，取消【使用全局光】复选框，【角度】更改为90度，【阴影模式】中的【不透明度】更改为30%，完成之后单击【确定】按钮，如图9.139所示。

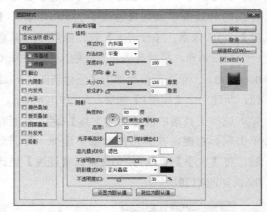

图9.139 设置斜面和浮雕

03 选择工具箱中的【矩形工具】，在选项栏中将【填充】更改为黄色（R：255，G：186，B：0），【描边】为无，在画布左上角位置绘制一个矩形，此时将生成一个【矩形2】图层，如图9.140所示。

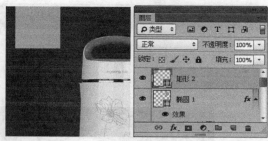

图9.140 绘制图形

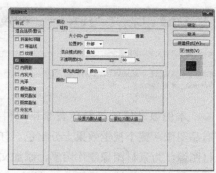

图9.144 设置描边

(04) 选择工具箱中的【添加锚点工具】 ，在刚才绘制的矩形底部中间位置单击添加锚点，如图9.141所示。

(05) 选择工具箱中的【转换点工具】 ，单击添加的锚点，选择工具箱中的【直接选择工具】 选中锚点向下拖动将图形变形，如图9.142所示。

(08) 在【直降 ￥299】图层上单击鼠标右键，从弹出的快捷菜单中选择【拷贝图层样式】命令，同时选中【抢！】及【年底大促 错过等明年！】图层，在其图层名称上单击鼠标右键，从弹出的快捷菜单中选择【粘贴图层样式】命令，这样就完成了效果制作，最终效果如图9.145所示。

图9.141 添加锚点　　　图9.142 将图形变形

(06) 选择工具箱中的【横排文字工具】 ，在画布适当位置添加文字，如图9.143所示。

图9.145 复制并粘贴图层样式及最终效果

9.9　本章小结

本章讲解网店硬广的设计制作，在网购盛行的今天，越来越多的人乐于在网上淘他们喜欢的商品，所以网店硬广显得特别重要，此类广告的制作要求比较明确，以最大可能地体现出价格与相应的服务优势为主，在本章中的大量实例中可以学习到网店硬广的设计与制作。

图9.143 添加文字

(07) 在【图层】面板中，选中【直降 ￥299】图层，单击面板底部的【添加图层样式】 fx 按钮，在菜单中选择【描边】命令，在弹出的对话框中将【大小】更改为1像素，【混合模式】更改为叠加，【不透明度】更改为80%，【颜色】更改为白色，完成之后单击【确定】按钮，如图9.144所示。

9.10　课后习题

本章课后习题安排了4个，围绕网店硬广主题进行创作，供读者课后练习，通过本章的练习，提高读者独立制作店铺广告的能力。

9.10.1 课后习题1——吸尘器硬广设计

素材位置　素材文件\第9章\吸尘器广告
案例位置　案例文件\第9章\吸尘器广告.psd
视频位置　多媒体教学\第9章\9.10.1 课后习题1.avi
难易指数　★★☆☆☆

本例以动感的深绿色背景搭配科技感十足的
商品图像，整个视觉效果十分出色。打开并添加素
材图像，为素材图像制作阴影，添加文字信息完成
效果制作，最终效果如图9.146所示。

图9.146 最终效果

步骤分解如图9.147所示。

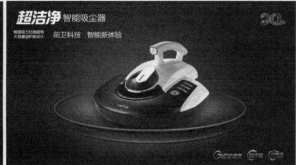

图9.147 步骤分解图

9.10.2 课后习题2——电视换新硬广设计

素材位置　素材文件\第9章\电视换新
案例位置　案例文件\第9章\电视换新.psd
视频位置　多媒体教学\第9章\9.10.2 课后习题2.avi
难易指数　★★☆☆☆

本例讲解电视换新硬广设计，背景采用粉红色系，同时和绿色的字体组合成春天元素，最终效果如图
9.148所示。

图9.148　最终效果

步骤分解如图9.149所示。

图9.149　步骤分解图

9.10.3　课后习题3——超轻运动鞋硬广设计

素材位置　素材文件\第9章\超轻运动鞋
案例位置　案例文件\第9章\超轻运动鞋.psd
视频位置　多媒体教学\第9章\9.10.3 课后习题3.avi
难易指数　★★★☆☆

本例讲解超轻运动鞋硬广设计，通过添加超轻材质元素体现出运动鞋轻质的特点，最终效果如图9.150所示。

图9.150　最终效果

步骤分解如图9.151所示。

图9.151 步骤分解图

9.10.4 课后习题4——秋冬新品男鞋硬广设计

素材位置　素材文件\第9章\秋冬新品男鞋
案例位置　案例文件\第9章\秋冬新品男鞋.psd
视频位置　多媒体教学\第9章\9.10.4 课后习题4.avi
难易指数　★★★☆☆

本例讲解秋冬新品男鞋硬广设计，本例的布局比较简单，在制作方面掌握好画面的整体透视比例即可，最终效果如图9.152所示。

图9.152 最终效果

步骤分解如图9.153所示。

图9.153 步骤分解图

第10章

网店靓丽banner艺术

本章讲解网店banner制作。banner作为淘宝广告中最重要的组成部分，在广告制作中也是不可少的元素，好的banner可以引导顾客，同时还可以增强图像的视觉效果。banner的制作通常比较简单，但却会让人们对商品有一个更加深层次的认知。

学习目标

学习制作优雅鞋子banner

掌握车险banner制作方法

学习化妆品banner的制作流程

认识服饰banner制作重点

10.1 优雅鞋子banner设计

素材位置　素材文件\第10章\优雅鞋子banner
案例位置　案例文件\第10章\优雅鞋子banner.psd
视频位置　多媒体教学\第10章\10.1.avi
难易指数　★★☆☆☆

　　本例讲解优雅鞋子banner制作，本例的制作十分简单，重点在于文字信息的添加，需要与画布的整体色彩形成完美对比，文字信息的表现力直接影响到顾客的购买意向，最终效果如图10.1所示。

图10.1 最终效果

01 执行菜单栏中的【文件】|【打开】命令，打开"背景.jpg""鞋子.psd"文件，将打开的素材拖入背景靠右侧位置，如图10.2所示。

图10.2 打开并添加素材

02 选择工具箱中的【钢笔工具】，在选项栏中单击【选择工具模式】按钮，在弹出的选项中选择【形状】，将【填充】更改为深红色（R：87，G：40，B：48），【描边】为无，在左侧鞋子底部位置绘制一个不规则图形，此时将生成一个【形状1】图层，如图10.3所示。

图10.3 绘制图形

03 选中【形状1】图层，执行菜单栏中的【滤镜】|【模糊】|【高斯模糊】命令，在弹出的对话框中将【半径】更改为2像素，完成之后单击【确定】按钮，再将其图层【不透明度】更改为40%，如图10.4所示。

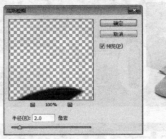

图10.4 设置高斯模糊

04 选中【形状1】图层，在画布中按住Alt+Shift组合键向右侧拖动将图像复制，如图10.5所示。

图10.5 复制图像

05 选择工具箱中的【横排文字工具】T，在画布适当位置添加文字，这样就完成了效果制作，最终效果如图10.6所示。

图10.6 添加文字及最终效果

10.2 润肤乳banner设计

素材位置　素材文件\第10章\润肤乳banner
案例位置　案例文件\第10章\润肤乳banner.psd
视频位置　多媒体教学\第10章\10.2.avi
难易指数　★★☆☆☆

　　本例讲解润肤乳banner制作，本例制作的过程比较简单，重点在于图形的装饰及文字信息的位置摆放，最终效果如图10.7所示。

图10.7 最终效果

10.2.1 添加素材制作倒影

01 执行菜单栏中的【文件】|【打开】命令，打开"背景.jpg""化妆品.psd"文件，将打开的素材拖入背景中间位置，如图10.8所示。

图10.8 打开并添加素材

02 在【图层】面板中，选中【化妆品】图层，将其拖至面板底部的【创建新图层】按钮上，复制1个【化妆品 拷贝】图层，如图10.9所示。

03 选中【化妆品 拷贝】图层，按Ctrl+T组合键执行【自由变换】命令，从弹出的快捷菜单中选择【水平翻转】命令，完成之后按Enter键确认，将图像与原图像底部对齐，如图10.10所示。

图10.9 复制图层　　　　图10.10 变换图像

04 在【图层】面板中，选中【化妆品 拷贝】图层，单击面板底部的【添加图层蒙版】按钮，为其图层添加图层蒙版，如图10.11所示。

05 选择工具箱中的【渐变工具】，编辑黑色

到白色的渐变，单击选项栏中的【线性渐变】按钮，单击【化妆品 拷贝】图层蒙版缩览图，在画布中其图像上从下至上拖动将部分图像隐藏，如图10.12所示。

图10.11 添加图层蒙版　图10.12 设置渐变并隐藏图形

10.2.2 绘制图形并添加文字

01 选择工具箱中的【多边形工具】，在选项栏中将【填充】更改为青色（R：60，G：220，B：247），【边】更改为6，在化妆品图像左上角位置绘制一个多边形，此时将生成一个【多边形1】图层，并将其图层【不透明度】更改为20%，如图10.13所示。

图10.13 绘制图形

02 选中【多边形1】图层，在画布中按住Alt键将其复制2份并分别将图形缩小，如图10.14所示。

03 选择工具箱中的【横排文字工具】，在适当位置添加文字，如图10.15所示。

图10.14 复制并变换图形　　图10.15 添加文字

04 在【图层】面板中，选中【改变】图层，单

击面板底部的【添加图层样式】*fx* 按钮，在菜单中选择【渐变叠加】命令，在弹出的对话框中将【渐变】更改为蓝色（R：116，G：216，B：250）到蓝色（R：200，G：246，B：255），如图10.16所示。

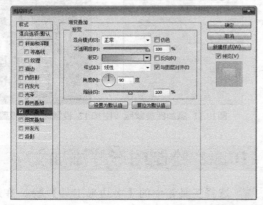

图10.16 设置渐变叠加

05 勾选【外发光】复选框，将【混合模式】更改为叠加，【颜色】更改为白色，【大小】更改为7像素，完成之后单击【确定】按钮，如图10.17所示。

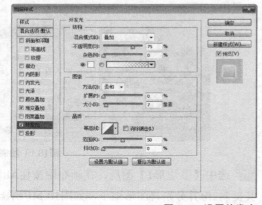

图10.17 设置外发光

06 选择工具箱中的【横排文字工具】 **T** ，在适当位置添加文字，这样就完成了效果制作，最终效果如图10.18所示。

图10.18 添加文字及最终效果

10.3 美白护肤品banner设计

素材位置 素材文件\第10章\美白护肤品banner
案例位置 案例文件\第10章\美白护肤品banner.psd
视频位置 多媒体教学\第10章\10.3.avi
难易指数 ★★★☆☆

本例讲解美白护肤品banner制作，本例中的主色调为经典蓝，聚焦性较强的蓝色背景与蓝色素材图像及蓝色文字组合成一个十分动感的主视觉效果，整个制作过程比较简单，重点在于特效图像的绘制及文字图层样式运用，最终效果如图10.19所示。

图10.19 最终效果

10.3.1 处理背景效果

01 执行菜单栏中的【文件】|【打开】命令，打开"背景.jpg"文件，如图10.20所示。

图10.20 打开素材

02 在【图层】面板中，选中【背景】图层，将其拖至面板底部的【创建新图层】 按钮上，复制1个【背景 拷贝】图层，将【背景 拷贝】图层混合模式更改为叠加，如图10.21所示。

图10.21 复制图层并设置图层混合模式

03 选择工具箱中的【椭圆工具】 ，在选项栏中将【填充】更改为青色（R：74，G：227，B：253），【描边】为无，在画布靠底部位置绘制一个扁长的椭圆图形，此时将生成一个【椭圆1】图层，如图10.22所示。

图10.22　绘制图形

04 在【图层】面板中，选中【椭圆1】图层，单击面板底部的【添加图层样式】 fx 按钮，在菜单中选择【渐变叠加】命令，在弹出的对话框中将【渐变】更改为浅蓝色（R：213，G：246，B：250）到透明，【样式】更改为径向，【角度】更改为0度，【缩放】更改为50%。完成之后单击【确定】按钮，如图10.23所示。

图10.23　设置渐变叠加

05 在【椭圆1】图层名称上右击鼠标，从弹出的快捷菜单中选择【栅格化图层样式】命令，如图10.24所示。

图10.24　栅格化图层样式

06 选中【椭圆1】图层，执行菜单栏中的【滤镜】|【模糊】|【高斯模糊】命令，在弹出的对话框中将【半径】更改为3像素，完成之后单击【确定】按钮，如图10.25所示。

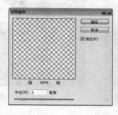

图10.25　设置高斯模糊

07 选中【椭圆1】图层，执行菜单栏中的【滤镜】|【模糊】|【动感模糊】命令，在弹出的对话框中将【角度】更改为0度，【距离】更改为500像素，设置完成之后单击【确定】按钮，图像效果如图10.26所示。

图10.26　设置动感模糊

10.3.2 添加素材并制作倒影

01 执行菜单栏中的【文件】|【打开】命令，打开"护肤品.psd"文件，将打开的素材拖入画布中靠右侧位置并适当缩小，如图10.27所示。

图10.27　添加素材

02 在【图层】面板中，选中【护肤品】图层，将其拖至面板底部的【创建新图层】 按钮上，复制1个【护肤品 拷贝】图层，如图10.28所示。

03 选中【护肤品 拷贝】图层，按Ctrl+T组合键对其执行【自由变换】命令，单击鼠标右键，从弹出的快捷菜单中选择【垂直翻转】命令，完成之后按Enter键确认，将图像与原图像对齐，如图

287

10.29所示。

图10.28 复制图层

图10.29 变换图像

04 在【图层】面板中，选中【护肤品 拷贝】图层，单击面板底部的【添加图层蒙版】 按钮，为其图层添加图层蒙版，如图10.30所示。

05 选择工具箱中的【渐变工具】 ，编辑黑色到白色的渐变，单击选项栏中的【线性渐变】 按钮，单击【护肤品 拷贝】图层蒙版缩览图，在画布中其图像上从下至上拖动将部分图像隐藏，如图10.31所示。

图10.30 添加图层蒙版

图10.31 设置渐变并隐藏图形

10.3.3 绘制图形并添加文字

01 选择工具箱中的【椭圆工具】 ，在选项栏中将【填充】更改为白色，【描边】为无，在护肤品图像位置按住Shift键绘制一个正圆图形，此时将生成一个【椭圆2】图层，如图10.32所示。

图10.32 绘制图形

02 在【图层】面板中，选中【椭圆2】图层，单

击面板底部的【添加图层样式】 *fx* 按钮，在菜单中选择【内发光】命令，在弹出的对话框中将【颜色】更改为青色（R：0，G：255，B：252），【大小】更改为20像素，完成之后单击【确定】按钮，如图10.33所示。

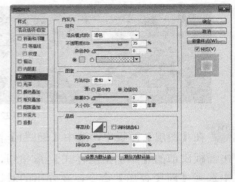
图10.33 设置内发光

03 在【图层】面板中，选中【椭圆2】图层，将其图层【填充】更改为0%，如图10.34所示。

图10.34 更改填充

04 在【图层】面板中，选中【椭圆2】图层，在其图层名称上单击鼠标右键，从弹出的快捷菜单中选择【栅格化图层样式】命令，如图10.35所示。

05 选择工具箱中的【画笔工具】 ，在画布中单击鼠标右键，在弹出的面板中选择一种圆角笔触，将【大小】更改为200像素，【硬度】更改为0%，如图10.36所示。

图10.35 栅格化图层样式

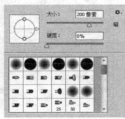
图10.36 设置笔触

06 将前景色更改为黑色，单击【椭圆2】图层蒙

版缩览图，在其图像上部分区域涂抹将其隐藏，如图10.37所示。

图10.37 隐藏图像

07 选中【椭圆2】图层，按住Alt键将其复制多份并以同样的方法将部分图像隐藏，如图10.38所示。

图10.38 复制及隐藏图像

08 选择工具箱中的【横排文字工具】 **T**，在画布适当位置添加文字，如图10.39所示。

图10.39 添加文字

09 在【图层】面板中，选中【Replenishment】图层，单击面板底部的【添加图层样式】 *fx* 按钮，在菜单中选择【描边】命令，在弹出的对话框中将【大小】更改为1像素，【位置】更改为内部，【填充类型】更改为渐变，【渐变】更改为蓝色（R：40，G：203，B：253）到白色再到蓝色（R：40，G：203，B：253），将白色色标位置更改为50%，如图10.40所示。

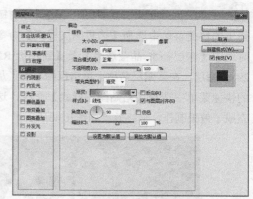

图10.40 设置描边

10 勾选【渐变叠加】复选框，将【渐变】更改为蓝色（R：145，G：230，B：255）到蓝色（R：0，G：92，B：253），【角度】更改为0度，如图10.41所示。

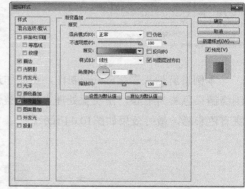

图10.41 设置渐变叠加

11 勾选【投影】复选框，将【颜色】更改为蓝色（R：12，G：85，B：195），【距离】更改为3像素，【扩展】更改为100%，【大小】更改为0像素，完成之后单击【确定】按钮，如图10.42所示。

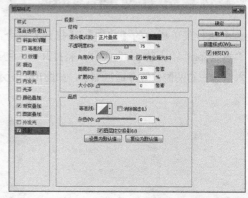

图10.42 设置投影

⑫ 在【Replenishment】图层上单击鼠标右键，从弹出的快捷菜单中选择【拷贝图层样式】命令，同时选中【深层补水 晶莹透亮】及【新春价 RMB：298】图层，在其图层名称上单击鼠标右键，从弹出的快捷菜单中选择【粘贴图层样式】命令，这样就完成了效果制作，最终效果如图10.43所示。

图10.43 复制并粘贴图层样式及最终效果

10.4 糖果彩裙banner设计

素材位置	素材文件\第10章\糖果彩裙banner
案例位置	案例文件\第10章\糖果彩裙banner.psd
视频位置	多媒体教学第10章\10.4.avi
难易指数	★★★☆☆

本例讲解糖果彩裙banner制作，在制作过程中围绕糖果色彩为中心，在视觉处理上使其整体更加富有色彩感，最终效果如图10.44所示。

图10.44 最终效果

10.4.1 为素材制作投影

① 执行菜单栏中的【文件】|【打开】命令，打开"背景.jpg""人物.psd"文件，将打开的人物素材拖入背景左右两侧位置并适当缩小，如图10.45所示。

图10.45 打开及添加素材

② 在【图层】面板中，选中【人物】图层，将其拖至面板底部的【创建新图层】按钮上，复制1个【人物 拷贝】图层，选中【人物】图层，单击面板上方的【锁定透明像素】按钮，将透明像素锁定，在画布中将图像填充为深蓝色（R：83，G：128，B：143），填充完成之后再次单击此按钮将其解除锁定，如图10.46所示。

图10.46 锁定透明像素并填充颜色

③ 选择工具箱中的【矩形选框工具】，在【人物】图层中图像底部位置绘制一个矩形选区以选中部分图像。

④ 按Ctrl+T组合键对其执行【自由变换】命令，单击鼠标右键，从弹出的快捷菜单中选择【斜切】命令，拖动变形框将其变形，完成之后按Enter键确认，如图10.47所示。

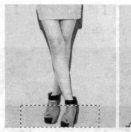 

图10.47 将部分图像变形

⑤ 按Ctrl+Shift+I组合键将选区反向，再按Ctrl+T组合键对其执行【自由变换】命令，将图像向右侧拖动变形，如图10.48所示。

图10.48 将图像变形

06 选中【人物】图层，执行菜单栏中的【滤镜】|【模糊】|【高斯模糊】命令，在弹出的对话框中将【半径】更改为2像素，完成之后单击【确定】按钮，再将其图层【不透明度】更改为30%，如图10.49所示。

图10.49　设置高斯模糊

07 以同样的方法将【人物 2】图层复制，并为其制作同样的投影效果，如图10.50所示。

图10.50　复制图层并制作投影

10.4.2　添加文字

01 选择工具箱中的【横排文字工具】**T**，在适当位置添加文字，如图10.51所示。

图10.51　添加文字

02 在【图层】面板中，选中【SWEET】图层，单击面板底部的【添加图层样式】**fx**按钮，在菜单中选择【投影】命令，在弹出的对话框中取消【使用全局光】复选框，将【角度】更改为90度，【距离】更改为3像素，【扩展】更改为100%，

【大小】更改为1像素，完成之后单击【确定】按钮，如图10.52所示。

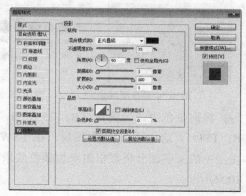

图10.52　设置投影

03 在【图层】面板中，选中【SWEET】图层，单击面板底部的【添加图层样式】**fx**按钮，在菜单中选择【描边】命令，在弹出的对话框中将【大小】更改为1像素，【不透明度】更改为50%，完成之后单击【确定】按钮，如图10.53所示。

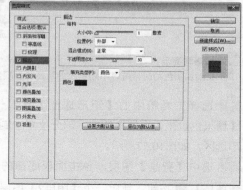

图10.53　设置描边

10.4.3　修改文字颜色

01 在【图层】面板中，选中【SWEET】图层，单击面板底部的【创建新图层】按钮，新建一个【图层1】图层，选中【图层1】图层按Ctrl+Alt+G组合键执行【创建剪贴蒙版】命令，如图10.54所示。

02 选择工具箱中的【画笔工具】，在画布中单击鼠标右键，在弹出的面板中选择一种圆角笔触，将【大小】更改为50像素，【硬度】更改为100%，如图10.55所示。

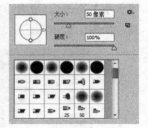

图10.54 新建图层　　　　　　　图10.55 设置笔触

(03) 将前景色更改为黄色（R：255，G：235，B：154），选中【图层1】图层，在【SWEET】图层中的文字部分位置单击添加颜色效果，如图10.56所示。

图10.56 添加颜色

技巧与提示

在添加颜色的时候可以不断更改前景及背景颜色。

(04) 选择工具箱中的【矩形选框工具】□，在【糖果色短裙】图层中的糖字部分位置绘制一个矩形选区，如图10.57所示。

(05) 选中【背景】图层，单击面板底部的【创建新图层】□按钮，新建一个【图层2】图层，如图10.58所示。

图10.57 绘制选区　　　　　　图10.58 新建图层

(06) 选中【图层2】图层，将选区填充为黄色（R：255，G：230，B：3），完成之后按Ctrl+D组合键将选区取消，如图10.59所示。

图10.59 填充颜色

(07) 以同样的方法在文字其他位置绘制选区并填充不同的颜色，这样就完成了效果制作，最终效果如图10.60所示。

图10.60 填充颜色及最终效果

10.5　知性之美女装banner设计

素材位置　素材文件\第10章\知性之美女装banner
案例位置　案例文件\第10章\知性之美女装banner.psd
视频位置　多媒体教学\第10章\10.5.avi
难易指数　★★☆☆☆

本例讲解知性之美女装banner，画面整体看似绚丽但却透露出一种知性美感，以天空为背景，同时简洁的概括文字信息易读易懂，使整体效果相当不错，最终效果如图10.61所示。

图10.61 最终效果

10.5.1 绘制矩形并添加文字

01 执行菜单栏中的【文件】|【打开】命令，打开"背景.jpg""人物.psd"文件，将打开的素材拖入画布中并适当缩小，如图10.62所示。

图10.62 新建画布并添加素材

02 选择工具箱中的【矩形工具】■，在选项栏中将【填充】更改为紫色（R：147，G：106，B：155），【描边】为无，在画布靠底部位置绘制一个与画布相同宽度的矩形，如图10.63所示。

图10.63 绘制图形

03 选择工具箱中的【横排文字工具】T，在画布中适当位置添加文字，如图10.64所示。

图10.64 添加文字

04 选择工具箱中的【矩形工具】■，在选项栏中将【填充】更改为无，【描边】为红色（R：230，G：65，B：96），在文字下方位置绘制一个矩形，此时将生成一个【矩形2】图层，如图10.65所示。

05 在【图层】面板中，选中【矩形2】图层，单击面板底部的【添加图层蒙版】▣按钮，为其图层添加图层蒙版，如图10.66所示。

图10.65 绘制图形　　　图10.66 添加图层蒙版

06 选择工具箱中的【矩形选框工具】▢，在矩形底部位置绘制一个矩形选区，将选区填充为黑色将部分图像隐藏，完成之后按Ctrl+D组合键将选区取消，如图10.67所示。

图10.67 绘制选区并隐藏图形

07 选择工具箱中的【椭圆工具】●，在选项栏中将【填充】更改为红色（R：230，G：65，B：96），【描边】为无，在隐藏图形后的位置按住Shift键绘制一个很小的正圆图形，选中绘制的图形所在图层，按住Alt+Shift组合键向右侧拖动将图形复制，如图10.68所示。

图10.68 绘制及复制图形

08 选择工具箱中的【矩形工具】■，在选项栏中将【填充】更改为红色（R：230，G：65，B：96），【描边】为无，在矩形框顶部中间绘制一个矩形，选择工具箱中的【横排文字工具】T，在矩形位置添加文字，如图10.69所示。

图10.69 绘制图形并添加文字

10.5.2 添加素材和特效

01 执行菜单栏中的【文件】|【打开】命令，打开"气球.psd""气球2.psd""热气球.psd"文件，将打开的素材拖入画布中适当位置并缩小，如图10.70所示。

图10.70 添加素材

技巧与提示

添加素材图像之后应当注意图像所在图层顺序。

02 单击面板底部的【创建新图层】 按钮，新建一个【图层1】图层，如图10.71所示。

图10.71 新建图层

03 在【画笔】面板中，选择一个圆角笔触，将【大小】更改为20像素，【间距】更改为500%，如图10.72所示。

04 勾选【形状动态】复选框，将【大小抖动】更改为80%，如图10.73所示。

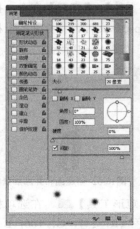 

图10.72 设置画笔尖形状   图10.73 设置形状动态

05 勾选【散布】复选框，将【散布】更改为800%，如图10.74所示。

06 勾选【平滑】复选框，如图10.75所示。

图10.74 设置散布   图10.75 勾选平滑

07 将前景色更改为白色，选中【图层1】图层，在画布中靠上半部分拖动鼠标，这样就完成了效果制作，最终效果如图10.76所示。

图10.76 绘制图像及最终效果

10.6　柔肤水banner设计

素材位置　素材文件\第10章\柔肤水banner
案例位置　案例文件\第10章\柔肤水banner.psd
视频位置　多媒体教学\第10章\10.6.avi
难易指数　★★★☆☆

本例讲解柔肤水banner制作。在所有的化妆品类banner制作过程中都应当以化妆品本身的特点为中心添加相对应的图像及文字信息，重点强调化妆品的特点。本例最终效果如图10.77所示。

图10.77　最终效果

10.6.1　为素材添加倒影

01 执行菜单栏中的【文件】|【打开】命令，打开"背景.jpg""柔肤水.psd"文件，将打开的素材拖入背景靠右侧位置，并适当缩小，如图10.78所示。

图10.78　打开及添加素材

02 在【图层】面板中，选中【柔肤水】图层，将其拖至面板底部的【创建新图层】🔲按钮上，复制1个【柔肤水 拷贝】图层，如图10.79所示。

03 选中【柔肤水】图层，按Ctrl+T组合键对其执行【自由变换】命令，单击鼠标右键，从弹出的快捷菜单中选择【水平翻转】命令，完成之后按Enter键确认，将图像向下移动并与原图像底部对齐，如图10.80所示。

图10.79　复制图层　　　　图10.80　变换图像

04 在【图层】面板中，选中【柔肤水】图层，单击面板底部的【添加图层蒙版】🔲按钮，为其图层添加图层蒙版，如图10.81所示。

05 选择工具箱中的【渐变工具】■，编辑黑色到白色的渐变，单击选项栏中的【线性渐变】■按钮，单击【柔肤水】图层蒙版缩览图，在画布中其图像上从下至上拖动将部分图像隐藏为原图像制作倒影，如图10.82所示。

图10.81　添加图层蒙版　图10.82　设置渐变并隐藏图形

06 同时选中除【背景】图层之外的2个图层按Ctrl+G组合键将其编组，此时将生成一个【组1】组，再将其拖至面板底部的【创建新图层】🔲按钮上，复制1个【组1 拷贝】组，选中【组1】组按Ctrl+E组合键将其合并，如图10.83所示。

07 选中【组1】图层，在画布中按Ctrl+T组合键对其执行【自由变换】命令，将图像等比缩小，完成之后按Enter键确认，再将图像向右侧稍微移动，如图10.84所示。

图10.83　将图层编组并合并组　　图10.84　将图像变形

08 选中【组1】图层，执行菜单栏中的【滤镜】|
【模糊】|【高斯模糊】命令，在弹出的对话框中
将【半径】更改为2像素，完成之后单击【确定】
按钮，如图10.85所示。

图10.85 设置高斯模糊

09 在【图层】面板中，选中【组1】图层，将其
拖至面板底部的【创建新图层】 按钮上，复制1
个【组1拷贝2】图层，如图10.86所示。

10 选中【组1拷贝2】图层，在画布中按Ctrl+T组
合键对其执行【自由变换】命令，将图像等比缩
小，完成之后按Enter键确认，再将图像向左侧稍
微移动，如图10.87所示。

图10.86 复制图层   图10.87 将图像变形

11 选中【组1拷贝2】图层，按Ctrl+Alt+F组合键
打开【高斯模糊】命令对话框，在弹出的对话框中
将【半径】更改为5像素，完成之后单击【确定】
按钮，如图10.88所示。

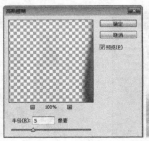

图10.88 设置高斯模糊

10.6.2 绘制圆球

01 选择工具箱中的【椭圆工具】 ，在选项栏
中将【填充】更改为白色，【描边】为无，在画布
靠左下角位置按住Shift键绘制一个椭圆图形，此时
将生成一个【椭圆1】图层，如图10.89所示。

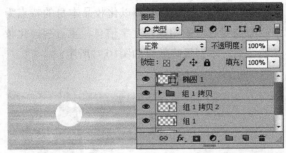

图10.89 绘制图形

02 在【图层】面板中，选中【椭圆1】图层，单
击面板底部的【添加图层样式】 fx 按钮，在菜单
中选择【斜面和浮雕】命令，在弹出的对话框中将
【大小】更改为55像素，【高光模式】中的【不透
明度】更改为100%，【阴影模式】中的【颜色】
更改为白色，如图10.90所示。

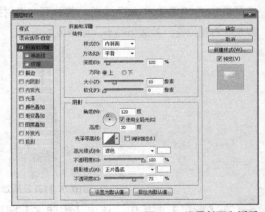

图10.90 设置斜面和浮雕

03 勾选【内发光】复选框，将【混合模式】更
改为正常，【不透明度】更改为15%，【颜色】更
改为紫色（R：180，G：70，B：130），【大小】
更改为35像素，完成之后单击【确定】按钮，如图
10.91所示。

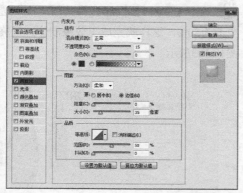

图10.91 设置内发光

04 在【图层】面板中，选中【椭圆1】图层，将其图层【填充】更改为0%，如图10.92所示。

图10.92 更改填充

05 选中【椭圆1】图层，在画布中按住Alt键将图像复制多份并将部分图像适当缩小并移动，如图10.93所示。

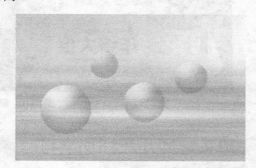

图10.93 复制并变换图像

10.6.3 为圆球添加投影

01 选择工具箱中的【椭圆工具】 ⬭，在选项栏中将【填充】更改为深紫色（R：76，G：10，B：46），【描边】为无，在刚才绘制的气泡图像底部位置绘制一个椭圆图形，此时将生成一个【椭圆2】图层，如图10.94所示。

图10.94 绘制图形

02 选中【椭圆2】图层，执行菜单栏中的【滤镜】|【模糊】|【高斯模糊】命令，在弹出的对话框中将【半径】更改为3像素，完成之后单击【确定】按钮，如图10.95所示。

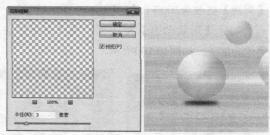

图10.95 设置高斯模糊

03 选中【椭圆2】图层，执行菜单栏中的【滤镜】|【模糊】|【动感模糊】命令，在弹出的对话框中将【角度】更改为0度，【距离】更改为45像素，设置完成之后单击【确定】按钮，如图10.96所示。

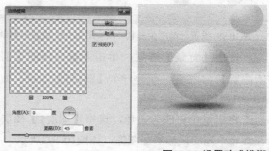

图10.96 设置动感模糊

04 选中【椭圆2】图层，在画布中按住Alt键将图像复制数份并分别移至刚才绘制的气泡图像底部位置，同时根据气泡图像的大小适当缩小阴影图像大小，如图10.97所示。

05 选择工具箱中的【横排文字工具】 T，在适当位置添加文字，如图10.98所示。

图10.97 复制及变换图像

图10.98 添加文字

10.6.4 添加艺术笔触效果

01 在【画笔】面板中，选择一个圆角笔触，将【大小】更改为100像素，【硬度】更改为70%，【间距】更改为300%，如图10.99所示。

02 勾选【形状动态】复选框，将【大小抖动】更改为80%，如图10.100所示。

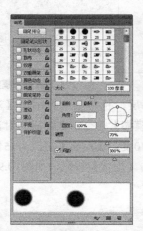

图10.99 设置画笔笔尖形状

图10.100 设置形状动态

03 选中【背景】图层，单击面板底部的【创建新图层】按钮，新建一个【图层1】图层，如图10.101所示。

04 将前景色更改为白色，选中【图层1】图层，在画布中拖动鼠标添加图像，如图10.102所示。

图10.101 新建图层

图10.102 添加图像

05 选中【图层1】图层，将其图层【不透明度】更改为50%，这样就完成了效果制作，最终效果如图10.103所示。

图10.103 更改图层不透明度及最终效果

10.7 年终大促banner设计

素材位置　素材文件\第10章\年终大促banner
案例位置　案例文件\第10章\年终大促banner.psd
视频位置　多媒体教学\第10章\10.7.avi
难易指数　★★★☆☆

本例讲解年终大促banner制作，本例最大亮点在于镶嵌图像的绘制，此种图像装饰比较逼真并且十分形象，通过此种简单的制作方法展示一个生动形象的banner，最终效果如图10.104所示。

图10.104 最终效果

10.7.1 打开及添加素材

01 执行菜单栏中的【文件】|【打开】命令，打开"背景.jpg""人物.psd"文件，如图10.105所示。

图10.105 打开及添加素材

02 在【图层】面板中，选中【人物】图层，将其拖至面板底部的【创建新图层】 按钮上，复制1个【人物 拷贝】图层，如图10.106所示。

03 在【图层】面板中，选中【人物】图层，单击面板上方的【锁定透明像素】 按钮，将透明像素锁定，将图像填充为深蓝色（R：6，G：65，B：80），填充完成之后再次单击此按钮将其解除锁定，如图10.107所示。

图10.106 复制图层 图10.107 锁定透明像素并填充颜色

04 选中【人物】图层，执行菜单栏中的【滤镜】|【模糊】|【高斯模糊】命令，在弹出的对话框中将【半径】更改为2像素，完成之后单击【确定】按钮，如图10.108所示。

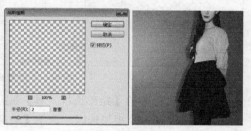

图10.108 设置高斯模糊

05 以同样的方法将【人物2】图层复制，并为人物制作投影效果，如图10.109所示。

图10.109 制作投影效果

10.7.2 绘制图形并添加投影

01 选择工具箱中的【矩形工具】 ，在选项栏

中将【填充】更改为白色，【描边】为无，在画布中绘制一个矩形，此时将生成一个【矩形1】图层，如图10.110所示。

图10.110 绘制图形

02 在【图层】面板中，选中【矩形1】图层，单击面板底部的【添加图层样式】 fx 按钮，在菜单中选择【投影】命令，在弹出的对话框中将【不透明度】更改为20%，取消【使用全局光】复选框，【角度】更改为50度，【距离】更改为3像素，【大小】更改为3像素，完成之后单击【确定】按钮，如图10.111所示。

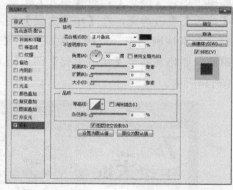

图10.111 设置投影

10.7.3 添加文字并处理图像

01 选择工具箱中的【横排文字工具】 T ，在画布适当位置添加文字，如图10.112所示。

图10.112 添加文字

02 在【图层】面板中，选中【年终大促】图层，

单击面板底部的【添加图层样式】fx按钮，在菜单中选择【描边】命令，在弹出的对话框中将【大小】更改为2像素，【位置】更改为内部，【颜色】更改为紫色（R：130，G：54，B：148），完成之后单击【确定】按钮，如图10.113所示。

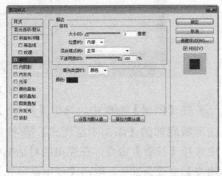

图10.113 设置描边

03 选择工具箱中的【钢笔工具】，在选项栏中单击【选择工具模式】路径按钮，在弹出的选项中选择【形状】，将【填充】更改为白色，【描边】更改为无，在【年终大促】文字位置绘制一个不规则图形，此时将生成一个【形状1】图层，并将其移至【年终大促】图层上方，如图10.114所示。

图10.114 绘制图形

04 选中【形状1】图层，将其图层混合模式更改为叠加，【不透明度】更改为50%，按Ctrl+Alt+G组合键创建剪贴蒙版将部分图形隐藏，如图10.115所示。

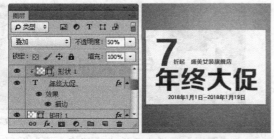

图10.115 创建剪贴蒙版并设置图层混合模式

05 选择工具箱中的【椭圆工具】，在选项栏中将【填充】更改为黑色，【描边】为无，在文字右上角位置绘制一个椭圆图形，此时将生成一个【椭圆1】图层，如图10.116所示。

图10.116 绘制图形

06 选中【椭圆1】图层，执行菜单栏中的【滤镜】|【模糊】|【高斯模糊】命令，在弹出的对话框中将【半径】更改为10像素，完成之后单击【确定】按钮，如图10.117所示。

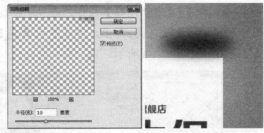

图10.117 设置高斯模糊

07 选择工具箱中的【矩形选框工具】，在椭圆图像位置绘制一个矩形选区，选中【椭圆1】图层，按Delete键将选区中图像删除，完成之后按Ctrl+D组合键将选区取消，再将剩余的图像适当旋转，如图10.118所示。

图10.118 删除及旋转图像

08 在【图层】面板中，选中【矩形1】图层，单击面板底部的【添加图层蒙版】按钮，为其图层添加图层蒙版，如图10.119所示。

09 选择工具箱中的【多边形套索工具】，在矩形右上角位置绘制一个不规则选区，如图10.120所示。

图10.119 添加图层蒙版

图10.120 绘制选区

10 将选区填充为黑色将部分图形隐藏，完成之后按Ctrl+D组合键将选区取消，如图10.121所示。

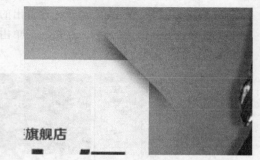
图10.121 隐藏图形

11 在【图层】面板中，选中【椭圆1】图层，将其拖至面板底部的【创建新图层】按钮上，复制1个【椭圆1 拷贝】图层，如图10.122所示。

12 选中【椭圆1 拷贝】图层，将其移至矩形左下角位置，再按Ctrl+T组合键对其执行【自由变换】命令，单击鼠标右键，从弹出的快捷菜单中选择【垂直翻转】命令，完成之后按Enter键确认，选择工具箱中的【多边形套索工具】在多余的矩形位置绘制一个不规则选区以选中部分图形，如图10.123所示。

图10.122 复制图层

图10.123 绘制选区

13 单击【矩形1】图层蒙版缩览图，将选区填充为黑色将部分图像隐藏，完成之后按Ctrl+D组合键将选区取消，这样就完成了效果制作，最终效果如图10.124所示。

图10.124 隐藏图形及最终效果

10.8 服饰banner设计

素材位置 素材文件\第10章\服饰banner
案例位置 案例文件\第10章\服饰banner.psd
视频教学 多媒体教学\第10章\10.8.avi
难易指数 ★★☆☆☆

本例讲解服饰banner制作，服饰banner在制作手法上更传统，以体现促销或者广告效应为主，在本例中通过绘制飘布效果为整个banner增添了几分精彩，最终效果如图10.125所示。

图10.125 最终效果

10.8.1 绘制丝绸效果

01 执行菜单栏中的【文件】|【打开】命令，打开"背景.jpg"文件，如图10.126所示。

图10.126 打开素材

02 选择工具箱中的【钢笔工具】 ，在选项栏
中单击【选择工具模式】 路径 ‡ 按钮，在弹出的
选项中选择【形状】，将【填充】更改为白色，
【描边】更改为无，在画布中间位置绘制1个不规
则图形，此时将生成一个【形状1】图层，选中
【形状1】图层，将其复制一份，出现1个【形状1
拷贝】图层，如图10.127所示。

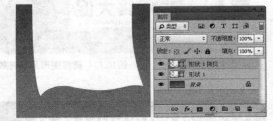

图10.127 绘制图形

03 在【图层】面板中，选中【形状1 拷贝】图
层，单击面板底部的【添加图层样式】 fx 按钮，
在菜单中选择【渐变叠加】命令，在弹出的对话框
中将【渐变】更改为紫色（R：84，G：40，B：
158）到紫色（R：46，G：20，B：98），完成之
后单击【确定】按钮，如图10.128所示。

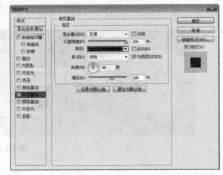

图10.128 设置渐变叠加

04 在【形状1】图层名称上单击鼠标右键，从弹
出的快捷菜单中选择【转换为智能对象】命令，如
图10.129所示。

图10.129 转换为智能对象

05 选择工具箱中的【椭圆工具】 ，在选项栏
中将【填充】更改为白色，【描边】为无，在刚才
绘制的图形左侧位置绘制一个椭圆图形，此时将生
成一个【椭圆1】图层，如图10.130所示。

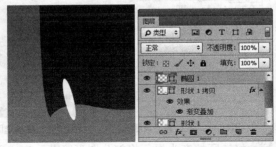

图10.130 绘制图形

06 选中【椭圆1】图层，执行菜单栏中的【滤
镜】|【模糊】|【高斯模糊】命令，在弹出的对话
框中将【半径】更改为8像素，完成之后单击【确
定】按钮，如图10.131所示。

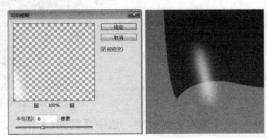

图10.131 设置高斯模糊

07 选中【椭圆1】图层，执行菜单栏中的【滤
镜】|【模糊】|【动感模糊】命令，在弹出的对话
框中将【角度】更改为－77度，【距离】更改为
100像素，设置完成之后单击【确定】按钮，如图
10.132所示。

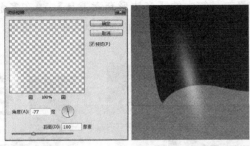

图10.132 设置动感模糊

08 在【图层】面板中，选中【椭圆1】图层，将其
图层混合模式设置为【叠加】，按Ctrl+Alt+G组合键
创建剪贴蒙版将部分图像隐藏，如图10.133所示。

图10.133 设置图层混合模式

⑨ 在【图层】面板中，选中【椭圆1】图层，将其拖至面板底部的【创建新图层】按钮上，复制1个【椭圆1拷贝】图层，选中【椭圆1拷贝】图层，在画布中将其向右侧移动，如图10.134所示。

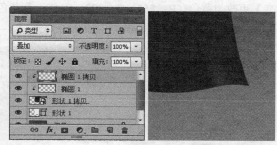

图10.134 复制图层并移动图像

⑩ 在【图层】面板中，选中【椭圆1 拷贝】图层，将其拖至面板底部的【创建新图层】按钮上，复制1个【椭圆1拷贝2】图层，选中【椭圆1拷贝2】图层，单击面板上方的【锁定透明像素】按钮，将透明像素锁定，将图像填充为黑色，填充完成之后再次单击此按钮将其解除锁定，再将其图层【不透明度】更改为30%，如图10.135所示。

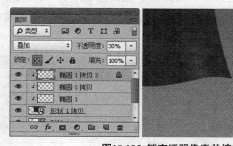

图10.135 锁定透明像素并填充颜色

⑪ 选中【形状1】图层，将其图形颜色更改为黑色，再按Ctrl+T组合键对其执行【自由变换】命令，单击鼠标右键，从弹出的快捷菜单中选择【扭曲】命令，完成之后按Enter键确认，如图10.136所示。

图10.136 将图形变形

⑫ 选中【形状1】图层，执行菜单栏中的【滤镜】|【模糊】|【高斯模糊】命令，在弹出的对话框中将【半径】更改为5像素，完成之后单击【确定】按钮，如图10.137所示。

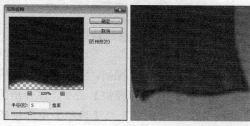

图10.137 设置高斯模糊

⑬ 在【图层】面板中，选中【形状1】图层，单击面板底部的【添加图层蒙版】按钮，为其图层添加图层蒙版，如图10.138所示。

⑭ 选择工具箱中的【画笔工具】，在画布中单击鼠标右键，在弹出的面板中选择一种圆角笔触，将【大小】更改为150像素，【硬度】更改为0%，如图10.139所示。

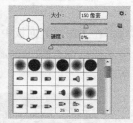

图10.138 添加图层蒙版　　图10.139 设置笔触

⑮ 将前景色更改为黑色，在其图像上部分区域涂抹将其隐藏，如图10.140所示。

图10.140 隐藏图像

303

⑯ 选择工具箱中的【多边形工具】，在选项栏中将【填充】更改为白色，单击图标，在弹出的面板中勾选【星形】复选框，将【缩进边依据】更改为30%，【边】更改为5，在刚才绘制的图形靠上方位置绘制一个多边形，此时将生成一个【多边形1】图层，如图10.141所示。

图10.141 绘制图形

⑰ 选中【多边形1】图层，执行菜单栏中的【滤镜】|【模糊】|【径向模糊】命令，在弹出的对话框中分别勾选【缩放】及【最好】单选按钮，将【数量】更改为100，完成之后单击【确定】按钮，如图10.142所示。

图10.142 设置径向模糊

⑱ 在【图层】面板中，选中【多边形1】图层，将其图层混合模式设置为【叠加】，如图10.143所示。

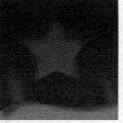

图10.143 设置图层混合模式

10.8.2 添加文字和素材

① 选择工具箱中的【横排文字工具】，在画

布适当位置添加文字，如图10.144所示。

图10.144 添加文字

② 在【图层】面板中，选中【SALE】图层，单击面板底部的【添加图层样式】fx按钮，在菜单中选择【渐变叠加】命令，在弹出的对话框中将【渐变】更改为黄色（R：255，G：222，B：0）到黄色（R：255，G：248，B：207），如图10.145所示。

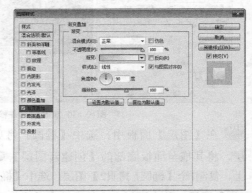

图10.145 设置渐变叠加

③ 勾选【投影】复选框，将【不透明度】更改为50%，取消【使用全局光】复选框，【角度】更改为90度，【距离】更改为2像素，【大小】更改为5像素，完成之后单击【确定】按钮，如图10.146所示。

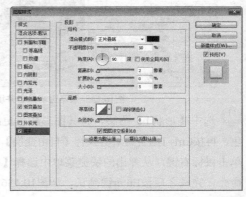

图10.146 设置投影

04 在【图层】面板中，选中【SALE】图层，单击面板底部的【添加图层蒙版】 ■ 按钮，为其图层添加图层蒙版，如图10.147所示。

05 选择工具箱中的【多边形工具】 ⬡ ，在选项栏中将【填充】更改为白色，单击 ⚙ 图标，在弹出的面板中勾选【星形】复选框，将【缩进边依据】更改为50%，【边】更改为5，在【SALE】文字中的A字母位置绘制一个星形，此时将生成一个【多边形2】图层，如图10.148所示。

图10.147 添加图层蒙版　　　　图10.148 绘制图形

06 按住Ctrl键单击【多边形2】图层缩览图，将其载入选区，执行菜单栏中的【选择】|【反向】命令将选区反向，将选区填充为黑色将部分图像隐藏，完成之后按Ctrl+D组合键将选区取消，如图10.149所示。

图10.149 隐藏文字

07 执行菜单栏中的【文件】|【打开】命令，打开"服饰.psd"文件，将打开的素材拖入画布中左右两侧位置并适当缩小，如图10.150所示。

图10.150 添加素材

08 在【图层】面板中，选中【T恤】图层，单击面板底部的【添加图层样式】 fx 按钮，在菜单中选择【投影】命令，在弹出的对话框中将【不透明度】更改为30%，取消【使用全局光】复选框，【角度】更改为90度，【距离】更改为2像素，【大小】更改为3像素，完成之后单击【确定】按钮，如图10.151所示。

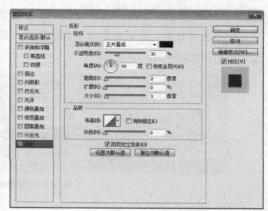

图10.151 设置投影

09 在【T恤】图层上单击鼠标右键，从弹出的快捷菜单中选择【拷贝图层样式】命令，分别同时选中【服饰】组中的其他几个图层，在其图层名称上上单击鼠标右键，从弹出的快捷菜单中选择【粘贴图层样式】命令，如图10.152所示。

图10.152 复制并粘贴图层样式

10 选择工具箱中的【横排文字工具】 T ，在画布适当位置添加文字，这样就完成了效果制作，最终效果如图10.153所示。

图10.153 添加文字及最终效果

10.9 车险banner设计

素材位置	素材文件\第10章\车险banner
案例位置	案例文件\第10章\车险banner.psd
视频位置	多媒体教学\第10章\10.9.avi
难易指数	★★★☆☆

本例讲解车险banner制作，本例的制作稍微有些烦琐，需要体现出宣传的效应，向人们传达一种明确的banner信息，同时在制作过程中需要注意文字的扭曲透视效果，重点要留意整体的版式，最终效果如图10.154所示。

图10.154 最终效果

10.9.1 绘制折纸效果

01 执行菜单栏中的【文件】|【打开】命令，打开"背景.jpg"文件，选择工具箱中的【矩形工具】，在选项栏中将【填充】更改为橙色（R：246，G：132，B：20），【描边】为无，在画布中绘制一个矩形，此时将生成一个【矩形1】图层，如图10.155所示。

图10.155 打开素材并绘制图形

02 选择工具箱中的【直接选择工具】，选中矩形锚点拖动将其变形，如图10.156所示。

图10.156 将图形变形

03 选择工具箱中的【钢笔工具】，在选项栏中单击【选择工具模式】路径按钮，在弹出的选项中选择【形状】，将【填充】更改为比刚才绘制的图形稍深的颜色，【描边】更改为无，在其下方位置绘制数个不规则图形以组合成折叠图像，如图10.157所示。

图10.157 绘制图形

04 选择工具箱中的【圆角矩形工具】，在选项栏中将【填充】更改为白色，【描边】为无，【半径】为5像素，在刚才绘制的图形左侧位置绘制一个圆角矩形，此时将生成一个【圆角矩形1】图层，如图10.158所示。

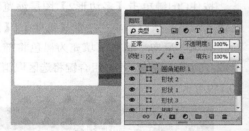

图10.158 绘制图形

05 在【图层】面板中，选中【圆角矩形1】图层，单击面板底部的【添加图层样式】按钮，在菜单中选择【斜面和浮雕】命令，在弹出的对话框中将【大小】更改为1像素，【阴影模式】中的【不透明度】更改为30%，如图10.159所示。

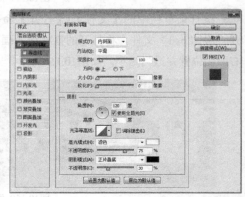

图10.159 设置斜面和浮雕

06 勾选【渐变叠加】复选框，将【渐变】更改为绿色（R：200，G：220，B：28）到绿色（R：130，G：187，B：4），【样式】更改为径向，【角度】更改为0度，如图10.160所示。

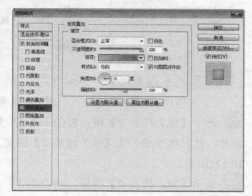

图10.160 设置渐变叠加

07 勾选【投影】复选框，将【不透明度】更改为20%，取消【使用全局光】复选框，【角度】更改为180度，【距离】更改为3像素，【大小】更改为3像素，完成之后单击【确定】按钮，如图10.161所示。

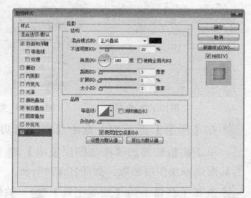

图10.161 设置投影

10.9.2 添加素材及文字

01 在【圆角矩形1】图层名称上单击鼠标右键，从弹出的快捷菜单中选择【转换为智能对象】命令，如图10.162所示。

02 执行菜单栏中的【文件】|【打开】命令，打开"手机.psd"文件，将打开的素材拖入画布中刚才绘制的圆角矩形左侧位置并适当缩小，如图10.163所示。

图10.162 转换为智能对象　　图10.163 添加素材

03 选择工具箱中的【矩形工具】，在选项栏中将【填充】更改为绿色（R：113，G：140，B：28），【描边】为无，在刚才绘制的圆角矩形位置绘制一个细长的矩形，此时将生成一个【矩形2】图层，将【矩形2】图层移至【圆角矩形 1】图层上方，如图10.164所示。

04 选中【圆角矩形1】图层，执行菜单栏中的【图层】|【创建剪贴蒙版】命令，为当前图层创建剪贴蒙版将部分图形隐藏，如图10.165所示。

图10.164 绘制图形　　图10.165 创建剪贴蒙版

05 选择工具箱中的【横排文字工具】T，在刚才绘制的圆角矩形位置添加文字，同时选中【手机】、【500元 话费】、【矩形 2】及【圆角矩形1】图层，按Ctrl+G组合键将图层编组，此时将生成一个【组1】组，如图10.166所示。

图10.166 将图层编组

10.9.3 绘制图形并添加文字

01 选择工具箱中的【钢笔工具】，在选项栏

307

中单击【选择工具模式】 路径 按钮，在弹出的选项中选择【形状】，将【填充】更改为白色，【描边】更改为无，在刚才绘制的圆角矩形左上角位置绘制1个不规则图形，此时将生成一个【形状4】图层，如图10.167所示。

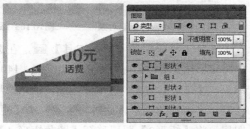

图10.167 绘制图形

02 选中【形状4】图层，执行菜单栏中的【图层】|【创建剪贴蒙版】命令，为当前图层创建剪贴蒙版将部分图形隐藏，再将其图层【不透明度】更改为20%，如图10.168所示。

图10.168 创建剪贴蒙版并更改不透明度

03 同时选中【形状4】及【组1】组，按Ctrl+G组合键将其编组，将生成的【组2】组拖至面板底部的【创建新图层】 按钮上，复制1个【组2 拷贝】组，如图10.169所示。

图10.169 将图层编组并复制组

04 在【图层】面板中，选中【组2 拷贝】组，将其拖至面板底部的【创建新图层】 按钮上，复制1个【组2 拷贝2】组，如图10.170所示。

05 选中【组2】图层，按Ctrl+T组合键对其执行

【自由变换】命令，将图形适当旋转，完成之后按Enter键确认，如图10.171所示。

图10.170 复制组　　　　　　图10.171 旋转图像

06 选中【组2 拷贝 2】组，按Ctrl+E组合键将其合并，此时将生成一个【组2 拷贝 2】图层，如图10.172所示。

07 选中【组2 拷贝 2】图层，按Ctrl+T组合键对其执行【自由变换】命令，单击鼠标右键，从弹出的快捷菜单中选择【水平翻转】命令，完成之后按Enter键确认，将图像与原图像底部对齐，如图10.173所示。

图10.172 合并组　　　　　　图10.173 变换图像

08 在【图层】面板中，选中【组2 拷贝2】图层，单击面板底部的【添加图层蒙版】 按钮，为其图层添加图层蒙版，如图10.174所示。

09 选择工具箱中的【渐变工具】 ，编辑黑色到白色的渐变，单击选项栏中的【线性渐变】 按钮，在画布中其图形上拖动将部分图像隐藏，如图10.175所示。

图10.174 添加图层蒙版　图10.175 设置渐变并隐藏图形

(10) 选择工具箱中的【钢笔工具】 ∅，在选项栏中单击【选择工具模式】 路径 ⬥ 按钮，在弹出的选项中选择【形状】，将【填充】更改为无，【描边】更改为白色，【大小】为1点，单击【设置形状描边类型】按钮，在弹出的选项中选择第2种描边类型，沿不规则图形边缘绘制虚线图形，此时将生成一个【形状5】图层，将【形状5】图层移至【组2】组下方，如图10.176所示。

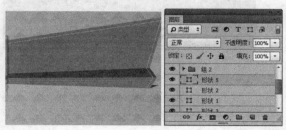

图10.176 绘制图形

(11) 在【图层】面板中，选中【形状5】图层，单击面板底部的【添加图层样式】 fx 按钮，在菜单中选择【投影】命令，在弹出的对话框中将【不透明度】更改为50%，取消【使用全局光】复选框，【角度】更改为100度，【距离】更改为1像素，【大小】更改为1像素，完成之后单击【确定】按钮，如图10.177所示。

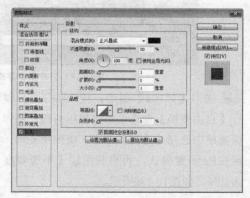

图10.177 设置投影

(12) 选择工具箱中的【横排文字工具】 T，在画布适当位置添加文字，同时选中所有文字图层，在其图层名称上单击鼠标右键，从弹出的快捷菜单中选择【转换为形状】命令，如图10.178所示。

图10.178 添加文字

(13) 选中【500元话费 免费抢！】图层，按Ctrl+T组合键对其执行【自由变换】命令，单击鼠标右键，从弹出的快捷菜单中选择【扭曲】命令，拖动变形框控制点将文字变形，完成之后按Enter键确认，如图10.179所示。

图10.179 将文字变形

(14) 在【图层】面板中，选中【500元话费 免费抢！】图层，单击面板底部的【添加图层样式】 fx 按钮，在菜单中选择【投影】命令，在弹出的对话框中取消【使用全局光】复选框，将【不透明度】更改为50%，【角度】更改为100度，【距离】更改为1像素，【大小】更改为1像素，完成之后单击【确定】按钮，如图10.180所示。

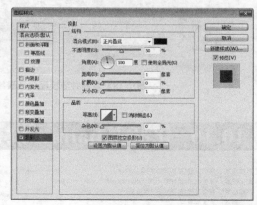

图10.180 设置投影

(15) 在【500元话费 免费抢！】图层上单击鼠标右

键，从弹出的快捷菜单中选择【拷贝图层样式】命令，同时选中其他几个文字图层，在其图层名称上单击鼠标右键，从弹出的快捷菜单中选择【粘贴图层样式】命令，如图10.181所示。

图10.181 复制并粘贴图层样式

⑯ 执行菜单栏中的【文件】|【打开】命令，打开"金币.psd""车.psd"文件，将打开的素材拖入画布中适当位置并缩小，如图10.182所示。

图10.182 添加素材

⑰ 选中【金币】图层，在画布中按住Alt键向右侧拖动将图像复制，选中生成的【金币 拷贝】图层，按Ctrl+T组合键对其执行【自由变换】命令，将图像等比缩小，完成之后按Enter键确认，这样就完成了效果制作，最终效果如图10.183所示。

图10.183 复制并变换图像及最终效果

10.10 化妆品banner设计

素材位置　素材文件\第10章\化妆品banner
案例位置　案例文件\第10章\化妆品banner.psd
视频位置　多媒体教学\第10章\10.10.avi
难易指数　★★☆☆☆

本例讲解化妆品banner制作，化妆品banner通

常以人物或者化妆品为主角，在版式上大多数追求华丽、漂亮的视觉效果，同时需要保持版面的整洁，在本例中以绘制模拟平台的手法进行制作，最终效果十分抢眼，如图10.184所示。

图10.184 最终效果

10.10.1 制作背景

① 执行菜单栏中的【文件】|【打开】命令，打开"背景.jpg"文件，选择工具箱中的【矩形工具】，在选项栏中将【填充】更改为白色，【描边】为无，在画布中绘制一个矩形，此时将生成一个【矩形1】图层，如图10.185所示。

图10.185 打开素材并绘制图形

② 选中【矩形1】图层，按Ctrl+T组合键对其执行【自由变换】命令，单击鼠标右键，从弹出的快捷菜单中选择【透视】命令，将图形变形，完成之后按Enter键确认，再将其图层【不透明度】更改为10%，如图10.186所示。

图10.186 将图形变形并更改不透明度

③ 选中【矩形1】图层，在画布中按住Alt+Shift

组合键向上拖动将图形复制，如图10.187所示。

图10.187 复制图形

④ 选择工具箱中的【矩形工具】■，在选项栏中将【填充】更改为白色，【描边】为无，在2个矩形下方的位置绘制一个矩形，组合成一个立体图形，此时将生成一个【矩形2】图层，将【矩形2】图层【不透明度】更改为7%，如图10.188所示。

图10.188 绘制矩形并变形

⑤ 选中【矩形2】图层，在画布中按住Alt+Shift组合键向上拖动将图形复制，如图10.189所示。

图10.189 复制图形

⑥ 选择工具箱中的【直线工具】／，在选项栏中将【填充】更改为白色，【描边】为无，【粗细】更改为1像素，在刚才绘制的图形底部棱角边缘按住Shift键绘制一条水平线段，此时将生成一个【形状1】图层，如图10.190所示。

⑦ 在【图层】面板中，选中【形状1】图层，单击面板底部的【添加图层蒙版】■按钮，为其图层添加图层蒙版，如图10.191所示。

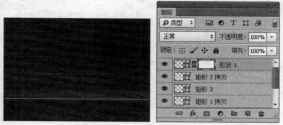

图10.190 绘制图形 图10.191 添加图层蒙版

⑧ 选择工具箱中的【渐变工具】■，编辑黑色到白色再到黑色的渐变，单击选项栏中的【线性渐变】■按钮，在画布中其图形上水平拖动将部分图形隐藏，再将其图层【不透明度】更改为40%，如图10.192所示。

图10.192 隐藏图形

⑨ 在【图层】面板中，选中【形状1】图层，将其拖至面板底部的【创建新图层】■按钮上，复制1个【形状1 拷贝】图层，如图10.193所示。

⑩ 选中【形状1 拷贝】图层，将其图层【不透明度】更改为20%，在画布中将其向上移动，如图10.194所示。

图10.193 复制图层 图10.194 移动图形

⑪ 同时选中除【背景】图层之外的所有图层，按Ctrl+G组合键将图层编组，此时将生成一个【组1】组，如图10.195所示。

311

图10.195 将图层编组

⑫ 选择工具箱中的【矩形工具】 ，在选项栏中将【填充】更改为紫色（R：140，G：25，B：207），【描边】为无，在画布中绘制一个矩形，此时将生成一个【矩形3】图层，如图10.196所示。

图10.196 绘制图形

⑬ 选中【矩形3】图层，执行菜单栏中的【图层】|【创建剪贴蒙版】命令，为当前图层创建剪贴蒙版将部分图形隐藏，再将其图层【不透明度】更改为40%，如图10.197所示。

图10.197 创建剪贴蒙版

10.10.2 制作高光区

① 选择工具箱中的【椭圆工具】 ，在选项栏中将【填充】更改为白色，【描边】为无，在绘制的立体矩形位置按住Shift键绘制一个正圆图形，此时将生成一个【椭圆1】图层，如图10.198所示。

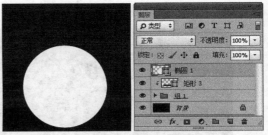

图10.198 绘制图形

② 选中【椭圆1】图层，执行菜单栏中的【滤镜】|【模糊】|【高斯模糊】命令，在弹出的对话框中将【半径】更改为50像素，完成之后单击【确定】按钮，如图10.199所示。

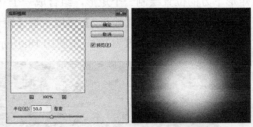

图10.199 设置高斯模糊

③ 选择工具箱中的【矩形选框工具】 ，在图像底部位置绘制一个矩形选区以选中部分图像，如图10.200所示。

④ 选中【椭圆1】图层，按Delete键将选区中图像删除，完成之后按Ctrl+D组合键将选区取消，如图10.201所示。

图10.200 绘制选区　　图10.201 删除图像

⑤ 在【图层】面板中，选中【椭圆1】图层，将其图层混合模式设置为【柔光】，如图10.202所示。

图10.202 设置图层混合模式

06 选择工具箱中的【椭圆工具】 ，在选项栏中将【填充】更改为白色，【描边】为无，在刚才绘制的椭圆图形位置再次绘制一个椭圆图形，并将图形适当旋转，此时将生成一个【椭圆2】图层，如图10.203所示。

图10.203 绘制图形

07 以刚才同样的方法为椭圆图形添加高斯模糊效果并将部分图像删除，如图10.204所示。

图10.204 添加高斯模糊效果并删除图像

08 在【图层】面板中，选中【椭圆2】图层，将其图层混合模式设置为【柔光】，如图10.205所示。

图10.205 设置图层混合模式

09 在【图层】面板中，将【椭圆2】复制一份，出现【椭圆2 拷贝】图层，选中【椭圆2 拷贝】图层，单击面板上方的【锁定透明像素】 按钮，将透明像素锁定，将图像填充为紫色（R：133，G：24，B：198），如图10.206所示。

图10.206 锁定透明像素并填充颜色

10 在【图层】面板中，选中【椭圆2 拷贝】图层，将其图层混合模式设置为【滤色】，【不透明度】更改为70%，如图10.207所示。

图10.207 设置图层混合模式

10.10.3 添加素材及文字

01 执行菜单栏中的【文件】|【打开】命令，打开"化妆品.psd""花朵.psd"文件，将打开的素材拖入画布中靠左侧位置并适当缩小，如图10.208所示。

图10.208 添加素材

02 在【图层】面板中，选中【化妆品】图层，将其拖至面板底部的【创建新图层】 按钮上，复制1个【化妆品 拷贝】图层，如图10.209所示。

03 选中【化妆品 拷贝】图层，按Ctrl+T组合键对其执行【自由变换】命令，单击鼠标右键，从弹出的快捷菜单中选择【垂直翻转】命令，完成之后按Enter键确认，将图像与原图像对齐，如图10.210所示。

图10.209 复制图层

图10.210 变换图像

04 在【图层】面板中，选中【化妆品】图层，单击面板底部的【添加图层蒙版】 按钮，为其图层添加图层蒙版，如图10.211所示。

05 选择工具箱中的【渐变工具】 ，编辑黑色到白色的渐变，单击选项栏中的【线性渐变】 按钮，在画布中其图像上拖动将部分图像隐藏，为化妆品图像制作倒影，如图10.212所示。

图10.211 添加图层蒙版

图10.212 设置渐变并隐藏图形

06 在【图层】面板中，选中【花朵】图层，将其拖至面板底部的【创建新图层】 按钮上，复制1个【花朵 拷贝】图层，如图10.213所示。

07 选中【花朵】图层，按Ctrl+T组合键对其执行【自由变换】命令，单击鼠标右键，从弹出的快捷菜单中选择【垂直翻转】命令，完成之后按Enter键确认，将图像向下移动，如图10.214所示。

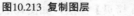
图10.213 复制图层

图10.214 变换图像

08 选择工具箱中的【渐变工具】 ，编辑黑色到白色的渐变，单击选项栏中的【线性渐变】 按钮，在画布中其图像上拖动将部分图像隐藏，为花朵图像制作倒影，如图10.215所示。

09 选择工具箱中的【矩形工具】 ，在选项栏中将【填充】更改为紫色（R：238，G：0，B：210），【描边】为无，在化妆品图像右侧位置绘制一个矩形，此时将生成一个【矩形4】图层，如图10.216所示。

图10.215 制作倒影

图10.216 绘制图形

10 在【图层】面板中，选中【矩形4】图层，单击面板底部的【添加图层蒙版】 按钮，为其图层添加图层蒙版，如图10.217所示。

11 选择工具箱中的【渐变工具】 ，编辑黑色到白色的渐变，单击选项栏中的【线性渐变】 按钮，在画布中其图形上拖动将部分图形隐藏，如图10.218所示。

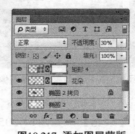
图10.217 添加图层蒙版

图10.218 设置渐变并隐藏图形

12 选择工具箱中的【直线工具】 ，在选项栏中将【填充】更改为紫色（R：238，G：0，B：210），【描边】为无，【粗细】更改为1像素，在刚才绘制的矩形底部边缘按住Shift键绘制一条水平线段，此时将生成一个【形状2】图层，如图10.219所示。

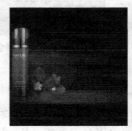

图10.219 绘制图形

⑬ 在【图层】面板中，选中【形状2】图层，单击面板底部的【添加图层蒙版】 ▣ 按钮，为其图层添加图层蒙版，如图10.220所示。

⑭ 选择工具箱中的【渐变工具】▮，编辑黑色到白色的渐变，单击选项栏中的【线性渐变】▮ 按钮，在画布中其图形上拖动将部分图形隐藏，如图10.221所示。

图10.220 添加图层蒙版　图10.221 设置渐变并隐藏图形

⑮ 在【图层】面板中，选中【形状2】图层，将其拖至面板底部的【创建新图层】 ▣ 按钮上，复制1个【形状2 拷贝】图层，选中【形状2 拷贝】图层，在画布中将图形向上平移，如图10.222所示。

图10.222 复制图层

⑯ 选择工具箱中的【横排文字工具】 T，在画布适当位置添加文字，如图10.223所示。

图10.223 添加文字

⑰ 在【图层】面板中，选中【控油清痘　防晒隔离　美白保湿　防辐射】图层，单击面板底部的【添加图层样式】 fx 按钮，在菜单中选择【渐变叠加】命令，在弹出的对话框中将【渐变】更改为

黄色（R：220，G：197，B：176）到黄色（R：178，G：148，B：120）到黄色（R：240，G：232，B：220），如图10.224所示。

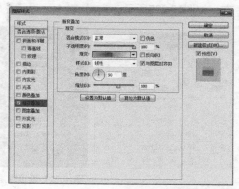

图10.224 设置渐变叠加

⑱ 勾选【投影】复选框，取消【使用全局光】复选框，将【角度】更改为90度，【距离】更改为2像素，【大小】更改为4像素，完成之后单击【确定】按钮，如图10.225所示。

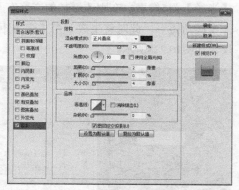

图10.225 设置投影

⑲ 在【控油清痘　防晒隔离　美白保湿　防辐射】图层上单击鼠标右键，从弹出的快捷菜单中选择【拷贝图层样式】命令，在【新生价 49.0】图层上单击鼠标右键，从弹出的快捷菜单中选择【粘贴图层样式】命令，如图10.226所示。

图10.226 复制并粘贴图层样式

⑳ 在【图层】面板中，选中【skin of newborn】图层，将其图层混合模式设置为【柔光】，【不透明度】更改为30%，并将其移至所有文字图层下方，如图10.227所示。

图10.227 设置图层混合模式

10.10.4 绘制图形完成效果

① 选择工具箱中的【圆角矩形工具】 ▭ ，在选项栏中将【填充】更改为白色，【描边】为无，【半径】为5像素，在刚才添加的文字右下角绘制一个圆角矩形，此时将生成一个【圆角矩形1】图层，如图10.228所示。

图10.228 绘制图形

② 在【图层】面板中，选中【圆角矩形1】图层，单击面板底部的【添加图层样式】fx按钮，在菜单中选择【渐变叠加】命令，在弹出的对话框中将【渐变】更改为紫色（R：178，G：4，B：206）到紫色（R：214，G：87，B：234），完成之后单击【确定】按钮，如图10.229所示。

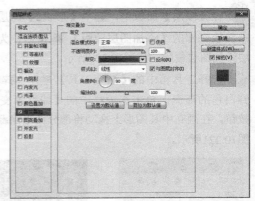

图10.229 设置渐变叠加

③ 在【图层】面板中，选中【圆角矩形1】图层，将其拖至面板底部的【创建新图层】 按钮上，复制1个【圆角矩形1 拷贝】图层，如图10.230所示。

④ 选中【圆角矩形1 拷贝】图层，在画布中按住Shift键向下垂直移动，再双击其图层样式名称，在弹出的对话框中勾选【反向】复选框，完成之后单击【确定】按钮，如图10.231所示。

图10.230 复制图层　　图10.231 移动图形

⑤ 在【图层】面板中，选中【圆角矩形1 拷贝】图层，单击面板底部的【添加图层蒙版】 按钮，为其图层添加图层蒙版，如图10.232所示。

⑥ 选择工具箱中的【渐变工具】 ，编辑黑色到白色的渐变，单击选项栏中的【线性渐变】 按钮，在画布中其图形上拖动将部分图形隐藏，如图10.233所示。

图10.232 添加图层蒙版　图10.233 设置渐变并隐藏图形

07 选择工具箱中的【横排文字工具】 T ，在画布适当位置添加文字，如图10.234所示。

图10.234 添加文字

08 在【立即购买】图层上单击鼠标右键，从弹出的快捷菜单中选择【粘贴图层样式】命令，这样就完成了效果制作，最终效果如图10.235所示。

图10.235 粘贴图层样式及最终效果

10.11 家居促销banner设计

素材位置	素材文件\第10章\家居促销banner
案例位置	案例文件\第10章\家居促销banner.psd
视频位置	多媒体教学\第10章\10.11.avi
难易指数	★★☆☆☆

本例讲解家居促销banner制作，在本例中以简洁舒服的背景与素材图像相结合，整体给人一种宁静、舒适的感觉，同时人物素材的添加也很好地衬托出家居主题，最终效果如图10.236所示。

图10.236 最终效果

10.11.1 绘制箭头

01 执行菜单栏中的【文件】|【打开】命令，打开"背景.jpg"文件，选择工具箱中的【矩形工具】 ，在选项栏中将【填充】更改为白色，【描边】为无，在画布顶部中间位置绘制一个矩形，此时将生成一个【矩形1】图层，如图10.237所示。

图10.237 打开素材并绘制图形

02 选择工具箱中的【钢笔工具】 ，在选项栏中单击【选择工具模式】 路径 ⬦ 按钮，在弹出的选项中选择【形状】，将【填充】更改为白色，【描边】更改为无，在矩形位置底部绘制一个不规则图形，此时将生成一个【形状1】图层，如图10.238所示。

03 在【图层】面板中，同时选中【形状1】及【矩形1】图层，按Ctrl+E组合键将其合并，此时将生成一个【形状1】图层，选中当前图层将其拖至面板底部的【创建新图层】 按钮上，复制1个【形状1 拷贝】图层，如图10.239所示。

图10.238 绘制图形

图10.239 复制图层

04 在【图层】面板中，选中【形状 1 拷贝】图层，单击面板底部的【添加图层样式】 fx 按钮，在菜单中选择【渐变叠加】命令，在弹出的对话框中将【渐变】更改为红色（R：255，G：20，B：23）到红色（R：136，G：0，B：7），完成之后单击【确定】按钮，如图10.240所示。

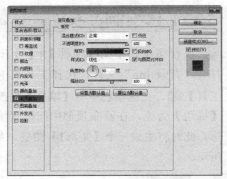

图10.240 设置渐变叠加

05 选中【形状 1】图层,将其图形颜色更改为黑色,再将其图层【不透明度】更改为20%,在画布中向下稍微移动,如图10.241所示。

图10.241 更改图形不透明度并移动图形

06 同时选中【形状1 拷贝】及【形状1】图层,按Ctrl+G组合键将图层编组,此时将生成一个【组1】组,如图10.242所示。

图10.242 将图层编组

07 选择工具箱中的【矩形选框工具】 ,在刚才绘制的图形底部位置绘制一个矩形选区以选中部分背景,如图10.243所示。

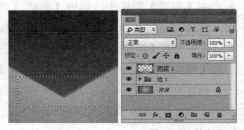

图10.243 绘制图形

10.11.2 定义画笔预设

01 选择工具箱中的【矩形工具】 ,在选项栏中将【填充】更改为黑色,【描边】为无,在画布左上角位置按住Shift键绘制一个矩形,此时将生成一个【矩形1】图层,如图10.244所示。

图10.244 绘制图形

02 选中【矩形1】图层,按Ctrl+T组合键对其执行【自由变换】命令,当出现变形框以后在选项栏中【旋转】后方的文本框中输入45,将图形旋转,完成之后按Enter键确认,如图10.245所示。

03 选择工具箱中的【直接选择工具】 ,选中经过旋转的图形左侧锚点将其删除,如图10.246所示。

图10.245 旋转图形   图10.246 删除锚点

04 按住Ctrl+键单击【矩形1】图层缩览图将其载入选区,如图10.247所示。

图10.247 载入选区

05 执行菜单栏中的【编辑】|【定义画笔预设】命令,在弹出的对话框中将【名称】更改为锯齿,

完成之后单击【确定】按钮，如图10.248所示。

图10.248 定义画笔预设

06 在【画笔】面板中，选择一个刚才定义的锯齿笔触，将【间距】更改为150%，如图10.249所示。

07 勾选【平滑】复选框，如图10.250所示。

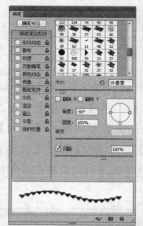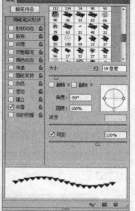

图10.249 设置画笔笔尖形状　　图10.250 勾选平滑

10.11.3 制作锯齿

01 单击面板底部的【创建新图层】按钮，新建一个【图层2】图层，如图10.251所示。

02 将前景色更改为黑色，选中【图层2】图层，在画布中【图层1】中的图像上方边缘位置按住Shift键绘制锯齿图像，如图10.252所示。

图10.251 新建图层　　图10.252 绘制图形

03 在【图层】面板中，选中【图层1】图层，单击面板底部的【添加图层蒙版】按钮，为其图层添加图层蒙版，如图10.253所示。

04 按住Ctrl键单击【图层2】图层缩览图将其载

入选区，如图10.254所示。

图10.253 添加图层蒙版　　图10.254 载入选区

05 将选区填充黑色，将部分图像隐藏，完成之后按Ctrl+D组合键将选区取消，再将【图层2】删除，如图10.255所示。

图10.255 隐藏图像并删除图层

06 在【图层】面板中，选中【图层1】图层，单击面板底部的【添加图层样式】fx按钮，在菜单中选择【投影】命令，在弹出的对话框中将【不透明度】更改为30%，取消【使用全局光】复选框，将【角度】更改为－90度，【距离】更改为3像素，【大小】更改为3像素，完成之后单击【确定】按钮，如图10.256所示。

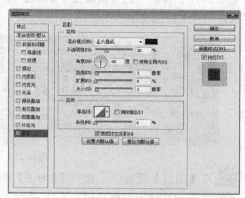

图10.256 设置投影

07 在【图层】面板中的【图层1】组图层样式名称上右击鼠标，从弹出的快捷菜单中选择【创建图层】命令，此时将生成【"图层 1"的投影】新的图层，如图10.257所示。

⑧ 在【图层】面板中，选中【"图层 1"的投影】图层，单击面板底部的【添加图层蒙版】 ◙ 按钮，为其图层添加图层蒙版，如图10.258所示。

图10.257 创建图层　　图10.258 添加图层蒙版

⑨ 选择工具箱中的【画笔工具】 ✐ ，在画布中单击鼠标右键，在弹出的面板中选择一种圆角笔触，将【大小】更改为100像素，【硬度】更改为0%，如图10.259所示。

⑩ 将前景色更改为黑色，在其图像上部分区域涂抹将其隐藏，如图10.260所示。

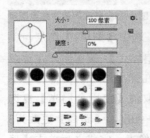 

图10.259 设置笔触　　图10.260 隐藏图像

⑪ 选择工具箱中的【横排文字工具】 T ，在画布适当位置添加文字，如图10.261所示。

图10.261 添加文字

⑫ 在【图层】面板中，选中【SALE】图层，单击面板底部的【添加图层样式】 fx 按钮，在菜单中选择【渐变叠加】命令，在弹出的对话框中将【渐变】更改为黄色（R：255，G：240，B：0）

到黄色（R：255，G：132，B：0），【角度】更改为−90度，如图10.262所示。

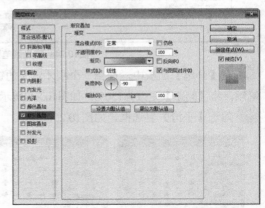

图10.262 渐变叠加设置

⑬ 勾选【投影】复选框，将【不透明度】更改为50%，取消【使用全局光】复选框，【角度】更改为180度，【距离】更改为3像素，【大小】更改为2像素，完成之后单击【确定】按钮，如图10.263所示。

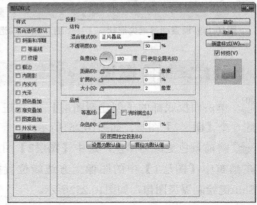

图10.263 设置投影

10.11.4 绘制图形并添加素材

① 选择工具箱中的【钢笔工具】 ✐ ，在选项栏中单击【选择工具模式】 路径 ✦ 按钮，在弹出的选项中选择【形状】，将【填充】更改为蓝色（R：67，G：152，B：206），【描边】更改为无，在画布靠底部位置绘制一个与画布相同宽度的图形，此时将生成一个【形状2】图层，如图10.264所示。

图10.264 绘制图形

02 选中【形状2】图层，将其图层【不透明度】更改为40%，如图10.265所示。

图10.265 更改图层不透明度

03 选择工具箱中的【椭圆工具】 ，在选项栏中将【填充】更改为黑色，【描边】为无，在画布靠左下角位置绘制一个椭圆图形，此时将生成一个【椭圆1】图层，如图10.266所示。

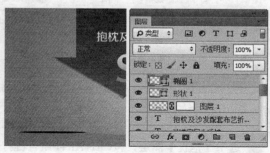

图10.266 绘制图形

04 选中【椭圆1】图层，执行菜单栏中的【滤镜】|【模糊】|【高斯模糊】命令，在弹出的对话框中将【半径】更改为5像素，完成之后单击【确定】按钮，如图10.267所示。

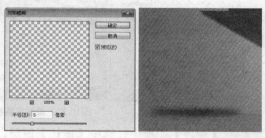

图10.267 设置高斯模糊

05 选中【椭圆1】图层，执行菜单栏中的【滤镜】|【模糊】|【动感模糊】命令，在弹出的对话框中将【角度】更改为0度，【距离】更改为150像素，设置完成之后单击【确定】按钮，如图10.268所示。

图10.268 设置动感模糊

06 在【图层】面板中，选中【椭圆1】图层，将其拖至面板底部的【创建新图层】 按钮上，复制1个【椭圆1 拷贝】图层，选中【椭圆1 拷贝】图层，在画布中将其向右侧移动，如图10.269所示。

图10.269 复制图层并移动图像

07 执行菜单栏中的【文件】|【打开】命令，打开"人物.psd""抱枕.psd"文件，将打开的素材拖入画布中适当位置并缩小，如图10.270所示。

图10.270 添加素材

08 在【图层】面板中，选中【人物】图层，将其拖至面板底部的【创建新图层】 按钮上，复制1个【人物 拷贝】图层，如图10.271所示。

09 在【图层】面板中，选中【人物】图层，单击面板上方的【锁定透明像素】 按钮，将透明像素锁定，在画布中将图像填充为黑色，填充完成之后再次单击此按钮将其解除锁定，如图10.272所示。

图10.271 复制图层

图10.272 锁定透明像素并
填充颜色

10.11.5 制作投影

01 选择工具箱中的【矩形选框工具】，在【人物】图层中图像下半部分绘制一个矩形选区以选中部分图像，如图10.273所示。

02 按Ctrl+T组合键对其执行【自由变换】命令，单击鼠标右键，从弹出的快捷菜单中选择【斜切】命令，拖动变形框控制点将图像变形，完成之后按Enter键确认，如图10.274所示。

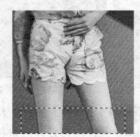
图10.273 绘制选区

图10.274 将图像变形

03 按Ctrl+Shift+I组合键将选区反向，再以同样的方法将图像斜切变形，如图10.275所示。

图10.275 将选区反向并将图像变形

04 选中【人物】图层，执行菜单栏中的【滤

镜】|【模糊】|【高斯模糊】命令，在弹出的对话框中将【半径】更改为2像素，完成之后单击【确定】按钮，如图10.276所示。

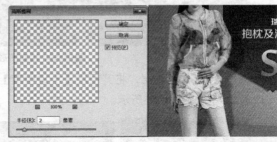
图10.276 设置高斯模糊

05 在【图层】面板中，选中【抱枕】图层，将其拖至面板底部的【创建新图层】按钮上，复制1个【抱枕 拷贝】图层，如图10.277所示。

06 在【图层】面板中，选中【抱枕】图层，单击面板上方的【锁定透明像素】按钮，将透明像素锁定，在画布中将图像填充为黑色，填充完成之后再次单击此按钮将其解除锁定，如图10.278所示。

图10.277 复制图层

图10.278 锁定透明像素并
填充颜色

07 选中【抱枕】图层，按Ctrl+Alt+F组合键打开【高斯模糊】命令对话框，在弹出的对话框中将【半径】更改为5像素，完成之后单击【确定】按钮，如图10.279所示。

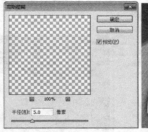

图10.279 设置高斯模糊

08 在【图层】面板中，选中【抱枕】图层，单

击面板底部的【添加图层蒙版】 按钮，为其图层添加图层蒙版，如图10.280所示。

⑨ 选择工具箱中的【画笔工具】 ，在画布中单击鼠标右键，在弹出的面板中选择一种圆角笔触，将【大小】更改为150像素，【硬度】更改为0%，如图10.281所示。

 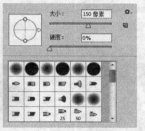

图10.280 添加图层蒙版　　　图10.281 设置笔触

⑩ 将前景色更改为黑色，在其图像上部分区域涂抹将其隐藏，如图10.282所示。

图10.282 隐藏图像

⑪ 选择工具箱中的【横排文字工具】 ，在画布适当位置添加文字，这样就完成了效果制作，最终效果如图10.283所示。

图10.283 添加文字及最终效果

10.12　本章小结

本章讲解网店banner制作，banner可以理解为网店页面的横幅广告，它的最大特点主要体现在针对商品本身的中心意旨，形象鲜明地表达最主要的思想定位或宣传中心，它可以以GIF动画形式存在，同时还可以以静态页面进行展示，在本章中主要以静态页面的制作为主，通过对本章实例的练习达到对网店banner有一个全新的认识，同时在制作上也得心应手。

10.13　课后习题

基于网店banner的重要性，本章的课后习题安排了5个，以更好地让读者练习，掌握网店banner的制作技巧。

10.13.1　课后习题1——时装banner设计

素材位置　素材文件\第10章\时装banner
案例位置　案例文件\第10章\时装banner.psd
视频位置　多媒体教学\第10章\10.13.1 课后习题1.avi
难易指数　★★★☆☆

本例讲解时装banner制作，时装类的广告制作以体现时尚前沿信息为主，在本例中通过不规则图形的绘制与时装图像的搭配形成一种独特的视觉效果，最终效果如图10.284所示。

图10.284 最终效果

步骤分解如图10.285所示。

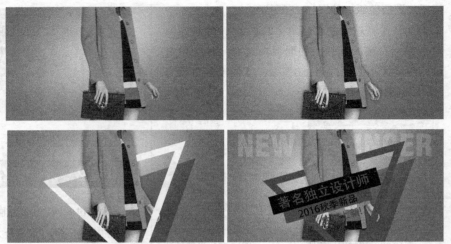

图10.285 步骤分解图

10.13.2 课后习题2——保暖衣banner设计

素材位置 素材文件\第10章\保暖衣banner
案例位置 案例文件\第10章\保暖衣banner.psd
视频位置 多媒体教学\第10章\10.13.2 课后习题2.avi
难易指数 ★★☆☆☆

本例讲解女性保暖衣banner制作，本例的背景十分女性化，唯美、舒适是其最大亮点，保暖衣图像的颜色与背景很好地形成对比，使整个banner的效果相当出色，最终效果如图10.286所示。

图10.286 最终效果

步骤分解如图10.287所示。

图10.287 步骤分解图

10.13.3　课后习题3——文艺时装banner设计

素材位置　素材文件\第10章\文艺时装banner
案例位置　案例文件\第10章\文艺时装banner.psd
视频位置　多媒体教学\第10章\10.13.3　课后习题3.avi
难易指数　★★☆☆☆

本例讲解文艺时装banner制作，在本例的制作过程中并没有添加素材图像，文字信息以绿色树叶为底纹制作而成，整个画面文艺感十足，最终效果如图10.288所示。

图10.288　最终效果

步骤分解如图10.289所示。

图10.289　步骤分解图

10.13.4　课后习题4——女人节疯狂购banner设计

素材位置　素材文件\第10章\女人节疯狂购banner
案例位置　案例文件\第10章\女人节疯狂购banner.psd
视频位置　多媒体教学\第10章\10.13.4　课后习题4.avi
难易指数　★★★☆☆

本例讲解疯狂购banner制作，疯狂购的定义是建立在出色的文字信息描述之上，在本例中文字信息与图形的组合是整个广告最出色之处，最终效果如图10.290所示。

图10.290　最终效果

步骤分解如图10.291所示。

图10.291 步骤分解图

10.13.5 课后习题5——变形本banner设计

素材位置	素材文件\第10章\变形本banner
案例位置	案例文件\第10章\变形本banner.psd
视频位置	多媒体教学\第10章\10.13.5 课后习题5.avi
难易指数	★★★☆☆

本例讲解变形本banner，本例的制作重点在于素材图像的变形，同时简练的文字信息也是整个案例的亮点所在，最终效果如图10.292所示。

图10.292 最终效果

步骤分解如图10.293所示。

图10.293 步骤分解图

第11章

综合案例大作战

本章讲解综合案例制作，本章在实例讲解过程中搜集了大量综合性实例，从店招、商品主图直通车、产品详情页等到网店横幅制作，从总体大实例到网店装修元素，详细地讲解了淘宝店铺装修的制作要领与重点，通过对本章综合实例的学习可以完全掌握淘宝店铺装修的制作，从而从容地面对此类工作。

学习目标

学习制作店招

学会制作商品主图直通车

了解产品详情页的制作方法

掌握不同类型优惠券制作

学会绘制店铺装修元素

11.1 淘宝精品店招

11.1.1 儿童乐园店招

素材位置　素材文件\第11章\儿童乐园店招
案例位置　案例文件\第11章\儿童乐园店招.psd
视频位置　多媒体教学\第11章\11.1.1.avi
难易指数　★★★☆☆

　　本例讲解儿童乐园店招制作，本例是一款传统样式的店招，以左侧不同的商品链接与右侧相对应的商品主图相组合，整体的布局十分规范，同时主题鲜明，最终效果如图11.1所示。

图11.1 最终效果

1. 制作背景并添加素材

01 执行菜单栏中的【文件】|【新建】命令，在弹出的对话框中设置【宽度】为1000像素，【高度】为400像素，【分辨率】为72像素/英寸，新建一个空白画布，将画布填充为绿色（R：205，G：220，B：90）。

02 执行菜单栏中的【文件】|【打开】命令，打开"素材.psd"文件，将打开的素材拖入画布中靠右侧位置并适当缩小，如图11.2所示。

图11.2 新建画布并添加素材

03 按住Ctrl键单击【存钱罐】图层缩览图将其载入选区，再按住Shift键分别单击【小鹿】及【座椅】图层缩览图将其添加至选区，如图11.3所示。

04 单击面板底部的【创建新图层】按钮，在【背景】图层上方新建一个【图层1】图层，如图11.4所示。

图11.3 载入选区　　　图11.4 新建图层

05 选中【图层1】图层，执行菜单栏中的【滤镜】|【模糊】|【高斯模糊】命令，在弹出的对话框中将【半径】更改为10像素，完成之后单击【确定】按钮，在画布中将图像向下稍微移动，如图11.5所示。

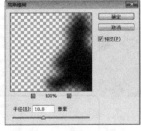 

图11.5 设置高斯模糊

06 在【图层】面板中，选中【图层1】图层，单击面板底部的【添加图层蒙版】按钮，为其图层添加图层蒙版，如图11.6所示。

07 选择工具箱中的【画笔工具】，在画布中单击鼠标右键，在弹出的面板中选择一种圆角笔触，将【大小】更改为150像素，【硬度】更改为0%，如图11.7所示。

 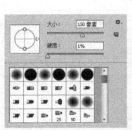

图11.6 添加图层蒙版　　　图11.7 设置笔触

08 将前景色更改为黑色，在其图像上部分区域涂抹将其隐藏，如图11.8所示。

图11.8 隐藏图像

⑨ 选择工具箱中的【圆角矩形工具】 ，在选项栏中将【填充】更改为无，【描边】为白色，【大小】为40点，【半径】为50像素，在素材图像位置绘制一个圆角矩形，此时将生成一个【圆角矩形 1】图层，将【圆角矩形 1】图层移至【图层1】图层上方，如图11.9所示。

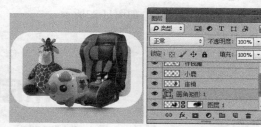

图11.9 绘制图形

⑩ 选择工具箱中的【直接选择工具】 ，选中圆角矩形顶部靠左侧锚点按Delete键将其删除，如图11.10所示。

图11.10 删除锚点

⑪ 在【图层】面板中，选中【圆角矩形 1】图层，单击面板底部的【添加图层蒙版】 按钮，为其添加图层蒙版，如图11.11所示。

⑫ 选择工具箱中的【矩形选框工具】 ，在圆角矩形底部位置绘制一个矩形选区以选中部分图

形，如图11.12所示。

图11.11 添加图层蒙版　　　　**图11.12 绘制选区**

⑬ 将选区填充为黑色将部分图形隐藏，完成之后按Ctrl+D组合键将选区取消，如图11.13所示。

图11.13 隐藏图形

⑭ 选择工具箱中的【圆角矩形工具】 ，在选项栏中将【填充】更改为棕色（R：74，G：43，B：15），【描边】为无，【半径】为50像素，在画布靠右上角位置绘制一个圆角矩形，此时将生成一个【圆角矩形 2】图层，如图11.14所示。

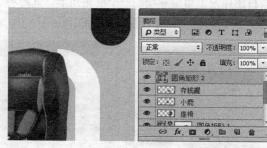

图11.14 绘制图形

⑮ 在【图层】面板中，选中【圆角矩形 2】图层，将其拖至面板底部的【创建新图层】 按钮上，复制1个【圆角矩形 2 拷贝】图层，如图11.15所示。

⑯ 选中【圆角矩形 2 拷贝】图层，将【描边】更改为棕色（R：133，G：87，B：45），【大

小】更改为1点，按Ctrl+T组合键对其执行【自由变换】命令，将图形等比缩小，完成之后按Enter键确认，如图11.16所示。

图11.15 复制图层

图11.16 变换图形

⑰ 选择工具箱中的【横排文字工具】 T ，在画布适当位置添加文字，如图11.17所示。

图11.17 添加文字

⑱ 选择工具箱中的【圆角矩形工具】 ，在选项栏中将【填充】更改为青色（R：108，G：207，B：187），【描边】为无，【半径】为50像素，在素材图像左上角位置绘制一个圆角矩形，此时将生成一个【圆角矩形3】图层，如图11.18所示。

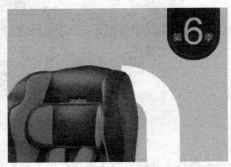
图11.18 绘制图形

⑲ 选择工具箱中的【钢笔工具】 ，单击选项栏中的【路径操作】 按钮，在弹出的选项中选择【合并形状】，选中【圆角矩形3】图层，在画布中其图形右下角位置绘制一个不规则图形，如图11.19所示。

⑳ 选择工具箱中的【横排文字工具】 T ，在绘制的图形位置添加文字，如图11.20所示。

图11.19 绘制图形

图11.20 添加文字

㉑ 选择工具箱中的【矩形工具】 ，在选项栏中将【填充】更改为青色（R：108，G：207，B：187），【描边】为无，在画布靠左侧位置绘制一个矩形，如图11.21所示。

㉒ 选择工具箱中的【横排文字工具】 T ，在画布适当位置添加文字，如图11.22所示。

图11.21 绘制图形

图11.22 添加文字

2. 绘制边栏图形

① 选择工具箱中的【矩形工具】 ，在选项栏中将【填充】更改为棕色（R：133，G：87，B：45），【描边】为无，在画布靠左侧位置绘制一个矩形，如图11.23所示。

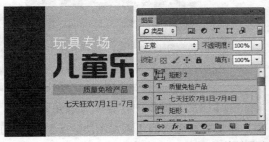
图11.23 绘制图形

② 在【图层】面板中，选中【矩形2】图层，将其拖至面板底部的【创建新图层】 按钮上，复

制1个【矩形 2拷贝】图层，如图11.24所示。

03 选中【矩形2 拷贝】图层，将其图形颜色更改为深棕色（R：48，G：34，B：20），再按Ctrl+T组合键对其执行【自由变换】命令，将图形高度缩小，完成之后按Enter键确认，如图11.25所示。

图11.24 复制图层　　　　图11.25 缩小图形

04 选择工具箱中的【矩形工具】 ，在选项栏中将【填充】更改为黄色（R：232，G：180，B：80），【描边】为无，在画布左上角位置绘制一个矩形，如图11.26所示。

05 选择工具箱中的【横排文字工具】 T ，在绘制的图形位置添加文字，如图11.27所示。

图11.26 绘制图形　　　　图11.27 添加文字

06 选择工具箱中的【直线工具】 ，在选项栏中将【填充】更改为黄色（R：114，G：80，B：16），【描边】为无，【粗细】更改为1像素，在画布左侧矩形位置按住Shift键绘制一条线段，此时将生成一个【形状1】图层，如图11.28所示。

图11.28 绘制图形

07 选中【形状 1】图层，在画布中按住Alt+Shift组合键向下拖动将图形复制数份，如图11.29所示。

08 执行菜单栏中的【文件】|【打开】命令，打开"素材 2.psd"文件，将打开的素材拖入画布中刚才绘制的线段位置并适当缩小，如图11.30所示。

图11.29 复制图形　　　　图11.30 添加素材

09 选择工具箱中的【椭圆工具】 ，在选项栏中将【填充】更改为无，【描边】为黄色（R：118，G：72，B：30），在画布靠左侧位置按住Shift键绘制一个正圆图形，如图11.31所示。

10 选择工具箱中的【横排文字工具】 T ，在椭圆图形位置添加文字，如图11.32所示。

图11.31 绘制图形　　　　图11.32 添加文字

11 选择工具箱中的【矩形工具】 ，在选项栏中将【填充】更改为黄色（R：232，G：180，B：79），【描边】为无，在画布左侧素材图像位置绘制一个矩形，此时将生成一个【矩形 4】图层，将其移至【小鹿】图层下方，如图11.33所示。

图11.33 绘制图形

331

⑫ 选择工具箱中的【横排文字工具】 T ，在素材图像底部位置添加文字，如图11.34所示。

⑬ 选择工具箱中的【矩形工具】 ，在选项栏中将【填充】更改为无，【描边】为黄色（R：232，G：180，B：79），【大小】更改为2点，在素材图像右侧位置按住Shift键绘制一个矩形，此时将生成一个【矩形5】图层，如图11.35所示。

图11.34 添加文字　　　　图11.35 绘制图形

⑭ 选中【矩形5】图层，按Ctrl+T组合键对其执行【自由变换】命令，当出现对话框以后在选项栏中【旋转】后方文本框中输入45，完成之后按Enter键确认，如图11.36所示。

⑮ 选择工具箱中的【直接选择工具】 ，选中矩形左侧锚点按Delete键将其删除，如图11.37所示。

图11.36 旋转图形　　　　图11.37 删除锚点

⑯ 选中【矩形5】图层，在画布中按住Alt+Shift组合键向下拖动将图形复制数份，并更改部分图形颜色，这样就完成了效果制作，最终效果如图11.38所示。

图11.38 复制图形及最终效果

11.1.2 智能生活馆店招

素材位置	素材文件\第11章\智能生活馆店招
案例位置	案例文件\第11章\智能生活馆店招.psd
视频位置	多媒体教学\第11章\11.1.2.avi
难易指数	★★☆☆☆

本例讲解智能生活馆店招制作，本例强调智能生活特点，在整个制作过程中将图形与文字相结合，同时为素材图像添加视觉特效，最终效果如图11.39所示。

图11.39 最终效果

1. 制作背景效果

① 执行菜单栏中的【文件】|【新建】命令，在弹出的对话框中设置【宽度】为1000像素，【高度】为400像素，【分辨率】为72像素/英寸，新建一个空白画布。

② 选择工具箱中的【渐变工具】 ，编辑紫色（R：146，G：26，B：186）到深紫色（R：95，G：18，B：186）的渐变，单击选项栏中的【线性渐变】 按钮，在画布中从右上角向左下角方向拖动填充渐变，如图11.40所示。

图11.40 新建画布并填充渐变

③ 选择工具箱中的【椭圆工具】 ，在选项栏中将【填充】更改为白色，【描边】为无，在画布中间位置按住Shift键绘制一个正圆图形，此时将生成一个【椭圆1】图层，如图11.41所示。

图11.41 绘制图形

04 在【图层】面板中，选中【椭圆 1】图层，将其拖至面板底部的【创建新图层】 按钮上，复制1个【椭圆 1 拷贝】图层，如图11.42所示。

05 选中【椭圆 1】图层，将其【填充】更改为无，【描边】更改为10点，再选中【椭圆 1 拷贝】图层，按Ctrl+T组合键对其执行【自由变换】命令，将图形等比缩小，完成之后按Enter键确认，如图11.43所示。

图11.42 复制图层　　　　图11.43 变换图形

06 同时选中【椭圆1 拷贝】及【椭圆 1】图层，按Ctrl+G组合键将其编组，此时将生成一个【组1】，将【组1】组图层混合模式更改为叠加，【不透明度】更改为15%，如图11.44所示。

图11.44 将图层编组并设置图层混合模式

07 在【图层】面板中，选中【组1】组，单击面板底部的【添加图层蒙版】 按钮，为其添加图层蒙版，如图11.45所示。

08 选择工具箱中的【渐变工具】 ，编辑黑

色到白色的渐变，单击选项栏中的【线性渐变】 按钮，在其图形上拖动将部分图形隐藏，如图11.46所示。

图11.45 添加图层蒙版　　图11.46 设置渐变并隐藏图形

2. 添加文字及素材

01 选择工具箱中的【横排文字工具】 T ，在画布靠中间位置添加文字，如图11.47所示。

图11.47 添加文字

02 在【图层】面板中，选中【智能生活】图层，单击面板底部的【添加图层蒙版】 按钮，为其添加图层蒙版，如图11.48所示。

03 选择工具箱中的【矩形选框工具】 ，在文字靠左侧部分位置绘制一个矩形选区，如图11.49所示。

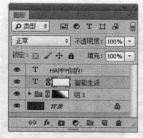

图11.48 添加图层蒙版　　　图11.49 绘制选区

04 将选区填充为黑色将部分文字隐藏，完成之后按Ctrl+D组合键将选区取消，如图11.50所示。

05 以同样的方法在文字右侧部分位置绘制选区并将部分文字隐藏，如图11.51所示。

图11.50 隐藏文字　　　图11.51 隐藏右侧文字

06 选择工具箱中的【矩形工具】■，在选项栏中将【填充】更改为白色，【描边】为无，在刚才隐藏文字后的部分位置绘制一个矩形，如图11.52所示。

图11.52 绘制图形

07 选择工具箱中的【椭圆工具】●，在选项栏中将【填充】更改为无，【描边】为青色（R：92，G：252，B：206），【大小】为12点，在文字左侧部分位置按住Shift键绘制一个正圆图形，如图11.53所示。

08 以同样的方法在文字右侧位置绘制2个椭圆图形，如图11.54所示。

图11.53 绘制图形　　　图11.54 绘制椭圆

09 同时选中除【组 1】及【背景】之外的所有图层按Ctrl+G组合键将其编组，此时将生成一个【组 2】组，如图11.55所示。

图11.55 将图层编组

10 在【图层】面板中，选中【组 2】组，单击面板底部的【添加图层样式】fx按钮，在菜单中选择【投影】命令，在弹出的对话框中将【不透明度】更改为15%，【距离】更改为4像素，【大小】更改为10像素，完成之后单击【确定】按钮，如图11.56所示。

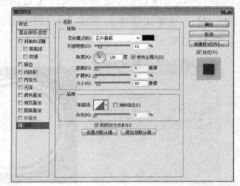

图11.56 设置投影

11 选择工具箱中的【矩形工具】■，在选项栏中将【填充】更改为蓝色（R：53，G：10，B：140），【描边】为无，在文字下方位置绘制一个矩形，将矩形所在图层【不透明度】更改为30%，如图11.57所示。

图11.57 绘制图形

12 选择工具箱中的【直线工具】/，在选项栏中将【填充】更改为蓝色（R：115，G：107，B：243），【描边】为无，【粗细】更改为1像素，在刚才绘制的矩形上按住Shift键绘制一条水平线段，此时将生成一个【形状1】图层，如图11.58所示。

图11.58 绘制图形

⑬ 在【图层】面板中，选中【形状 1】图层，单击面板底部的【添加图层蒙版】按钮，为其添加图层蒙版，如图11.59所示。

⑭ 选择工具箱中的【矩形选框工具】，在线段位置绘制一个矩形选区，如图11.60所示。

图11.59 添加图层蒙版　　图11.60 绘制选区

⑮ 将选区填充为黑色将部分图形隐藏，完成之后按Ctrl+D组合键将选区取消，选择工具箱中的【横排文字工具】T添加文字，效果如图11.61所示。

图11.61 添加文字

⑯ 执行菜单栏中的【文件】|【打开】命令，打开"电器.psd"文件，将打开的素材拖入画布中适当位置并缩小，如图11.62所示。

图11.62 添加素材

⑰ 在【图层】面板中，选中【净化器】图层，将其拖至面板底部的【创建新图层】按钮上，复制1个【净化器 拷贝】图层。

⑱ 选中【净化器 拷贝】图层，执行菜单栏中的【滤镜】|【模糊】|【动感模糊】命令，在弹出的对话框中将【角度】更改为－30度，【距离】更改为50像素，设置完成之后单击【确定】按钮，如图11.63所示。

图11.63 设置动感模糊

⑲ 以同样的方法选中【空调】图层将其复制并为其添加相同的动感模糊效果，如图11.64所示。

图11.64 添加特效

3. 制作底栏效果

① 选择工具箱中的【矩形工具】，在选项栏中将【填充】更改为灰色（R：154，G：152，B：170），【描边】为无，在画布靠底部位置绘制一个矩形，此时将生成一个【矩形 3】图层，如图11.65所示。

图11.65 绘制图形

02 在【图层】面板中，选中【矩形 3】图层，将其拖至面板底部的【创建新图层】🗐按钮上，复制1个【矩形 3 拷贝】图层，如图11.66所示。

03 选中【矩形 3 拷贝】图层，将图形颜色更改为紫色（R：220，G：24，B：147），按Ctrl+T组合键对其执行【自由变换】命令，缩小图形高度，完成之后按Enter键确认，如图11.67所示。

图11.66 复制图层　　　　图11.67 变换图形

04 在【图层】面板中，选中【矩形 3 拷贝】图层，将其拖至面板底部的【创建新图层】🗐按钮上，复制1个【矩形 3 拷贝 2】图层，如图11.68所示。

05 选中【矩形 3 拷贝 2】图层，将图形颜色更改为黄色（R：254，G：252，B：0），以刚才同样的方法将图形宽度缩小，如图11.69所示。

图11.68 复制图层　　　　图11.69 变换图形

06 选择工具箱中的【矩形工具】，在选项栏中将【填充】更改为红色（R：200，G：0，B：5），【描边】为无，在画布靠底部中间位置绘制一个矩形，如图11.70所示。

图11.70 绘制图形

07 选择工具箱中的【横排文字工具】T，在画布适当位置添加文字，这样就完成了效果制作，最终效果如图11.71所示。

图11.71 添加文字及最终效果

11.2 商品主图直通车

11.2.1 5折包邮主图

素材位置　无
案例位置　案例文件\第11章\5折包邮主图.psd
视频位置　多媒体教学\第11章\11.2.1.avi
难易指数　★★★☆☆

本例讲解5折包邮主图制作，本例的制作比较简单，以形象的折纸图形与菱形背景相结合，整个主图的视觉效果简单却十分出色，最终效果如图11.72所示。

图11.72 最终效果

1. 制作背景底纹

01 执行菜单栏中的【文件】|【新建】命令，在弹出的对话框中设置【宽度】为500像素，【高度】为500像素，【分辨率】为72像素/英寸，新建一个空白画布，将画布填充为浅灰色（R：253，

G：253，B：253）。

02 选择工具箱中的【矩形工具】 ![]，在选项栏中将【填充】更改为灰色（R：230，G：230，B：230），【描边】为无，在画布靠顶部位置按住Shift键绘制一个矩形，此时将生成一个【矩形 1】图层，如图11.73所示。

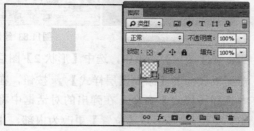

图11.73 新建画布并绘制图形

03 选中【矩形 1】图层，按Ctrl+T组合键对其执行【自由变换】命令，当出现框以后在选项栏中【旋转】后方文本框中输入45，再将图形宽度缩小，完成之后按Enter键确认，如图11.74所示。

图11.74 变换图形

04 在【图层】面板中，选中【矩形 1】图层，单击面板底部的【添加图层蒙版】 ![] 按钮，为其添加图层蒙版，如图11.75所示。

05 选择工具箱中的【渐变工具】 ![]，编辑黑色到白色的渐变，单击选项栏中的【线性渐变】 ![] 按钮，在其图形上拖动将部分图形隐藏，如图11.76所示。

图11.75 添加图层蒙版　图11.76 设置渐变并隐藏图形

06 选中【矩形 1】图层，在画布中按住Alt键将

图形复制多份铺满整个画布，如图11.77所示。

图11.77 复制图形

2. 绘制折纸图形

01 选择工具箱中的【矩形工具】 ![]，在选项栏中将【填充】更改为红色（R：222，G：5，B：73），【描边】为无，在画布靠底部位置绘制一个与其宽度相同的矩形，此时将生成一个【矩形 2】图层，如图11.78所示。

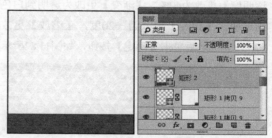

图11.78 绘制图形

02 在【图层】面板中，选中【矩形 2】图层，将其拖至面板底部的【创建新图层】 ![] 按钮上，复制1个【矩形 2拷贝】图层，如图11.79所示。

03 选中【矩形 2拷贝】图层，将图形颜色更改为蓝色（R：2，G：125，B：156），再按Ctrl+T组合键对其执行【自由变换】命令，将图形宽度适当缩小，完成之后按Enter键确认，如图11.80所示。

图11.79 复制图层　图11.80 变换图形

04 选择工具箱中的【钢笔工具】 ![]，在选项栏

中单击【选择工具模式】 路径 按钮，在弹出的选项中选择【形状】，将【填充】更改为红色（R：210，G：5，B：72），【描边】更改为无，在画布靠左下角位置绘制1个不规则图形，此时将生成一个【形状1】图层，如图11.81所示。

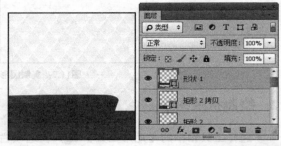

图11.81 绘制图形

05 在【图层】面板中，选中【形状1】图层，单击面板底部的【添加图层样式】 fx 按钮，在菜单中选择【渐变叠加】命令，在弹出的对话框中将【不透明度】更改为40%，【渐变】更改为透明到白色再到透明，【角度】更改为−20度，【缩放】更改为50%，完成之后单击【确定】按钮，如图11.82所示。

图11.82 设置渐变叠加

技巧与提示

在设置渐变的时候注意渐变色标的位置，设置色标的同时观察画布中实际的渐变叠加效果。

06 选择工具箱中的【钢笔工具】 ，在选项栏中单击【选择工具模式】 路径 按钮，在弹出的选项中选择【形状】，将【填充】更改为深红色（R：68，G：2，B：30），【描边】更改为无，在刚才绘制的图形右下角位置绘制1个不规则图形，此时将生成一个【形状2】图层，如图11.83所示。

图11.83 绘制图形

07 在【图层】面板中，选中【形状2】图层，单击面板底部的【添加图层样式】 fx 按钮，在菜单中选择【描边】命令，在弹出的对话框中将【大小】更改为1像素，【位置】更改为内部，【不透明度】更改为40%，【颜色】更改为白色，完成之后单击【确定】按钮，如图11.84所示。

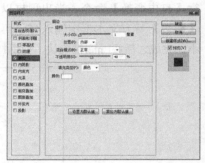

图11.84 设置描边

08 在【图层】面板中，选中【矩形2】图层，单击面板底部的【添加图层样式】 fx 按钮，在菜单中选择【渐变叠加】命令，在弹出的对话框中将【不透明度】更改为35%，【渐变】更改为黑色到白色，【角度】更改为0度，【缩放】更改为30%，完成之后单击【确定】按钮，如图11.85所示。

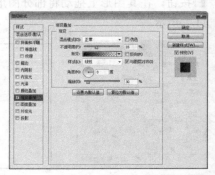

图11.85 设置渐变叠加

⑨ 选择工具箱中的【横排文字工具】 T，在画布适当位置添加文字，如图11.86所示。

图11.86 添加文字

⑩ 选中【5折包邮】图层，按Ctrl+T组合键对其执行【自由变换】命令，单击鼠标右键，从弹出的快捷菜单中选择【斜切】命令，拖动变形框控制点将文字变形，完成之后按Enter键确认，这样就完成了效果制作，最终效果如图11.87所示。

图11.87 将文字变形及最终效果

11.2.2 全民疯抢主图

素材位置 无
案例位置 案例文件\第11章\全民疯抢主图.psd
视频位置 多媒体教学\第11章\11.2.2.avi
难易指数 ★★☆☆☆

本例讲解全民疯抢主图制作，本例在制作过程中将条纹背景与立体组合背景相结合，整个主图在视觉效果上富有层次感，同时简洁明了的文字信息十分易读易懂，最终效果如图11.88所示。

图11.88 最终效果

1. 制作纹理背景

① 执行菜单栏中的【文件】|【新建】命令，在弹出的对话框中设置【宽度】为500像素，【高度】为500像素，【分辨率】为72像素/英寸，新建一个空白画布，将画布填充为浅灰色（R：253，G：253，B：253）。

② 选择工具箱中的【矩形工具】，在选项栏中将【填充】更改为灰色（R：244，G：246，B：243），【描边】为无，在画布靠顶部位置绘制一个宽度大小与画布相同的矩形，此时将生成一个【矩形 1】图层，如图11.89所示。

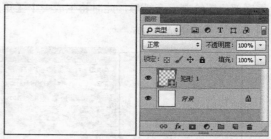

图11.89 新建画布并绘制图形

③ 选中【矩形 1】图层，在画布中按住Alt+Shift组合键向下拖动将图形复制多份，如图11.90所示。

④ 同时选中除【背景】之外所有图层，按Ctrl+E组合键将其合并，将生成的图层名称更改为【条纹】，如图11.91所示。

图11.90 复制图形

图11.91 合并图层

⑤ 选中【条纹】图层，按Ctrl+T组合键对其执行【自由变换】命令，当出现框以后在选项栏中【旋转】后方文本框中输入45，完成之后按Enter键确认，如图11.92所示。

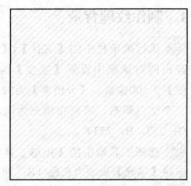

图11.92 旋转图形

⑥ 选择工具箱中的【矩形工具】 ■，在选项栏中将【填充】更改为黑色，【描边】为无，在画布靠底部位置绘制一个矩形，此时将生成一个【矩形1】图层，如图11.93所示。

图11.93 绘制图形

⑦ 在【图层】面板中，选中【矩形1】图层，单击面板底部的【添加图层样式】 fx 按钮，在菜单中选择【渐变叠加】命令，在弹出的对话框中将【渐变】更改为紫色（R：180，G：0，B：213）到深紫色（R：180，G：0，B：213），【角度】更改为0度，完成之后单击【确定】按钮，如图

11.94所示。

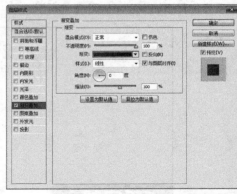

图11.94 设置渐变叠加

2. 绘制底栏及标签

① 选择工具箱中的【矩形工具】 ■，在选项栏中将【填充】更改为黄色（R：254，G：237，B：0），【描边】为无，在画布右下角位置绘制一个矩形，此时将生成一个【矩形2】图层，如图11.95所示。

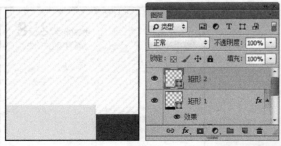

图11.95 绘制图形

② 选择工具箱中的【钢笔工具】 ◢，在选项栏中单击【选择工具模式】 路径 按钮，在弹出的选项中选择【形状】，将【填充】更改为黑色，【描边】更改为无，绘制1个不规则图形，此时将生成一个【形状1】图层，如图11.96所示。

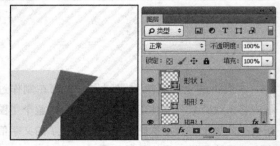

图11.96 绘制图形

03 以同样的方法在刚才绘制的图形右侧位置再次绘制一个颜色较深的图形，此时将生成一个【形状 2】图层，将其移至【形状 1】图层下方，如图11.97所示。

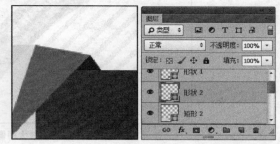

图11.97 绘制图形

04 选择工具箱中的【直接选择工具】，选中【矩形 2】图层中图形右下角锚点向左侧拖动将其变形，如图11.98所示。

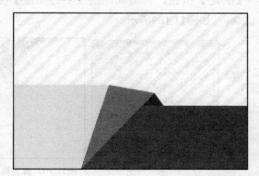

图11.98 将图形变形

05 在【图层】面板中，选中【形状 1】图层，单击面板底部的【添加图层样式】fx按钮，在菜单中选择【投影】命令，在弹出的对话框中将【不透明度】更改为20%，【距离】更改为4像素，【大小】更改为10像素，完成之后单击【确定】按钮，如图11.99所示。

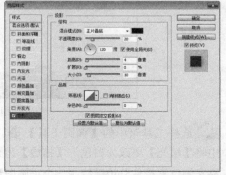

图11.99 设置投影

06 选择工具箱中的【矩形工具】，在选项栏中将【填充】更改为黑色，【描边】为无，在画布中间位置绘制一个矩形，此时将生成一个【矩形 3】图层，如图11.100所示。

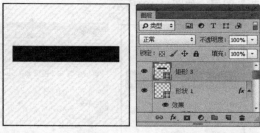

图11.100 绘制图形

07 在【图层】面板中，选中【矩形 3】图层，单击面板底部的【添加图层样式】fx按钮，在菜单中选择【渐变叠加】命令，在弹出的对话框中将【渐变】更改为紫色（R：167，G：0，B：247）到紫色（R：203，G：0，B：214），【角度】更改为0度，完成之后单击【确定】按钮，如图11.101所示。

图11.101 设置渐变叠加

08 勾选【投影】复选框，将【混合模式】更改为正常，【颜色】更改为紫色（R：82，G：7，B：107），【不透明度】更改为100%，取消【使用全局光】复选框，【角度】更改为90度，【距离】更改为2像素，如图11.102所示。

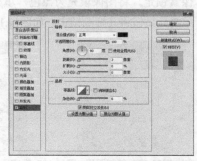

图11.102 设置投影

09　选择工具箱中的【横排文字工具】T，在矩形位置添加文字，如图11.103所示。

10　同时选中【精品推荐】及【矩形 3】图层，按Ctrl+E组合键将其合并，此时将生成一个【精品推荐】图层，如图11.104所示。

图11.103 添加文字　　图11.104 合并图层

11　选中【矩形 1】图层，按Ctrl+T组合键对其执行【自由变换】命令，当出现框以后在选项栏中【旋转】后方文本框中输入45，完成之后按Enter键确认，如图11.105所示。

图11.105 变换图像

12　在【图层】面板中，选中【精品推荐】图层，将其拖至面板底部的【创建新图层】 按钮上，复制1个【精品推荐 拷贝】图层，如图11.106所示。

13　在【图层】面板中，选中【精品推荐】图层，单击面板上方的【锁定透明像素】 按钮，将透明像素锁定，将图像填充为黑色，填充完成之后再次单击此按钮将其解除锁定，如图11.107所示。

图11.106 复制图层　图11.107 锁定透明像素并填充颜色

14　选中【精品推荐】图层，按Ctrl+T组合键对其执行【自由变换】命令，将图像等比放大，完成之后按Enter键确认，如图11.108所示。

图11.108 放大图像

15　选中【精品推荐】图层，执行菜单栏中的【滤镜】|【模糊】|【高斯模糊】命令，在弹出的对话框中将【半径】更改为3像素，完成之后单击【确定】按钮，再将其图层【不透明度】更改为20%，如图11.109所示。

图11.109 设置高斯模糊

16　选择工具箱中的【横排文字工具】T，在画布适当位置添加文字，如图11.110所示。

图11.110 添加文字

17　选择工具箱中的【椭圆工具】 ，在选项栏中将【填充】更改为白色，【描边】为无，在画布靠左侧位置按住Shift键绘制一个正圆图形，此时将生成一个【椭圆1】图层，如图11.111所示。

图11.111 绘制图形

⑱ 选择工具箱中的【钢笔工具】 ，在选项栏中单击【选择工具模式】 路径 按钮，在弹出的选项中选择【形状】，将【填充】更改为白色，【描边】更改为无，单击选项栏中【路径操作】 按钮，在弹出的选项中选择合并形状，选中【椭圆1】图层，在椭圆图形右下角位置绘制1个不规则图形，如图11.112所示。

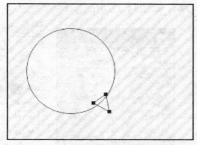

图11.112 绘制图形

⑲ 在【图层】面板中，选中【椭圆1】图层，单击面板底部的【添加图层样式】 fx 按钮，在菜单中选择【渐变叠加】命令，在弹出的对话框中将【渐变】更改为红色（R：240，G：20，B：58）到红色（R：205，G：10，B：44），【角度】更改为0度，完成之后单击【确定】按钮，如图11.113所示。

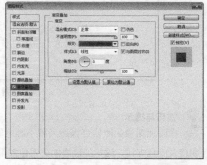

图11.113 设置渐变叠加

⑳ 选择工具箱中的【横排文字工具】 T ，在绘制的标签图形位置添加文字，这样就完成了效果制作，最终效果如图11.114所示。

图11.114 添加文字及最终效果

11.3 产品详情页

11.3.1 盐水鸭详情说明

素材位置	素材文件\第11章\盐水鸭详情说明
案例位置	案例文件\第11章\盐水鸭详情说明.psd
视频位置	多媒体教学\第11章\11.3.1.avi
难易指数	★★☆☆☆

本例讲解盐水鸭详情说明制作，详情页在制作过程中一定要围绕产品本身的特征进行详情描述，整个制作的重点在于表现出产品特点，最终效果如图11.115所示。

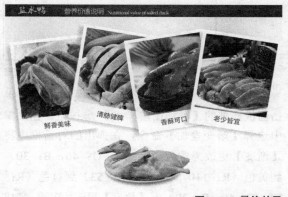

图11.115 最终效果

1. 制作背景效果

01 执行菜单栏中的【文件】|【新建】命令，在弹出的对话框中设置【宽度】为800像素，【高度】为550像素，【分辨率】为72像素/英寸，新建一个空白画布。

02 选择工具箱中的【渐变工具】，编辑黄色（R：254，G：248，B：230）到白色的渐变，单击选项栏中的【线性渐变】按钮，在画布中从上至下拖动填充渐变，如图11.116所示。

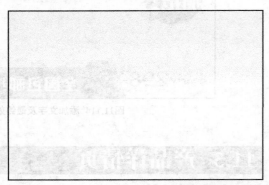

图11.116 新建画布并填充渐变

03 选择工具箱中的【矩形工具】，在选项栏中将【填充】更改为灰色（R：168，G：168，B：168），【描边】为无，在画布靠顶部位置绘制一个与画布相同宽度的矩形，此时将生成一个【矩形1】图层，如图11.117所示。

图11.117 绘制图形

04 在【图层】面板中，选中【矩形1】图层，单击面板底部的【添加图层样式】 *fx* 按钮，在菜单中选择【渐变叠加】命令，在弹出的对话框中将【渐变】更改为黄色（R：72，G：46，B：30）到黄色（R：110，G：76，B：53）到黄色（R：72，G：46，B：30），【角度】更改为0度，完成之后单击【确定】按钮，如图11.118所示。

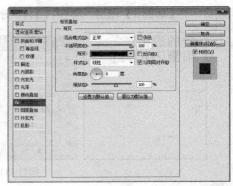

图11.118 设置渐变叠加

05 单击面板底部的【创建新图层】按钮，在【背景】图层上方新建一个【图层1】图层，如图11.119所示。

06 选择工具箱中的【画笔工具】，在画布中单击鼠标右键，在弹出的面板中选择一种圆角笔触，将【大小】更改为180像素，【硬度】更改为0%，如图11.120所示。

图11.119 新建图层　　　图11.120 设置笔触

07 将前景色更改为黄色（R：250，G：215，B：156），选中【图层1】图层，在画布中靠顶部位置单击数次添加颜色，如图11.121所示。

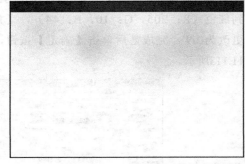

图11.121 添加图像

技巧与提示

在添加图像的时候可以适当减小画笔笔触大小、不透明度及颜色深浅，这样经过添加的图像效果更加自然。

⑧ 选择工具箱中的【横排文字工具】T，在画布靠顶部位置添加文字，如图11.122所示。

图11.122 添加文字

⑨ 选择工具箱中的【矩形工具】，在选项栏中将【填充】更改为灰色（R：168，G：168，B：168），【描边】为无，在画布靠左侧位置绘制一个矩形，此时将生成一个【矩形 2】图层，如图11.123所示。

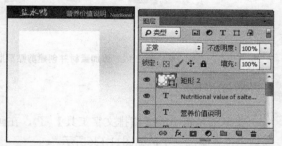

图11.123 绘制图形

⑩ 在【图层】面板中，选中【矩形 2】图层，将其拖至面板底部的【创建新图层】按钮上，复制1个【矩形 2拷贝】图层，如图11.124所示。

⑪ 选中【矩形 2拷贝】图层，按Ctrl+T组合键对其执行【自由变换】命令，将图形缩小，完成之后按Enter键确认，如图11.125所示。

图11.124 复制图形　　图11.125 缩小图形

2. 添加素材并添加描边

① 执行菜单栏中的【文件】|【打开】命令，打

开"图像.jpg"文件，将打开的素材拖入画布中刚才绘制的矩形位置并适当缩小，其图层名称将更改为【图层 2】，如图11.126所示。

图11.126 添加素材

② 选中【图层 2】图层，执行菜单栏中的【图层】|【创建剪贴蒙版】命令，为当前图层创建剪贴蒙版将部分图形隐藏，再按Ctrl+T组合键对其执行【自由变换】命令，将图像等比缩小，完成之后按Enter键确认，如图11.127所示。

图11.127 创建剪贴蒙版并缩小图像

③ 同时选中【图层2】、【矩形 2拷贝】及【矩形 2】图层，按Ctrl+G组合键将其编组，将生成的组名称更改为"图像"，如图11.128所示。

④ 选中【图像】组，按Ctrl+T组合键对其执行【自由变换】命令，将图像适当旋转，完成之后按Enter键确认，如图11.129所示。

图11.128 将图层编组　　图11.129 旋转图像

⑤ 在【图层】面板中，选中【图像】组，单击面板底部的【添加图层样式】fx按钮，在菜单中

选择【投影】命令，在弹出的对话框中将【不透
明度】更改为10%，取消【使用全局光】复选框，
将【角度】更改为55度，【距离】更改为15像素，
【大小】更改为8像素，完成之后单击【确定】按
钮，如图11.130所示。

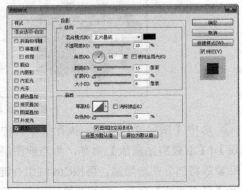

图11.130 设置投影

06 在【图层】面板中，选中【图像】，将其拖
至面板底部的【创建新图层】按钮上，复制1个
【图像 拷贝】组，如图11.131所示。

07 选中【图像 拷贝】组，按Ctrl+T组合键对其执
行【自由变换】命令，将图像适当旋转，完成之后
按Enter键确认，再双击其图层样式名称，在弹出
的对话框中将【角度】更改为25度，完成之后单击
【确定】按钮，如图11.132所示。

图11.131 复制组　　　图11.132 旋转图像

08 执行菜单栏中的【文件】|【打开】命令，打
开"图像 2.jpg"文件，将打开的素材拖入画布中
并适当缩小，其图层名称将更改为【图层 3】，如
图11.133所示。

09 选中【图层 3】图层将其移至【图像 拷贝】
组中，将【图层 2】图层删除，再以同样的方法为
【图层 3】图层创建剪贴蒙版将部分图像隐藏，如
图11.134所示。

图11.133 添加素材　　　图11.134 隐藏图像

10 执行菜单栏中的【文件】|【打开】命令，打
开"图像 3.jpg""图像 4.jpg"文件，将打开的素
材拖入画布中并适当缩小，再以同样的方法分别为
其创建剪贴蒙版，如图11.135所示。

图11.135 添加素材并创建剪贴蒙版

3. 添加说明文字

01 选择工具箱中的【横排文字工具】T，在画
布适当位置添加文字，如图11.136所示。

图11.136 添加文字

02 执行菜单栏中的【文件】|【打开】命令，打
开"盐水鸭.psd"文件，将打开的素材拖入画布靠
中间位置并适当缩小，如图11.137所示。

图11.137 添加素材

03 选择工具箱中的【椭圆工具】 ⬤，在选项栏中将【填充】更改为深黄色（R：44，G：30，B：20），【描边】为无，在盐水鸭图像底部位置绘制一个椭圆图形，此时将生成一个【椭圆 1】图层，如图11.138所示。

图11.138 绘制图形

04 选中【椭圆 1】图层，执行菜单栏中的【滤镜】|【模糊】|【高斯模糊】命令，在弹出的对话框中将【半径】更改为5像素，完成之后单击【确定】按钮，如图11.139所示。

图11.139 设置高斯模糊

05 选中【椭圆 1】图层，将其图层【不透明度】更改为50%，这样就完成了效果制作，最终效果如图11.140所示。

图11.140 更改图层不透明度及最终效果

11.3.2　美味坚果详情页

素材位置　素材文件\第11章\美味坚果详情页
案例位置　案例文件\第11章\美味坚果详情页.psd
视频位置　多媒体教学\第11章\11.3.2.avi
难易指数　★★☆☆☆

本例讲解美味坚果详情页制作，此款详情页的视觉效果十分柔和，清新舒适的颜色与坚果图像的组合使整个详情页的商业效果十分完美，最终效果如图11.141所示。

图11.141 最终效果

1.　制作背景效果

01 执行菜单栏中的【文件】|【新建】命令，在弹出的对话框中设置【宽度】为550像素，【高度】为800像素，【分辨率】为72像素/英寸，新建一个空白画布。

02 执行菜单栏中的【文件】|【打开】命令，打开"背景图像.jpg""坚果.jpg"文件，将打开的素材拖入画布中并适当缩小，其图层名称将分别更改为【图层 1】、【图层 2】，如图11.142所示。

图11.142 新建画布并添加素材

03 选择工具箱中的【椭圆工具】 ⬤，在选项栏中将【填充】更改为深黄色（R：44，G：30，B：20），【描边】为无，在坚果图像底部绘制一个椭圆图形，此时将生成一个【椭圆 1】图层，如图11.143所示。

图11.143 绘制图形

04 选中【椭圆 1】图层，执行菜单栏中的【滤镜】|【模糊】|【高斯模糊】命令，在弹出的对话框中将【半径】更改为3像素，完成之后单击【确定】按钮，如图11.144所示。

图11.144 设置高斯模糊

05 选择工具箱中的【钢笔工具】 ，在选项栏中单击【选择工具模式】 路径 按钮，在弹出的选项中选择【形状】，将【填充】更改为深黄色（R：44，G：30，B：20），【描边】更改为无，在坚果图像左侧位置绘制1个不规则图形，此时将生成一个【形状1】图层，将其移至【坚果】图层下方，如图11.145所示。

图11.145 绘制图形

06 在【图层】面板中，选中【形状 1】图层，单击面板底部的【添加图层蒙版】 按钮，为其图层添加图层蒙版，如图11.146所示。

07 选择工具箱中的【画笔工具】 ，在画布中单击鼠标右键，在弹出的面板中选择一种圆角笔触，将【大小】更改为150像素，【硬度】更改为

0%，如图11.147所示。

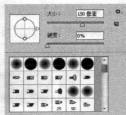

图11.146 添加图层蒙版　　图11.147 设置笔触

08 将前景色更改为黑色，在其图像上部分区域涂抹将其隐藏，如图11.148所示。

图11.148 隐藏图像

09 选中【形状 1】图层，执行菜单栏中的【滤镜】|【模糊】|【高斯模糊】命令，在弹出的对话框中将【半径】更改为2像素，完成之后单击【确定】按钮，如图11.149所示。

图11.149 设置高斯模糊

2. 绘制图形并添加文字

01 选择工具箱中的【圆角矩形工具】 ，在选项栏中将【填充】更改为无，【描边】为绿色（R：74，G：122，B：30），【大小】为2点，【半径】为20像素，在图像下方位置绘制一个圆角矩形，此时将生成一个【圆角矩形 1】图层，如图11.150所示。

图11.150 绘制图形

图11.153 绘制图形

02 选择工具箱中的【椭圆工具】 ，在选项栏中将【填充】更改为绿色（R：157，G：205，B：43），【描边】为无，在圆角矩形靠左侧位置按住Shift键绘制一个正圆图形，此时将生成一个【椭圆2】图层，如图11.151所示。

05 执行菜单栏中的【文件】|【打开】命令，打开"花纹.psd"文件，将打开的素材拖入画布中并适当缩小，再将其图层【不透明度】更改为10%，如图11.154所示。

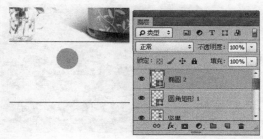

图11.151 绘制图形

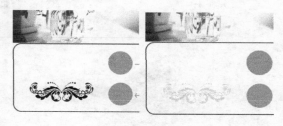

图11.154 添加素材并更改不透明度

03 选中【椭圆2】图层，在画布中按住Alt键将其复制数份，如图11.152所示。

06 执行菜单栏中的【文件】|【打开】命令，打开"夏威夷果.jpg"文件，将打开的素材拖入画布中并适当缩小，其图层名称将更改为【图层2】，如图11.155所示。

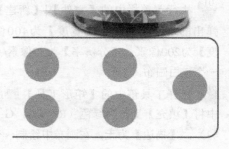

图11.152 复制图形

图11.155 添加素材

04 选择工具箱中的【钢笔工具】 ，在选项栏中单击【选择工具模式】 路径 按钮，在弹出的选项中选择【形状】，将【填充】更改为无，【描边】更改为绿色（R：157，G：205，B：43），【大小】为2点，在椭圆图形之间绘制箭头线段将其连接，如图11.153所示。

07 在【图层】面板中，选中【图层2】图层，单击面板底部的【添加图层蒙版】 按钮，为其图层添加图层蒙版，如图11.156所示。

08 选择工具箱中的【画笔工具】 ，在画布中单击鼠标右键，在弹出的面板中选择一种圆角笔触，将【大小】更改为250像素，【硬度】更改为

0%，如图11.157所示。

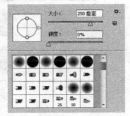

图11.156 添加图层蒙版　　图11.157 设置笔触

09 将前景色更改为黑色，在其图像上部分区域涂抹将其隐藏，如图11.158所示。

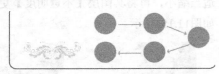

图11.158 隐藏图像

10 选择工具箱中的【横排文字工具】T，在画布适当位置添加文字，这样就完成了效果制作，最终效果如图11.159所示。

图11.159 添加文字及最终效果

11.4 促销优惠券

11.4.1 满减优惠券

素材位置	无
案例位置	案例文件\第11章\满减优惠券.psd
视频位置	多媒体教学\第11章\11.4.1.avi
难易指数	★★☆☆☆

本例讲解满减优惠券制作，此款优惠券的制作十分简单，在制作过程中以拼接的矩形与简单文字信息相结合，整体效果简洁却实用，最终效果如图11.160所示。

图11.160 最终效果

1. 制作背景图形

01 执行菜单栏中的【文件】|【新建】命令，在弹出的对话框中设置【宽度】为400像素，【高度】为200像素，【分辨率】为72像素/英寸，新建一个空白画布。

02 选择工具箱中的【矩形工具】，在选项栏中将【填充】更改为绿色（R：157，G：205，B：43），【描边】为无，在画布中绘制一个高度大小与画布相同的矩形，此时将生成一个【矩形 1】图层，如图11.161所示。

图11.161 新建画布并绘制图形

03 选中【矩形 1】图层，按Ctrl+T组合键对其执行【自由变换】命令，当出现框以后在选项栏中【旋转】后方文本框中输入45，完成之后按Enter键确认，如图11.162所示。

图11.162 旋转图形

技巧与提示

旋转图形后可根据实际的图形与背景比例将矩形适当缩小或者放大。

04 在【图层】面板中，选中【矩形 1】图层，将其拖至面板底部的【创建新图层】 按钮上，复制1个【矩形 1 拷贝】图层，如图11.163所示。

05 选中【矩形 1 拷贝】图层，将图形颜色更改为橙色（R：252，G：155，B：40），再按Ctrl+T组合键对其执行【自由变换】命令，将图形等比缩小，完成之后按Enter键确认，如图11.164所示。

图11.163 复制图层 图11.164 缩小图形

06 在【图层】面板中，选中【矩形 1 拷贝】图层，将其拖至面板底部的【创建新图层】 按钮上，复制1个【矩形 1 拷贝 2】图层，如图11.165所示。

07 选中【矩形 1 拷贝】图层，将图形颜色更改为青色（R：40，G：210，B：252），再按Ctrl+T组合键对其执行【自由变换】命令，将图形等比缩小，完成之后按Enter键确认，再将其向左侧平移，如图11.166所示。

图11.165 复制图层 图11.166 缩小图形

2. 添加细节及文字

01 在【图层】面板中，选中【矩形 1 拷贝】图层，将其拖至面板底部的【创建新图层】 按钮上，复制1个【矩形 1 拷贝 3】图层，如图11.167所示。

02 选中【矩形 1 拷贝 3】图层，将图形颜色更改为白色，再按Ctrl+T组合键对其执行【自由变换】命令，将图形等比缩小，完成之后按Enter键确认，如图11.168所示。

图11.167 复制图层 图11.168 缩小图形

03 选择工具箱中的【直接选择工具】 ，选中【矩形 1 拷贝 3】图层中图形顶部锚点向下拖动将图形变形，如图11.169所示。

图11.169 将图形变形

04 选择工具箱中的【横排文字工具】 T ，在画布适当位置添加文字，这样就完成了效果制作，最终效果如图11.170所示。

图11.170 添加文字及最终效果

11.4.2 母婴专场优惠券

素材位置　无
案例位置　案例文件\第11章\母婴专场优惠券.psd
视频位置　多媒体教学\第11章\11.4.2.avi
难易指数　★★☆☆☆

　　本例讲解母婴专场优惠券制作，本例中的优惠券的制作思路具有极强的针对性，整体的外观采用圆润的图形，形象化的剪纸效果在视觉上十分直观，最终效果如图11.171所示。

图11.171 最终效果

1. 制作背景阴影

　🔘① 执行菜单栏中的【文件】|【新建】命令，在弹出的对话框中设置【宽度】为400像素，【高度】为200像素，【分辨率】为72像素/英寸，新建一个空白画布。

　🔘② 选择工具箱中的【圆角矩形工具】 ▣ ，在选项栏中将【填充】更改为灰色（R：200，G：200，B：200），【描边】为深灰色（R：66，G：66，B：66），【半径】为20像素，单击【设置形状描边类型】 ▭▼ 按钮，在弹出的选项中选择第2种描边类型，在画布中绘制一个圆角矩形，此时将生成一个【圆角矩形 1】图层，如图11.172所示。

图11.172 新建画布并绘制图形

　🔘③ 在【图层】面板中，选中【圆角矩形 1】图层，将其拖至面板底部的【创建新图层】 ▣ 按钮上，复制【圆角矩形 1 拷贝】及【圆角矩形 1 拷贝 2】2个新图层，如图11.173所示。

　🔘④ 选中【圆角矩形 1 拷贝 2】图层，将其【描边】更改为无，如图11.174所示。

图11.173 复制图层　　　　图11.174 去除描边

　🔘⑤ 在【图层】面板中，选中【圆角矩形 1 拷贝 2】图层，单击面板底部的【添加图层样式】 *fx* 按钮，在菜单中选择【描边】命令，在弹出的对话框中将【大小】更改为10像素，【位置】更改为内部，【颜色】更改为白色，完成之后单击【确定】按钮，如图11.175所示。

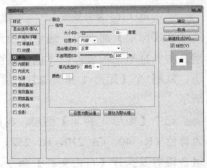

图11.175 设置描边

　🔘⑥ 勾选【渐变叠加】复选框，将【渐变】更改为红色（R：235，G：74，B：30）到橙色（R：255，G：132，B：0），【角度】更改为0度，如

图11.176所示。

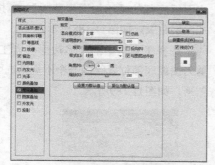

图11.176 设置渐变叠加

2. 制作细节部分

01 选择工具箱中的【横排文字工具】 T，在画布适当位置添加文字，如图11.177所示。

02 同时选中所有文字及【圆角矩形 1 拷贝 2】图层，按Ctrl+E组合键将其合并，将生成的图层名称更改为【优惠券】，如图11.178所示。

图11.177 添加文字　　　　图11.178 合并图层

03 选中【优惠券】图层，按Ctrl+T组合键对其执行【自由变换】命令，将图像宽度适当缩小，再单击鼠标右键，从弹出的快捷菜单中选择【变形】命令，拖动变形框控制点将图像变形，完成之后按Enter键确认，如图11.179所示。

图11.179 将图像变形

技巧与提示

将图像变形之后需要注意将其稍微移动避免遮住虚线图像。

04 选中【圆角矩形 1 拷贝】图层，将其【填充】更改为黑色，再以刚才同样的方法将其变形，如图11.180所示。

图11.180 变换图形

05 选中【圆角矩形 1 拷贝】图层，执行菜单栏中的【滤镜】|【模糊】|【高斯模糊】命令，在弹出的对话框中将【半径】更改为2像素，完成之后单击【确定】按钮，再将其图层【不透明度】更改为40%，如图11.181所示。

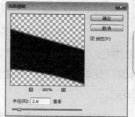 

图11.181 设置高斯模糊

06 在【图层】面板中，选中【圆角矩形 1 拷贝】图层，单击面板底部的【添加图层蒙版】 ⬚ 按钮，为其图层添加图层蒙版，如图11.182所示。

07 选择工具箱中的【画笔工具】 ✎，在画布中单击鼠标右键，在弹出的面板中选择一种圆角笔触，将【大小】更改为150像素，【硬度】更改为0%，如图11.183所示。

 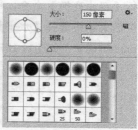

图11.182 添加图层蒙版　　　　图11.183 设置笔触

08 将前景色更改为黑色，在其图像上部分区域涂抹将其隐藏，如图11.184所示。

图11.184 隐藏图像

⑨ 选择工具箱中的【自定形状工具】 ，在画布中单击鼠标右键，从弹出的面板中选择【剪刀2】形状，如图11.185所示。

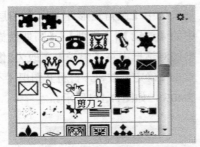

图11.185 选择形状

⑩ 将【填充】更改为黑色，在优惠券图像左上角位置绘制一个剪刀图像，此时将生成一个【形状1】图层，如图11.186所示。

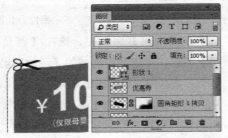

图11.186 绘制图形

⑪ 选中【形状 1】图层，按Ctrl+T组合键对其执行【自由变换】命令，单击鼠标右键，从弹出的快捷菜单中选择【水平翻转】命令，完成之后按Enter键确认，如图11.187所示。.

图11.187 变换图形

⑫ 在【图层】面板中，选中【形状 1】图层，单击面板底部的【添加图层蒙版】 按钮，为其添加图层蒙版，如图11.188所示。

⑬ 选择工具箱中的【多边形套索工具】 ，在剪刀图像底部位置绘制一个不规则选区以选中部分图形，如图11.189所示。

图11.188 添加图层蒙版　　**图11.189 绘制选区**

⑭ 将选区填充为黑色将部分图形隐藏，完成之后按Ctrl+D组合键将选区取消，这样就完成了效果制作，最终效果如图11.190所示。

图11.190 隐藏图形及最终效果

11.5 店铺公告

11.5.1 卡通店铺公告板

素材位置　素材文件\第11章\卡通店铺公告板
案例位置　案例文件\第11章\卡通店铺公告板.psd
视频位置　多媒体教学\第11章\11.5.1.avi
难易指数　★★☆☆☆

本例讲解卡通店铺公告板制作，此款公告板具有可爱的特点，整体给人一种轻松愉悦的视觉浏览体验，最终效果如图11.191所示。

图11.191 最终效果

1. 制作花纹背景

01 执行菜单栏中的【文件】|【新建】命令，在弹出的对话框中设置【宽度】为800像素，【高度】为500像素，【分辨率】为72像素/英寸，新建一个空白画布。

02 选择工具箱中的【矩形工具】，在选项栏中将【填充】更改为绿色（R：192，G：222，B：122），【描边】为绿色（R：243，G：255，B：215），【大小】为5点，在画布中绘制一个与其大小相同的矩形，此时将生成一个【矩形 1】图层，如图11.192所示。

图11.192 新建画布并绘制图形

03 选择工具箱中的【钢笔工具】，在选项栏中单击【选择工具模式】 路径 按钮，在弹出的选项中选择【形状】，将【填充】更改为白色，【描边】更改为无，在画布适当位置绘制1个不规则图形，此时将生成一个【形状 1】图层，如图11.193所示。

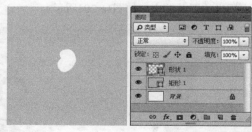

图11.193 绘制图形

04 选择工具箱中的【钢笔工具】，单击选项栏中的【路径操作】按钮，在弹出的选项中选择【合并形状】，选中【形状1】图层，在其图形位置继续绘制数个不规则图形，如图11.194所示。

图11.194 绘制图形

05 选择工具箱中的【钢笔工具】，在选项栏中单击【选择工具模式】 路径 按钮，在弹出的选项中选择【形状】，将【填充】更改为无，【描边】更改为白色，【大小】为2点，在刚才绘制的图形下方位置绘制1个不规则图形，此时将生成一个【形状 2】图层，如图11.195所示。

图11.195 绘制图形

06 在【图层】面板中，同时选中【形状 1】及【形状 2】图层，将其拖至面板底部的【创建新图层】按钮上，复制【形状 1 拷贝】及【形状 2 拷贝】2个新的图层，并将其图层混合模式更改为柔光，如图11.196所示。

07 同时选中【形状 1 拷贝】及【形状 2 拷贝】图层，将其向原图形旁边位置稍微移动，再按Ctrl+T组合键对其执行【自由变换】命令，将图形等比缩小，完成之后按Enter键确认，如图11.197所示。

图11.196 设置图层混合模式   **图11.197 变换图形**

08 以同样的方法将花朵图形再次复制1份并将其图层混合模式更改为减去，【不透明度】更改为10%，如图11.198所示。

图11.198 复制图层并变换图形

09 以同样的方法将花朵图形复制多份，并将部分图形适当缩小及旋转，如图11.199所示。

图11.199 复制并变换图形

10 选择工具箱中的【椭圆工具】 ，在选项栏中将【填充】更改为白色，【描边】为无，在画布靠左上角位置绘制一个椭圆图形，此时将生成一个【椭圆1】图层，如图11.200所示。

图11.200 绘制图形

2. 绘制图形并添加素材

01 选中【椭圆1】图层，在画布中按住Shift键绘制多个图形，如图11.201所示。

图11.201 绘制图形

02 在【图层】面板中，选中【椭圆1】图层，将其拖至面板底部的【创建新图层】 按钮上，复制1个【椭圆1拷贝】图层，如图11.202所示。

03 选中【椭圆1拷贝】图层，将图形颜色更改为青色（R：138，G：215，B：245），再按Ctrl+T组合键对其执行【自由变换】命令，将图形适当旋转，完成之后按Enter键确认，如图11.203所示。

图11.202 复制图层　　　　　图11.203 变换图形

04 执行菜单栏中的【文件】|【打开】命令，打开"卡通小孩.psd"文件，将打开的素材拖入画布中适当位置并缩小，如图11.204所示。

图11.204 添加素材

05 选择工具箱中的【钢笔工具】 ，在选项栏中单击【选择工具模式】 路径 按钮，在弹出的选项中选择【形状】，将【填充】更改为青色（R：138，G：215，B：245），【描边】更改为无，在画布适当位置绘制1个不规则图形，此时将生成一个【形状 3】图层，如图11.205所示。

图11.205 绘制图形

06 选中【形状 3】图层，按住Alt+Shift组合键向下拖动将图形复制数份并更改为不同的颜色以制作彩虹效果，如图11.206所示。

图11.206 复制图形

07 选择工具箱中的【横排文字工具】 T ，在画布适当位置添加文字，这样就完成了效果制作，最终效果如图11.207所示。

图11.207 添加文字及最终效果

11.5.2 自然风格公告板

素材位置 素材文件\第11章\自然风格公告板
案例位置 案例文件\第11章\自然风格公告板.psd
视频位置 多媒体教学\第11章\11.5.2.avi
难易指数 ★★☆☆☆

本例讲解自然风格公告板，此款公告板采用

自然素材图像为主视觉，整体的配色以亲切自然的舒适色为主，同时文字信息简洁明了，整个制作过程比较简单，最终效果如图11.208所示。

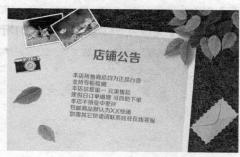

图11.208 最终效果

1. 制作背景

01 执行菜单栏中的【文件】|【新建】命令，在弹出的对话框中设置【宽度】为800像素，【高度】为500像素，【分辨率】为72像素/英寸，新建一个空白画布。

02 执行菜单栏中的【文件】|【打开】命令，打开"草坪.jpg"文件，将打开的素材拖入画布中并适当缩小，如图11.209所示。

图11.209 新建画布并添加素材

03 选择工具箱中的【矩形工具】 ，在选项栏中将【填充】更改为浅绿色（R：223，G：234，B：204），【描边】为浅绿色（R：237，G：246，B：217），在画布中绘制一个矩形并适当旋转，此时将生成一个【矩形 1】图层，如图11.210所示。

图11.210 绘制图形

04 在【图层】面板中，选中【矩形 1】图层，单击面板底部的【添加图层样式】 *fx* 按钮，在菜单中选择【渐变叠加】命令，在弹出的对话框中将【渐变】更改为绿色（R: 210，G: 225，B: 182）到透明，【角度】更改为－137度，如图11.211所示。

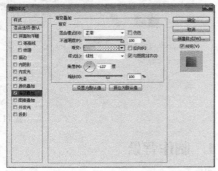

图11.211 设置渐变叠加

05 勾选【投影】复选框，将【不透明度】更改为30%，取消【使用全局光】复选框，将【角度】更改为－153度，【距离】更改为6像素，【大小】更改为24像素，完成之后单击【确定】按钮，如图11.212所示。

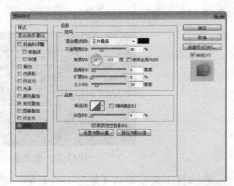

图11.212 设置投影

06 执行菜单栏中的【文件】|【打开】命令，打开"树叶.psd"文件，将打开的素材拖入画布中适当位置并缩小，如图11.213所示。

图11.213 添加素材

07 在【图层】面板中，选中【树叶】组中的【树叶】图层，单击面板底部的【添加图层样式】 *fx* 按钮，在菜单中选择【投影】命令，在弹出的对话框中将【不透明度】更改为25%，取消【使用全局光】复选框，将【角度】更改为150度，【距离】更改为10像素，【大小】更改为10像素，完成之后单击【确定】按钮，如图11.214所示。

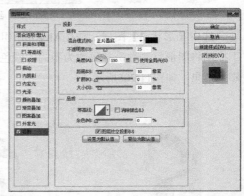

图11.214 设置投影

08 在【树叶】图层名称上单击鼠标右键，从弹出的快捷菜单中选择【拷贝图层样式】命令，在【树叶 3】图层名称上单击鼠标右键，从弹出的快捷菜单中选择【粘贴图层样式】命令，如图11.215所示。

09 在【树叶 3】图层名称上双击，在弹出的对话框中将【距离】更改为3像素，【大小】更改为3像素，完成之后单击【确定】按钮，如图11.216所示。

图11.215 粘贴图层样式　　　　图11.216 修改样式

10 在【树叶 3】图层名称上单击鼠标右键，从弹出的快捷菜单中选择【拷贝图层样式】命令，在【树叶 2】图层名称上单击鼠标右键，从弹出的快捷菜单中选择【粘贴图层样式】命令，如图11.217所示。

图11.217 复制并粘贴图层样式

⑪ 选择工具箱中的【矩形工具】■，在选项栏中将【填充】更改为白色，【描边】为无，在画布左上角位置绘制一个矩形，此时将生成一个【矩形2】图层，如图11.218所示。

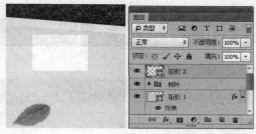

图11.218 绘制图形

2. 添加图形及细节

① 执行菜单栏中的【文件】|【打开】命令，打开"相片2.jpg"文件，将打开的素材拖入画布中并适当缩小，其图层名称将更改为【图层2】，如图11.219所示。

图11.219 添加素材

② 选中【图层2】图层，执行菜单栏中的【图层】|【创建剪贴蒙版】命令，为当前图层创建剪贴蒙版将部分图像隐藏，再按Ctrl+T组合键对其执行【自由变换】命令，将图像等比缩小，完成之后

按Enter键确认，如图11.220所示。

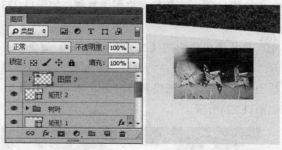

图11.220 创建剪贴蒙版

③ 在【图层】面板中，选中【矩形2】图层，单击面板底部的【添加图层样式】*fx*按钮，在菜单中选择【描边】命令，在弹出的对话框中将【大小】更改为4像素，【位置】更改为内部，【颜色】更改为白色，如图11.221所示。

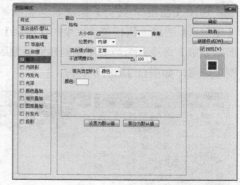

图11.221 设置描边

④ 勾选【投影】复选框，将【不透明度】更改为20%，取消【使用全局光】复选框，【角度】更改为97度，【距离】更改为2像素，【大小】更改为2像素，完成之后单击【确定】按钮，如图11.222所示。

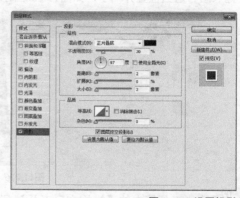

图11.222 设置投影

05 同时选中【图层 2】及【矩形 2】图层，在画布中按住Alt键向右侧拖动将图像复制，如图11.223所示。

06 执行菜单栏中的【文件】|【打开】命令，打开"相片jpg"文件，将打开的素材拖入画布中并适当缩小旋转，其图层名称将更改为【图层 3】，如图11.224所示。

图11.223 复制图像　　　图11.224 添加素材

07 选中【图层 2 拷贝】图层将其删除，再选中【图层 3】图层，执行菜单栏中的【图层】|【创建剪贴蒙版】命令，为当前图层创建剪贴蒙版将部分图像隐藏，如图11.225所示。

图11.225 创建剪贴蒙版

08 执行菜单栏中的【文件】|【打开】命令，打开"相机.psd""信封.jpg"文件，将打开的素材拖入画布适当位置并缩小，如图11.226所示。

图11.226 添加素材

09 选择工具箱中的【横排文字工具】 T ，在画布适当位置添加文字，这样就完成了效果制作，最终效果如图11.227所示。

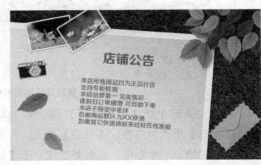

图11.227 添加文字及最终效果

11.6　售后服务卡

11.6.1　正品保障服务卡

素材位置　素材文件\第11章\正品保障服务卡
案例位置　案例文件\第11章\正品保障服务卡.psd
视频位置　多媒体教学\第11章\11.6.1.avi
难易指数　★★★☆☆

本例讲解正品保障服务卡制作，本例在制作过程中以直观清晰的表格样式布局与直观的文字信息相结合，整个服务卡十分规范，最终效果如图11.228所示。

退换货规定	能否退货	能否换货	有效时间	运费问题
质量问题	能	能	7天	卖家承担
发错商品	能	能	7天	卖家承担
大小问题	能	能	7天	买家承担
喜欢与否	能	能	7天	买家承担
本店严格遵守淘宝卖家服务规定				

图11.228 最终效果

1. 制作背景网格

01 执行菜单栏中的【文件】|【新建】命令，在弹出的对话框中设置【宽度】为800像素，【高度】为400像素，【分辨率】为72像素/英寸，新建一个空白画布，将画布填充为黄色（R：248，G：

250，B：230）。

02 选择工具箱中的【矩形工具】 ，在选项栏中将【填充】更改为红色（R：222，G：27，B：83），【描边】为无，在画布靠底部位置绘制一个与画布相同宽度的矩形，此时将生成一个【矩形1】图层，如图11.229所示。

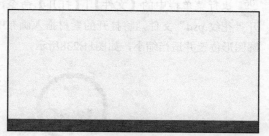

图11.229 新建画布并绘制图形

03 选中【矩形 1】图层，在画布中按住Alt+Shift组合键向上拖动将图形复制，如图11.230所示。

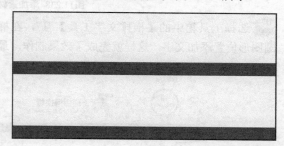

图11.230 复制图形

04 选择工具箱中的【直线工具】 ，在选项栏中将【填充】更改为无，【描边】为红色（R：222，G：27，B：83），【粗细】更改为1像素，单击【设置形状描边类型】 按钮，在弹出的选项中选择第2种描边类型，在2个矩形之间左侧位置按住Shift键绘制一条垂直线段，此时将生成一个【形状1】图层，如图11.231所示。

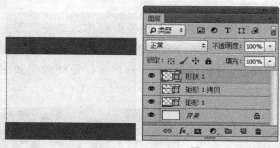

图11.231 绘制图形

05 选中【形 状 1】图 层，在 画 布 中 按 住

Alt+Shift组合键向右侧拖动将线段复制数份，如图11.232所示。

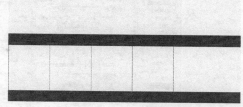

图11.232 复制图形

2. 制作文字细节

01 选择工具箱中的【横排文字工具】 T ，在画布适当位置添加文字，如图11.233所示。

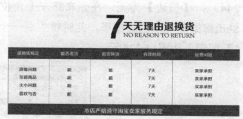

图11.233 添加文字

02 在【图层】面板中，选中【7】图层，单击面板底部的【添加图层样式】 fx 按钮，在菜单中选择【渐变叠加】命令，在弹出的对话框中将【渐变】更改为深橙色（R：255，G：116，B：80）到红色（R：234，G：50，B：84），完成之后单击【确定】按钮，如图11.234所示。

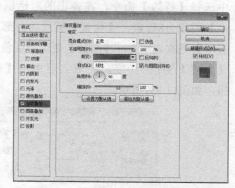

图11.234 设置渐变叠加

03 勾选【投影】复选框，将【混合模式】更改为正常，【颜色】更改为深红色（R：106，G：10，B：10），【不透明度】更改为100%，【距离】更改为4像素，【扩展】更改为100%，如图

11.235所示。

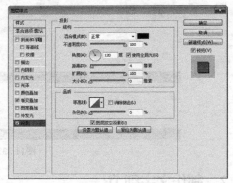

图11.235 设置投影

04 选择工具箱中的【椭圆工具】 ⬭ ，在选项栏中将【填充】更改为灰色（R：245，G：243，B：244），【描边】为无，在画布靠左上角位置按住Shift键绘制一个正圆图形，此时将生成一个【椭圆1】图层，如图11.236所示。

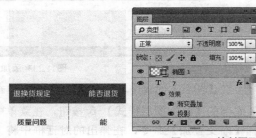

图11.236 绘制图形

05 在【图层】面板中，选中【椭圆1】图层，单击面板底部的【添加图层样式】 fx 按钮，在菜单中选择【描边】命令，在弹出的对话框中将【大小】更改为8像素，【位置】更改为内部，【填充类型】更改为渐变，【渐变】更改为红色系渐变，【角度】更改为0度，完成之后单击【确定】按钮，如图11.237所示。

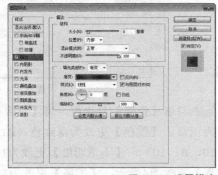

图11.237 设置描边

技巧与提示

在编辑渐变的时候可以复制多个色标，能体现图形的渐变效果即可。

06 执行菜单栏中的【文件】|【打开】命令，打开"花纹.psd"文件，将打开的素材拖入画布中椭圆图形位置并适当缩小，如图11.238所示。

图11.238 添加素材

07 选择工具箱中的【横排文字工具】 T ，在椭圆图形位置添加文字，这样就完成了效果制作，最终效果如图11.239所示。

图11.239 添加文字及最终效果

11.6.2 退换货服务卡

素材位置	无
案例位置	案例文件\第11章\退换货服务卡.psd
视频位置	多媒体教学\第11章\11.6.2.avi
难易指数	★★☆☆☆

本例讲解退换货服务卡制作，退换货服务卡的制作重点在于直观的文字说明与相匹配的图形组合，整个视觉上十分直观，最终效果如图11.240所示。

图11.240 最终效果

1. 制作放射背景

01 执行菜单栏中的【文件】|【新建】命令，在弹出的对话框中设置【宽度】为800像素，【高度】为300像素，【分辨率】为72像素/英寸，新建一个空白画布，将画布填充为红色（R: 240, G: 92, B: 92）。

02 选择工具箱中的【矩形工具】 ，在选项栏中将【填充】更改为白色，【描边】为无，在画布靠左侧位置绘制一个矩形，此时将生成一个【矩形1】图层，如图11.241所示。

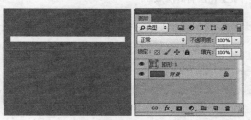

图11.241 新建画布并绘制图形

03 选中【矩形 1】图层，按Ctrl+T组合键对其执行【自由变换】命令，单击鼠标右键，从弹出的快捷菜单中选择【透视】命令，拖动变形框将图形变形，完成之后按Enter键确认，如图11.242所示。

图11.242 将图形变形

04 选中【矩形 1】图层，按Ctrl+Alt+T组合键执行【自由变换】命令，按住Alt键将变形框中心点移至变形框右侧中间位置，将其适当旋转，完成之后按Enter键确认，如图11.243所示。

05 按住Ctrl+Alt+Shift组合键的同时按T键多次执行多重复制将图形复制多份，如图11.244所示。

图11.243 复制变换　　　　**图11.244 多重复制**

06 在【图层】面板中，同时选中所有和【矩形1】相关图层，按Ctrl+E组合键将图层合并，将生成的图层名称更改为【放射】，如图11.245所示。

07 选中【放射】图层，按Ctrl+T组合键对其执行【自由变换】命令，将图形等比缩小，完成之后按Enter键确认，再将图形移至画布左侧位置，如图11.246所示。

图11.245 合并图层　　　　**图11.246 缩小图形**

08 在【图层】面板中，选中【放射】图层，单击面板底部的【添加图层样式】 *fx* 按钮，在菜单中选择【渐变叠加】命令，在弹出的对话框中将【渐变】更改为白色到透明，【样式】更改为径向，完成之后单击【确定】按钮，如图11.247所示。

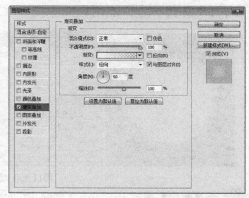

图11.247 设置渐变叠加

09 选中【放射】图层，将图层【不透明度】更改为35%，【填充】更改为0%，如图11.248所示。

图11.248 更改不透明度及填充

2. 绘制标签

01 选择工具箱中的【多边形工具】，将【填充】更改为蓝色（R：158，G：210，B：254），单击图标，在弹出的面板中勾选【星形】复选框，将【缩进边依据】更改为10%，【边】更改为40，在放射图形位置按住Shift键绘制一个多边形，此时将生成一个【多边形 1】图层，如图11.249所示。

图11.249 绘制图形

02 选择工具箱中的【椭圆工具】，在选项栏中将【填充】更改为白色，【描边】为无，在多边形位置按住Shift键绘制一个正圆图形，此时将生成一个【椭圆 1】图层，如图11.250所示。

图11.250 绘制图形

03 在【图层】面板中，选中【椭圆 1】图层，将其拖至面板底部的【创建新图层】按钮上，复制1个【椭圆 1拷贝】图层，如图11.251所示。

04 选中【椭圆 1】图层，将其【填充】更改为无，【描边】更改为白色，【大小】更改为4点，如图11.252所示。

图11.251 复制图层

图11.252 变换图形

技巧与提示
在对【椭圆 1】图层中图形变换时可先将【椭圆1 拷贝】图层暂时隐藏。

05 选中【椭圆 1 拷贝】图层，按Ctrl+T组合键对其执行【自由变换】命令，将图形等比缩小，完成之后按Enter键确认，如图11.253所示。

06 选择工具箱中的【横排文字工具】T，在椭圆图形位置添加文字，如图11.254所示。

图11.253 缩小图形

图11.254 添加文字

07 在【图层】面板中，选中【30】图层，单击面板底部的【添加图层样式】fx按钮，在菜单中选择【投影】命令，在弹出的对话框中将【颜色】更改为红色（R：130，G：28，B：14），取消【使用全局光】复选框，将【角度】更改为90度，【距离】更改为2像素，完成之后单击【确定】按钮，如图11.255所示。

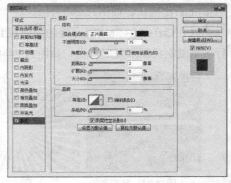

图11.255 设置投影

⑧　选择工具箱中的【矩形工具】■，在选项栏中将【填充】更改为黄色（R：247，G：237，B：87），【描边】为无，在刚才绘制的图形底部位置绘制一个矩形，此时将生成一个【矩形 1】图层，如图11.256所示。

图11.256　绘制图形

⑨　选择工具箱中的【添加锚点工具】🖊，在矩形左侧边缘位置单击添加锚点，如图11.257所示。

⑩　选择工具箱中的【转换点工具】⌐，单击添加的锚点，如图11.258所示。

图11.257　添加锚点　　　　图11.258　单击锚点

⑪　选择工具箱中的【直接选择工具】▷，拖动刚才添加的锚点将图形变形，以同样的方法在矩形右侧边缘位置单击添加锚点并拖动将其变形，如图11.259所示。

图11.259　将图形变形

⑫　选择工具箱中的【横排文字工具】T，在矩

形位置添加文字，如图11.260所示。

⑬　同时选中【30天无理由退换货】及【矩形 1】图层，按Ctrl+E组合键将其合并，将生成的图层名称更改为【标签】，如图11.261所示。

图11.260　添加文字　　　　图11.261　合并图层

⑭　选中【标签】图层，按Ctrl+T组合键对其执行【自由变换】命令，单击鼠标右键，从弹出的快捷菜单中选择【变形】命令，单击选项栏中的 [自定 ▾] 按钮，在弹出的选项中选择扇形，将【弯曲】更改为20%，完成之后按Enter键确认，如图11.262所示。

图11.262　将图形变形

⑮　选择工具箱中的【多边形套索工具】▽，在标签左侧位置绘制一个不规则选区，如图11.263所示。

⑯　选中【标签】图层，执行菜单栏中的【图层】|【新建】|【通过剪切的图层】命令，此时将生成一个【图层 1】图层，如图11.264所示。

图11.263　绘制选区　　　　图11.264　通过剪切的图层

⑰ 选中【图层 1】图层，执行菜单栏中的【图层】|【新建】|【通过剪切的图层】命令，将生成的【图层 1】图层移至【标签】图层下方，如图11.265所示。

图11.265 通过剪切的图层

⑱ 选择工具箱中的【钢笔工具】 ，在选项栏中单击【选择工具模式】按钮，在弹出的选项中选择【形状】，将【填充】更改为深黄色（R：212，G：166，B：42），【描边】为无，在标签图像左侧位置绘制1个不规则图形，如图11.266所示。

⑲ 以同样的方法，在标签右侧位置绘制一个不规则选区，并执行通过剪切的图层命令后绘制图形，如图11.267所示。

图11.266 绘制图形　　**图11.267 在右侧绘制图形**

⑳ 选择工具箱中的【椭圆工具】 ，在选项栏中将【填充】更改为黑色，【描边】为无，在标签图像底部位置绘制一个椭圆图形，此时将生成一个【椭圆 2】图层，将【椭圆 2】图层移至【多边形 1】图层下方，如图11.268所示。

图11.268 绘制图形

㉑ 选中【椭圆 2】图层，执行菜单栏中的【滤镜】|【模糊】|【高斯模糊】命令，在弹出的对话框中将【半径】更改为10像素，完成之后单击【确定】按钮，如图11.269所示。

图11.269 设置高斯模糊

3. 制作细节

① 选择工具箱中的【圆角矩形工具】 ，在选项栏中将【填充】更改为黄色（R：235，G：184，B：76），【描边】为无，【半径】为5像素，在标签图像右侧位置绘制一个圆角矩形，此时将生成一个【圆角矩形 1】图层，如图11.270所示。

图11.270 绘制图形

② 在【图层】面板中，选中【圆角矩形 1】图层，将其拖至面板底部的【创建新图层】 按钮上，复制1个【圆角矩形 1 拷贝】图层，如图11.271所示。

③ 选中【圆角矩形 1】图层，将图形颜色更改为深黄色（R：84，G：52，B：20），按Ctrl+T组合键对其执行【自由变换】命令，单击鼠标右键，从弹出的快捷菜单中选择【变形】命令，拖动变形框将图形变形，再将其适当缩小，完成之后按Enter键确认，如图11.272所示。

图11.271 复制图层

图11.272 将图形变形

04 选中【圆角矩形 1】图层，执行菜单栏中的【滤镜】|【模糊】|【高斯模糊】命令，在弹出的对话框中将【半径】更改为2像素，完成之后单击【确定】按钮，再将其图层【不透明度】更改为50%，如图11.273所示。

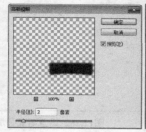

图11.273 设置高斯模糊

05 选择工具箱中的【椭圆工具】 ◯，在选项栏中将【填充】更改为黄色（R：253，G：216，B：137），【描边】为无，在画布靠左侧位置按住Shift键绘制一个正圆图形，此时将生成一个【椭圆3】图层，如图11.274所示。

06 选择工具箱中的【钢笔工具】 ✎，在选项栏中单击【选择工具模式】 路径 ⬚ 按钮，在弹出的选项中选择【形状】，单击【路径操作】 ◼ 按钮，选中【椭圆3】图层，在弹出的选项中选择合并形状，在椭圆图形右下角位置绘制一个图形，如图11.275所示。

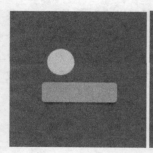

图11.274 绘制图形

图11.275 绘制形状

07 在【图层】面板中，选中【椭圆 3】图层，单击面板底部的【添加图层样式】 fx 按钮，在菜单中选择【渐变叠加】命令，在弹出的对话框中将【混合模式】更改为柔光，【渐变】更改为白色到透明，【样式】更改为径向，完成之后单击【确定】按钮，如图11.276所示。

图11.276 设置渐变叠加

08 同时选中刚才绘制的图形，将其复制数份，如图11.277所示。

图11.277 复制图形

09 选择工具箱中的【横排文字工具】 T，在椭圆图形位置添加文字，这样就完成了效果制作，最终效果如图11.278所示。

图11.278 添加文字及最终效果

11.7 顾客好评卡

11.7.1 金标5分好评卡

素材位置 素材文件\第11章\金标5分好评卡
案例位置 案例文件\第11章\金标5分好评卡.psd
视频位置 多媒体教学\第11章\11.7.1.avi
难易指数 ★★☆☆☆

本例讲解金标5分好评卡制作，好评卡的制作以体现评分级别为重点，在本例中以星形图像与金色蝴蝶结图像相结合，整个好评级别十分直观，同时主题突出，最终效果如图11.279所示。

图11.279 最终效果

1. 制作背景

01 执行菜单栏中的【文件】|【新建】命令，在弹出的对话框中设置【宽度】为800像素，【高度】为300像素，【分辨率】为72像素/英寸，新建一个空白画布，将画布填充为浅黄色（R：248，G：250，B：230）。

02 选择工具箱中的【矩形工具】，在选项栏中将【填充】更改为红色（R：222，G：27，B：83），【描边】为无，在画布上方位置绘制一个与其宽度相同的矩形，此时将生成一个【矩形 1】图层，如图11.280所示。

图11.280 新建画布并绘制图形

03 选中【矩形 1】图层，在画布中按住Alt+Shift组合键向下拖动将图形复制，此时将生成一个【矩形1 拷贝】图层，选中【矩形 1 拷贝】图层，按Ctrl+T组合键对其执行【自由变换】命令，将图形高度缩小，完成之后按Enter键确认，如图11.281所示。

图11.281 复制并变换图形

04 在【图层】面板中，选中【矩形 1拷贝】图

层，单击面板底部的【添加图层样式】 *fx* 按钮，在菜单中选择【渐变叠加】命令，在弹出的对话框中将【渐变】更改为黄色（R：206，G：160，B：66）到黄色（R：253，G：250，B：217）到黄色（R：206，G：160，B：66），将中间色标位置更改为65%，【角度】更改为0度，完成之后单击【确定】按钮，如图11.282所示。

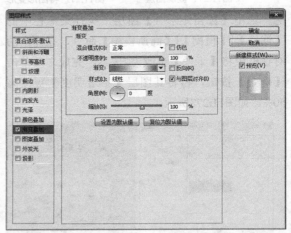

图11.282 设置渐变叠加

2. 添加素材

01 执行菜单栏中的【文件】|【打开】命令，打开"蝴蝶结.psd"文件，将打开的素材拖入画布中靠右位置并适当缩小，如图11.283所示。

图11.283 添加素材

02 在【图层】面板中，选中【蝴蝶结】图层，单击面板底部的【添加图层样式】 *fx* 按钮，在菜单中选择【投影】命令，在弹出的对话框中将【不透明度】更改为20%，【距离】更改为7像素，【扩展】更改为100%，完成之后单击【确定】按钮，如图11.284所示。

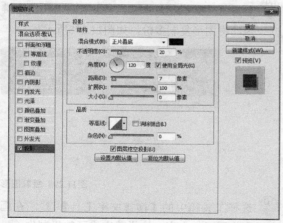

图11.284 设置投影

03 选择工具箱中的【横排文字工具】 T ，在画布靠左上角位置添加文字，如图11.285所示。

图11.285 添加文字

04 在【图层】面板中，选中【5】图层，单击面板底部的【添加图层蒙版】 ⬜ 按钮，为其添加图层蒙版，如图11.286所示。

05 选择工具箱中的【矩形选框工具】 ⬜ ，在数字中间位置绘制一个矩形选区，如图11.287所示。

图11.286 添加图层蒙版　　图11.287 绘制选区

06 将选区填充为黑色将部分文字隐藏，完成之后按Ctrl+D组合键将选区取消，如图11.288所示。

07 选择工具箱中的【横排文字工具】 T ，在隐藏文字后的位置添加文字，如图11.289所示。

图11.288 隐藏文字　　　　图11.289 添加文字

3. 添加文字细节

01 选择工具箱中的【多边形工具】 ⬡ ，将【填充】更改为黄色（R：208，G：164，B：72），单击 ⚙ 图标在弹出的面板中勾选【星形】复选框，将【缩进边依据】更改为50%，【边】更改为5，在刚才添加的文字右侧位置绘制一个星形，此时将生成一个【多边形1】图层，如图11.290所示。

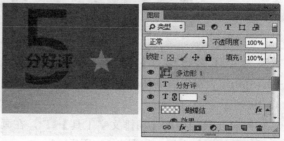

图11.290 绘制图形

02 在【图层】面板中，选中【多边形1】图层，在其图层名称上单击鼠标右键，从弹出的快捷菜单中选择【栅格化图层】命令，再单击面板上方的【锁定透明像素】 ⬚ 按钮，将透明像素锁定，如图11.291所示。

图11.291 锁定透明像素

03 选择工具箱中的【多边形套索工具】 ⬙ ，在星形位置绘制一个不规则选区，如图11.292所示。

04 选中【多边形1】图层，将图形填充为黄色

（R：255，G：205，B：100），如图11.293所示。

图11.292 绘制选区　　　　　图11.293 填充颜色

⑤ 以同样的方法在星形位置绘制选区并填充颜色以制作明暗立体效果，如图11.294所示。

图11.294 绘制选区填充颜色

⑥ 选中【多边形 1】图层，在画布中按住Alt+Shift组合键向右侧拖动将图形复制多份，如图11.295所示。

⑦ 选择工具箱中的【横排文字工具】 **T** ，在画布适当位置添加文字，如图11.296所示。

图11.295 复制图像　　　　　图11.296 添加文字

⑧ 执行菜单栏中的【文件】|【打开】命令，打开"人物.psd"文件，将打开的素材拖入画布中并适当缩小，如图11.297所示。

图11.297 添加素材

⑨ 同时选中所有星形图像，按住Alt+Shift组合键向下拖动将图形复制多份，如图11.298所示。

图11.298 复制图形

⑩ 选择工具箱中的【横排文字工具】 **T** ，在画布适当位置添加文字，这样就完成了效果制作，最终效果如图11.299所示。

图11.299 添加文字及最终效果

11.7.2 正品保障5分好评卡

素材位置　无
案例位置　案例文件\第11章\正品保障5分好评卡.psd
视频位置　多媒体教学\第11章\11.7.2.avi
难易指数　★★☆☆☆

本例讲解正品保障5分好评卡制作，本例的制作重点在于盾牌图像的绘制，整个好评卡的视觉效果比较传统，添加的盾牌图像使整个好评卡的最终效果十分出色，如图11.300所示。

图11.300 最终效果

1. 制作背景

① 执行菜单栏中的【文件】|【新建】命令，在弹出的对话框中设置【宽度】为800像素，【高度】为300像素，【分辨率】为72像素/英寸，新建

一个空白画布,将画布填充为灰色(R: 226,G: 226,B: 226)。

选择工具箱中的【矩形工具】■,在选项栏中将【填充】更改为红色(R: 175,G: 35,B: 38),【描边】为无,在画布上方位置绘制一个与其宽度相同的矩形,此时将生成一个【矩形 1】图层,如图11.301所示。

图11.301 新建画布并绘制图形

选择工具箱中的【直线工具】/,在选项栏中将【填充】更改为无,【描边】为红色(R: 138,G: 16,B: 20),【粗细】更改为1像素,在刚才绘制的矩形靠上方边缘按住Shift键绘制一条水平线段,此时将生成一个【形状1】图层,如图11.302所示。

图11.302 绘制图形

在【图层】面板中,选中【形状 1】图层,单击面板底部的【添加图层样式】fx按钮,在菜单中选择【投影】命令,在弹出的对话框中将【混合模式】更改为叠加,【颜色】更改为白色,【不透明度】更改为40%,【距离】更改为1像素,完成之后单击【确定】按钮,如图11.303所示。

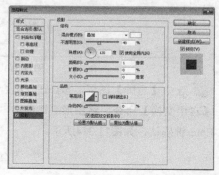

图11.303 设置投影

选中【形状 1】图层,在画布中按住Alt+Shift组合键向下拖动将其复制,如图11.304所示。

图11.304 复制图形

在【图层】面板中,选中【矩形 1】图层,单击面板底部的【添加图层样式】fx按钮,在菜单中选择【投影】命令,在弹出的对话框中将【不透明度】更改为50%,取消【使用全局光】复选框,【角度】更改为90度,【距离】更改为1像素,【大小】更改为2像素,完成之后单击【确定】按钮,如图11.305所示。

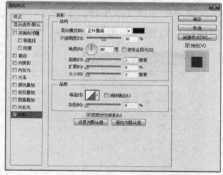

图11.305 设置投影

选择工具箱中的【矩形工具】■,在选项栏中将【填充】更改为红色(R: 138,G: 16,B: 20),【描边】为无,在画布靠底部位置绘制一个矩形,如图11.306所示。

图11.306 绘制图形

2. 绘制盾牌

选择工具箱中的【钢笔工具】🖊,在选项栏中单击【选择工具模式】路径按钮,在弹出的选项中选择【形状】，将【填充】更改为白色，【描边】更改为无，在画布靠左侧位置绘制1个不规则图形，此时将生成一个【形状 2】图层，如图11.307所示。

图11.307 绘制图形

02 在【图层】面板中，选中【形状 2】图层，将其拖至面板底部的【创建新图层】 按钮上，复制1个【形状 2 拷贝】图层，如图11.308所示。

03 选中【形状 2 拷贝】图层，按Ctrl+T组合键对其执行【自由变换】命令，单击鼠标右键，从弹出的快捷菜单中选择【水平翻转】命令，完成之后按Enter键确认，将图形与原图形对齐，如图11.309所示。

图11.308 复制图层 **图11.309 变换图形**

04 同时选中【形状 2 拷贝】及【形状 2】图层，按Ctrl+E组合键将其合并，将生成的图层名称更改为【镶边】，如图11.310所示。

05 在【图层】面板中，选中【镶边】图层，将其拖至面板底部的【创建新图层】 按钮上，复制1个【镶边 拷贝】图层，将【镶边 拷贝】图层名称更改为盾牌，如图11.311所示。

图11.310 合并图层 **图11.311 复制图层**

06 在【图层】面板中，选中【镶边】图层，单击面板底部的【添加图层样式】 *fx* 按钮，在菜单中选择【斜面和浮雕】命令，在弹出的对话框中将【大小】更改为2像素，取消【使用全局光】复选框，【角度】更改为90，【高光模式】更改为【正常】，【不透明度】更改为100%，【阴影模式】更改为【正常】，【颜色】更改为黄色（R：250，G：180，B：40），如图11.312所示。

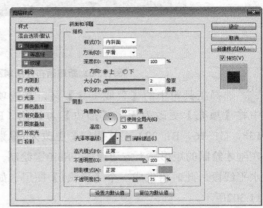

图11.312 设置斜面和浮雕

07 勾选【渐变叠加】复选框，将【渐变】更改为深黄色（R：157，G：105，B：14）到黄色（R：228，G：180，B：68），【样式】更改为角度，完成之后单击【确定】按钮，如图11.313所示。

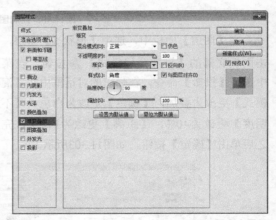

图11.313 设置渐变叠加

08 选中【盾牌】图层，按Ctrl+T组合键对其执行【自由变换】命令，将图形等比缩小，完成之后按Enter键确认，如图11.314所示。

图11.314 缩小图形

⑨ 在【图层】面板中，选中【盾牌】图层，单击面板底部的【添加图层样式】 *fx* 按钮，在菜单中选择【内发光】命令，在弹出的对话框中将【混合模式】更改为正常，【颜色】更改为深绿色（R：27，G：38，B：6），【大小】更改为10像素，完成之后单击【确定】按钮，如图11.315所示。

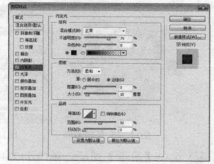

图11.315 设置发光

⑩ 勾选【渐变叠加】复选框，将【渐变】更改为绿色（R：153，G：176，B：88）到绿色（R：106，G：140，B：40），【样式】更改为径向，完成之后单击【确定】按钮，如图11.316所示。

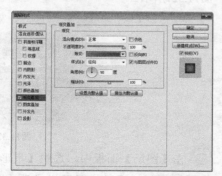

图11.316 设置渐变叠加

⑪ 选择工具箱中的【矩形工具】 ，在选项栏中将【填充】更改为白色，【描边】为无，在盾牌图像位置绘制一个矩形，此时将生成一个【矩形3】图层，如图11.317所示。

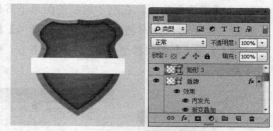

图11.317 绘制图形

⑫ 选中【矩形3】图层，按Ctrl+T组合键对其执行【自由变换】命令，单击鼠标右键，从弹出的快捷菜单中选择【变形】命令，单击选项栏中的 自定 按钮，在弹出的选项中选择上弧，【弯曲】更改为20%，完成之后按Enter键确认，如图11.318所示。

图11.318 将图形变形

⑬ 在【图层】面板中，选中【矩形3】图层，单击面板底部的【添加图层样式】 *fx* 按钮，在菜单中选择【渐变叠加】命令，在弹出的对话框中将【渐变】更改为蓝色（R：0，G：128，B：183）到蓝色（R：40，G：167，B：242）到蓝色（R：0，G：128，B：183），将中间色标位置更改为50%，【角度】更改为0度，完成之后单击【确定】按钮，如图11.319所示。

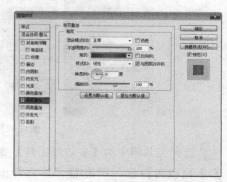

图11.319 设置渐变叠加

⑭ 选择工具箱中的【矩形工具】 ，在选项栏中将【填充】更改为蓝色（R：0，G：88，B：

373

126），【描边】为无，在刚才绘制的图形下方位置绘制一个矩形，此时将生成一个【矩形 4】图层，将【矩形 4】图层移至【镶边】图层下方，如图11.320所示。

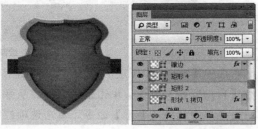

图11.320 绘制图形

⑮ 选择工具箱中的【添加锚点工具】 ，在刚才绘制的矩形左侧中间位置单击添加锚点，如图11.321所示。

⑯ 选择工具箱中的【转换点工具】 单击添加的锚点，如图11.322所示。

图11.321 添加锚点　　　**图11.322 转换锚点**

⑰ 选择工具箱中的【直接选择工具】 ，拖动经过转换的锚点将图形变形，以同样的方法在矩形右侧位置单击添加锚点并将其变形，如图11.323所示。

图11.323 将图形变形

⑱ 选择工具箱中的【多边形工具】 ，将【填充】更改为白色，单击 图标在弹出的面板中勾选【星形】复选框，将【缩进边依据】更改为50%，【边】更改为5，在盾牌图像靠上方位置绘制一个星形，此时将生成一个【多边形 1】图层，

如图11.324所示。

图11.324 绘制图形

⑲ 选中【多边形 1】图层，在画布中按住Alt+Shift组合键将其复制数份，如图11.325所示。

⑳ 同时选中所有和【多边形 1】相关图层按Ctrl+E组合键将其合并，将生成的图层名称更改为【星形】，如图11.326所示。

图11.325 复制图形　　　**图11.326 合并图层**

㉑ 选中【星形】图层，按Ctrl+T组合键对其执行【自由变换】命令，单击鼠标右键，从弹出的快捷菜单中选择【变形】命令，单击选项栏中的 按钮，在弹出的选项中选择扇形，将【弯曲】更改为10%，完成之后按Enter键确认，如图11.327所示。

图11.327 将图形变形

㉒ 在【图层】面板中，选中【星形】图层，单击面板底部的【添加图层样式】 fx 按钮，在菜单中选择【渐变叠加】命令，在弹出的对话框中将【渐变】更改为黄色（R：250，G：230，B：170）到黄色（R：233，G：195，B：60），【样式】更改为径向，【角度】更改为0度，完成之后

单击【确定】按钮，如图11.328所示。

图11.328　设置渐变叠加

3. 添加其他部分

01 选择工具箱中的【多边形工具】，将【填充】更改为黄色（R：208，G：164，B：72），单击 图标在弹出的面板中勾选【星形】复选框，将【缩进边依据】更改为50%，【边】更改为5，在盾牌图像右侧位置绘制一个星形，此时将生成一个【多边形1】图层，如图11.329所示。

图11.329　绘制图形

02 在【图层】面板中，选中【多边形1】图层，在其图层名称上单击鼠标右键，从弹出的快捷菜单中选择【栅格化图层】命令，再单击面板上方的【锁定透明像素】 按钮，将透明像素锁定，如图11.330所示。

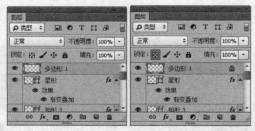

图11.330　锁定透明像素

03 选择工具箱中的【多边形套索工具】，在星形位置绘制一个不规则选区，如图11.331所示。

04 选中【多边形 1】图层，将图形填充为黄色

（R：255，G：205，B：100），如图11.332所示。

图11.331　绘制选区　　　　图11.332　填充颜色

05 以同样的方法在星形其他位置绘制选区并填充颜色以制作明暗立体效果，如图11.333所示。

图11.333　绘制选区填充颜色

06 选择工具箱中的【横排文字工具】 T，在画布适当位置添加文字，这样就完成了效果制作，最终效果如图11.334所示。

图11.334　添加文字及最终效果

11.8　本章小结

本章是综合性的章节，精选了淘宝常见的店招、直通车、详情页、优惠券、店铺公告、服务卡和顾客好评卡案例，向读者详细讲解了这些案例的制作方法。

11.9　课后习题

本章有针对性地安排了2个案例，让读者对本章有更进一步的认识及学习，掌握这些常见案例的制作方法和技巧。

11.9.1 课后习题1——制作抽奖详情页

素材位置　素材文件\第11章\制作抽奖详情页
案例位置　案例文件\第11章\制作抽奖详情页.psd
视频位置　多媒体教学\第11章\11.9.1 课后习题1.avi
难易指数　★★★★☆

本例讲解抽奖详情页的制作，抽奖页大多数以圆盘抽奖为主，此种抽奖方式更易令顾客接受，同时更加直观，在本例中以原生木质表盘的形式制作一个十分精致的换奖表盘，同时添加装饰素材使整个页面元素更加丰富，最终效果如图11.335所示。

图11.335 最终效果

步骤分解如图11.336所示。

图11.336 步骤分解图

11.9.2 课后习题2——清新绿色横幅

素材位置　素材文件\第11章\清新绿色横幅
案例位置　案例文件\第11章\清新绿色横幅.psd
视频位置　多媒体教学\第11章\11.9.2 课后习题2.avi
难易指数　★★☆☆☆

本例讲解清新绿色横幅制作，此款横幅在制作过程中以十分直观的清新绿色元素与实木图像相结合，整个横幅图像的视觉效果十分和谐，同时文字信息直观实用，最终效果如图11.337所示。

图11.337 最终效果

步骤分解如图11.338所示。

图11.338 步骤分解图